"九五"国家重点图书

国 际 工 程 管 理 教 学 丛 书

INTERNATIONAL PROJECT MANAGEMENT TEXTBOOK SERIES

国际工程融资与外汇

FINANCE AND FOREIGN EXCHANGE OF INTERNATIONAL PROJECT

刘舒年　编著

中国建筑工业出版社

图书在版编目（CIP）数据

国际工程融资与外汇/刘舒年，章昌裕编著. -北京：
中国建筑工业出版社，1997
（国际工程管理教学丛书）
ISBN 7-112-03261-X

Ⅰ.国… Ⅱ.①刘… ②章… Ⅲ.①对外承包-项目-融
资②对外承包-项目-外汇管理 Ⅳ.F740.4

中国版本图书馆 CIP 数据核字（97）第 07761 号

　　本书由三部分组成，第一部分主要从总体上论述了国际工程融资与外汇之间的相互关系与作用，即国际工程融资与外汇概论；第二部分主要论述国际工程融资的主要渠道与形式，每种贷款形式的特点、具体贷款条件与做法；第三部分主要论述外汇与外汇风险管理方面的有关问题。

　　本书编写时注重理论联系实际，突出基本理论、基本业务和基本技能，并注意内容的实用性与操作性，力求吸收本学科发展的最新成果。

　　本书既可作为大专院校国际工程管理专业教材，也可供国际工程管理人员、技术人员和从事国际经贸工作人员学习、参考。

* * *

责任编辑　朱首明

国际工程管理教学丛书
INTERNATIONAL PROJECT MANAGEMENT TEXTBOOK SERIES
国际工程融资与外汇
FINANCE AND FOREIGN EXCHANGE OF INTERNATIONAL PROJECT
刘舒年　编著
*
中国建筑工业出版社出版、发行（北京西郊百万庄）
新 华 书 店 经 销
北京同文印刷有限责任公司印刷
*
开本：787×1092 毫米 1/16 印张：14⅛ 字数：350 千字
1997 年 8 月第一版 2004 年 1 月第三次印刷
印数：5501—6700 册 定价：**19.00** 元
_____
ISBN 7-112-03261-X
F·262（8404）

国际工程管理教学丛书编写委员会成员名单

主任委员

王西陶　中国国际经济合作学会会长

副主任委员（按姓氏笔画排列）

朱传礼　国家教育委员会高等教育司副司长

陈永才　对外贸易经济合作部国外经济合作司原司长

中国对外承包工程商会会长

中国国际工程咨询协会会长

何伯森　天津大学管理工程系原系主任，教授（常务副主任委员）

姚　兵　建设部建筑业司、建设监理司司长

施何求　对外贸易经济合作部国外经济合作司司长

委员（按姓氏笔画排列）

于俊年　对外经济贸易大学国际经济合作系主任，教授

王世文　中国水利电力对外公司原副总经理，教授级高工

王伍仁　中国建筑工程总公司海外业务部副总经理，高工

王西陶　中国国际经济合作学会会长

王硕豪　中国水利电力对外公司总经理，高级会计师，国家级专家

王燕民　中国建筑工程总公司培训中心副主任，高工

刘允延　北京建筑工程学院土木系讲师

汤礼智　中国冶金建设总公司原副总经理、总工程师，教授级高工

朱传礼　国家教育委员会高等教育司副司长

朱宏亮　清华大学土木工程系副教授，律师

朱象清　中国建筑工业出版社总编辑，编审

陆大同　中国土木工程公司原总工程师，教授级高工

杜　训　全国高等学校建筑与房地产管理学科专业指导委员会副主任，东南大学教授

陈永才　对外贸易经济合作部国外经济合作司原司长

中国对外承包工程商会会长

中国国际工程咨询协会会长

何伯森　天津大学管理工程系原系主任，教授

3

吴　燕　国家教育委员会高等教育司综合改革处副处长
张守健　哈尔滨建筑大学管理工程系副教授
张远林　重庆建筑大学副校长，副教授
张鸿文　中国港湾建设总公司海外本部综合部副主任，高工
范运林　天津大学管理学院国际工程管理系主任，教授
姚　兵　建设部建筑业司、建设监理司司长
赵　琦　建设部人事教育劳动司高教处副处长，工程师
黄如宝　上海城市建设学院国际工程营造与估价系副教授，博士
梁　鑑　中国水利电力对外公司原副总经理，教授级高工
程　坚　对外贸易经济合作部人事教育劳动司学校教育处副处长
雷胜强　中国交远国际经济技术合作公司工程、劳务部经理，高工
潘　文　中国公路桥梁建设总公司原总工程师，教授级高工
戴庆高　中国国际工程咨询公司培训中心主任，高级经济师

秘书（按姓氏笔画排列）
吕文学　天津大学管理学院国际工程管理系讲师
朱首明　中国建筑工业出版社副编审
李长燕　天津大学管理学院国际工程管理系副系主任，讲师
董继峰　中国对外承包工程商会对外联络处国际商务师

序

对外贸易经济合作部部长　吴　仪

　　欣闻由有关部委的单位、学会、商会、高校和对外公司组成的编委会编写的"国际工程管理教学丛书"即将出版，我很高兴向广大读者推荐这套教学丛书。这套教学丛书体例完整、内容丰富，相信它的出版能对国际工程咨询和承包的教学、研究、学习与实务工作有所裨益。

　　对外承包工程与劳务合作是我国对外经济贸易事业的重要组成部分。改革开放以来，这项事业从无到有、从小到大，有了很大发展。特别是近些年贯彻"一业为主，多种经营"和"实业化、集团化、国际化"的方针以来，我国相当一部分从事国际工程承包与劳务合作的公司在国际市场上站稳了脚跟，对外承包工程与劳务合作步入了良性循环的发展轨道。截止到 1995 年底，我国从事国际工程承包、劳务合作和国际工程咨询的公司已有 578 家，先后在 157 个国家和地区开展业务，累计签订合同金额达 500.6 亿美元，完成营业额 321.4 亿美元，派出劳务人员共计 110.4 万人次。在亚洲与非洲市场，我国承包公司已成为一支有较强竞争能力的队伍，部分公司陆续获得一些大型、超大型项目的总包权，承揽项目的技术含量不断提高。1995 年，我国有 23 家公司被列入美国《工程新闻记录》杂志评出的国际最大 225 家承包商，并有 2 家设计院首次被列入国际最大 200 家咨询公司。但是，从我国现代化建设和对外经济贸易发展的需要来看，对外承包工程的发展尚显不足。一是总体实力还不太强，在融资能力、管理水平、技术水平、企业规模、市场占有率等方面，与国际大承包商相比有明显的差距。如，1995 年入选国际最大 225 家承包商行列的 23 家中国公司的总营业额为 30.07 亿美元，仅占这 225 家最大承包商总营业额的 3.25%；二是我国的承包市场过分集中于亚非地区，不利于我国国际工程咨询和承包事业的长远发展；三是国际工程承包和劳务市场竞争日趋激烈，对咨询公司、承包公司的技术水平、管理水平提出了更高的要求，而我国一些大公司的内部运行机制尚不适应国际市场激烈竞争的要求。

商业竞争说到底是人才竞争，国际工程咨询和承包行业也不例外。只有下大力气，培养出更多的优秀人才，特别是外向型、复合型、开拓型管理人才，才能从根本上提高我国公司的素质和竞争力。为此，我们既要对现有从事国际工程承包工作的人员继续进行教育和提高，也要抓紧培养这方面的后备力量。经国家教委批准，1993年，天津大学首先设立了国际工程管理专业，目前已有近10所高校采用不同形式培养国际工程管理人才，但该领域始终没有一套比较系统的教材。令人高兴的是，最近由该编委会组织编写的这套"国际工程管理教学丛书"填补了这一空白。这套教学丛书总结了我国十几年国际工程承包的经验，反映了该领域的国际最新管理水平，内容丰富，系统性强，适应面广。

我相信，这套教学丛书的出版将对我国国际工程管理人才的培养起到重要的促进作用。有了雄厚的人才基础，我国国际工程承包事业必将日新月异，更快地发展。

1996年6月

前　言

改革开放以来，我国的国际工程承包与劳务合作有了很大的发展，取得可喜的成绩。为进一步开拓国际工程与劳务合作市场，必须加强对这方面人材的培养，建立一支实力雄厚，功底扎实的从事国际工程技术与管理的干部队伍。这支队伍除具备最新的技术知识外，更应具备管理方面的知识，国际融资与外汇是国际工程管理人员必须掌握的知识之一。众所周知，大型工程项目，项目单位本身的股本投资不过占 10%～30%，工程项目所需资金的70%～90% 都从外部筹集。作为国际工程承包商，除有少量自有资金外，大部资金也需从外部筹集。如果不掌握各种融资渠道（如官方渠道、半官方渠道、民间渠道和国际金融组织渠道等）的贷款条件、特点等，结合工程结构的不同，工程建设过程资金流程的特点，从各种渠道中筛选出一种条件最为优惠，成本最为低廉的融资形式，而盲目的从某一商业银行取得贷款，其成本可能高昂，条件可能苛刻，影响了工程项目的经济效益。此外，投资或承包国际工程项目，必然发生外汇的收收付付，如果对外汇收付管理不善，则会遭受汇率波动风险的损失，使预期的经济效益不能实现，甚至化为乌有。因此，国际工程从业人员，必须掌握国际融资与外汇的基本知识、基本业务与基本技能。为此，我们编写了这本《国际工程融资与外汇》。

本书编写原则为坚持理论联系实际，突出"三基"——基本理论、基本业务和基本技能，注意内容的实用性与操作性，力求吸收本学科发展的最新成果。

本书在编写过程中得到中国水利电力对外总公司原副总经理王世文同志、总经理王硕豪同志，中国建筑工程总公司培训中心主任王燕民同志大力帮助，在此对他们表示衷心感谢。

本书第 1 章由对外经济贸易大学国际经济贸易学院副院长章昌裕同志编写，第 2 章至第 13 章由对外经济贸易大学国际经济贸易学院国际金融系主任刘舒年同志编写。

目　录

第1章 国际工程融资与外汇概论

本章从总体上介绍国际工程承包的发展过程和主要的业务内容，详尽地分析国际融资与国际工程投资与开发之间的关系，说明国际融资每一渠道与具体形式，以便国际工程投资商和承包商，根据工程项目的特点与不同的组成部分，从不同的渠道取得资金的融通，以最大的节省融资成本，降低工程造价，取得较高的经济效益。国际融资与外汇密不可分，为搞好融资与营运，国际工程项目管理人员必须掌握外汇业务和外汇风险管理的基本知识与技能，本章对此也扼要地加以论述。

第1节 国际工程承包概述

一、国际工程承包的基本概念和特点

（一）国际工程承包的概念和特点

国际工程承包是国际上的承包商（公司）以提供自己的资本、技术、劳务、设备、材料、许可权等，为国外工程发包人（业主）营造工程项目，并按事先商定的条件、合同价格、支付方式等收取费用的一种经济技术合作方式。

国际工程承包依其结构，大致可以分为两大类：一类是"劳动密集型"的土木建筑工程承包，如房屋、水坝、体育场等等。另一类是"技术密集型"的制造业工程承包，如海水淡化、通讯、电子、航空、核电站等等。在国际工程承包市场上，发达国家多承包第二类工程项目；发展中国家多承包第一类工程项目。

国际工程承包的特点主要表现为差异性大、综合性强、风险大、合同金额大、合作范围广、策略性强等。

（二）工程开发周期

在国际工程承包中，一项工程，从业主提出建设意图到工程实施完成，要经过一定过程，这就是工程开发周期。工程开发周期包括五个阶段，即规划阶段、设计阶段、招标阶段、施工阶段、试车和试生产阶段。

（三）国际工程承包发展简况

国际工程承包是随着资本主义经济的发展而兴起的一项国际经济交易活动，至今已有近百年的历史。但是，国际工程承包业的完全建立及国际工程承包市场的形成是在第二次世界大战以后，迄今为止，国际工程承包大体经历了四个发展阶段，也可称为四次浪潮。

第一阶段是第二次世界大战结束后的初期至60年代,这是国际工程承包的创立发展阶段。在这一阶段，许多国家集中力量医治战争创伤，建设规模巨大，建筑业得到蓬勃和迅速发展。进入60年代后，大批的原殖民地国家纷纷独立，他们逐步摆脱了殖民主义的束缚，成为发展中国家，这些国家的民族经济亟需发展，加之整个60年代的世界经济比较稳定，除了发达国家在寻找海外投资场所使大量资金进入发展中国家外，在这一时期，世界银行、各地区开发银行以及商业银行对发展中国家的贷款也在不断增加，使得发展中国家资金流

入总额上升，经济建设规模随之扩大。从而推动了这些国家的对外经济合作，也推动了它们对建筑工程的需求，国际工程承包由发达国家扩大到发展中国家。

第二阶段是70年代到80年代初期，这是国际工程承包的黄金阶段。1973年至1981年，世界石油价格大幅度上升，中东产油国外汇收入剧增，石油美元的积累使中东国家有了雄厚资金来改变其长期落后面貌。这些国家除了大力兴建机场、铁路、公路、港口、码头、输油管道，以及与石油有关的工业和能源项目外，还在过去人烟稀少的海滩和沙漠腹地建造起一座座现代化的城市。但是这些国家在经济建设发展中，既缺乏生产、设计和施工技术，又缺乏熟练劳务，因此对国际建筑工程市场的需求急剧增长。这一阶段国际工程承包的发展表现出两个特点：第一是承包规模和金额加大；第二是发包和承包方式拓宽扩大，开始采用"议标"和"邀请招标"等方式，支付方式出现了"延期付款"。

第三阶段从石油价格下跌（1983年）到1987年的股市暴跌，是国际工程承包的疲软阶段。这一阶段由于两伊战争，油价下跌等多方面因素，致使不少发展中国家，特别是中东地区经济增长速度下降，造成了国际工程承包市场出现停滞、萎缩状态，到1987年，走入谷底。由于这一阶段的疲软，导致了国际工程承包市场竞争更为激烈，发包条件更为严格，同时出现了"O&M"（Operate and Maintain）和"BOT"等新的承包方式。在支付方式中也出现了灵活多样的形式，除采用传统的"现汇支付"外，还可采用"石油支付"、"实物支付"、"延期支付"和"混合支付"等；同时，要求承包商"带资承包"的工程也越来越多。

从1988年至今，是国际工程承包的第四阶段，即调整复苏阶段，但这一阶段的发展是不稳定的。1988年，国际工程承包市场开始回升，1990年世界250家大承包公司的国外合同总额创历史最好水平。但正当人们期望90年代的国际工程承包市场继续好转的时候，由于爆发了1990年8月的海湾战争和出现了1990年以后的世界经济不景气，使得国际工程承包市场在回升了两年以后又复而逆转，出现了萎缩的局面。这一阶段国际工程承包市场的特点是国际化趋势日益加强，它一方面表现为各国承包公司互相承包和联合承包工程；另一方面表现在形成了许多共同的制度和习惯作法，尤其体现在"合同条件"的国际化上。

二、国际招标与投标

国际工程管理的主要内容之一就是招标与投标。

（一）招标方式

目前国际上通用的招标方式一般分为竞争性招标和非竞争性招标两大类。

1. 竞争性招标

竞争性招标包括公开招标和选择性招标两种。

（1）公开招标。公开招标亦称国际公开招标或国际竞争性招标。公开招标是招标人通过公共宣传媒介发布招标信息，世界各地所有合格的承包商均可报名参加投标，条件对业主最有利者可中标。

（2）选择性招标。选择性招标亦称邀请招标，是一种有限竞争招标。它是招标人通过咨询公司、资格审查或其它途径所了解到的承包商的情况，有选择地邀请数家有实力、讲信誉、经验丰富的承包商参加投标，经评定后决定中标者。

2. 非竞争性招标

目前常见的非竞争性招标主要是谈判招标。谈判招标又称议标。在议标方式下，招标人根据项目的具体要求和自己所掌握的情况，直接选择某一家承包商进行谈判；若经谈判达不成协议，招标人可另找一家继续谈判，直到最后达成协议。

（二）招标程序

招标程序是指从成立招标机构开始，经过招标、投标、评标、授标直至签订合同的全部过程。国际招标是按照严格的程序和要求进行的，需要做大量的工作，历经时间少则一年，多则几年。以国际竞争性招标为例，主要程序包括：

①成立招标机构；②编制招标文件；③发布招标公告；④资格预审；⑤编制招标文件；⑥递送标书；⑦开标；⑧评标；⑨定标前的谈判；⑩定标；⑪签订合同。

（三）投标报价

在招标过程中，对承包商来说最重要的工作是报价。报价亦称为作标，它是指承包商在以投标方式承接工程项目时，以招标文件为依据，结合现场考察及市场调查所获得情况，根据有关定额、费率、价格资料，计算出确定承包该项工程的全部费用。报价是承包商投标的中心环节，是一项技术性极强的业务，一项工程投标成功与否，直接取决于报价的正确与否。若报价过高，竞争力差，会失去中标的机会；若报价过低，不仅会使承包商无利可图，甚至亏本，而且也会使业主产生怀疑。因此，报价水平的确定应建立在科学的经济分析和经济核算基础上。

三、国际工程承包合同

国际工程承包合同是国际工程管理的另一主要内容。

工程承包合同又称工程承包契约，是业主和承包商为确定各自应享受的权利和应履行的义务而订立的共同遵守的法律文书。从不同的角度划分，国际工程承包合同有不同的种类。按价格形式划分有总价合同、单价合同、成本加酬金合同。按合同范围来划分有工程咨询合同、施工合同、工程服务合同、设备供应合同、设备供应与安装合同、交钥匙合同、交产品合同。按承包方式划分有总包合同、分包合同、二包合同。

四、国际工程承包中的施工索赔

（一）施工索赔的作用

在国际工程承包中，由于业主或其它方面的原因，使承包商在施工过程中付出了额外的费用，承包商根据有关规定，通过合法的途径和程序，要求业主或其它方面，偿还他的费用损失，就叫作"施工索赔"。而业主或其它有关方面对承包商提出的要求进行处理，叫作"理赔"。

国际工程承包是一项风险事业，在合同实施过程中，索赔是经常发生的；施工索赔是工程管理的不可分割的一部分。随着国际市场上竞争的加剧，承包商的成功与失败，在很大程度上取决于施工索赔。在一项工程中，有经验的承包商从施工索赔中得到的款项，有时会占工程总造价的 10%～15%，有时甚至高达 30%。由此可见索赔是极其重要的，它贯穿于工程施工的全过程。要搞好索赔工作必须抓住一切可能索赔的时机，充分利用索赔手段，掌握索赔技巧，吃透承包合同和有关法规，这样才能达到减轻风险，提高经济效益的目的。施工索赔应以合同为依据，它是承包商用合同规定保护自己合法利益的一种手段。施工索赔的分类包括：

（1）按合同条款划分，有合同规定的索赔；超越合同规定的索赔。

（2）按索赔发生的原因分，有设计变更索赔；工程变更索赔；施工条件变化索赔；业主违约索赔；业主原因造成延误工期的索赔；拖期支付工程款索赔等。

（3）按索赔要达到的目的分，有工期索赔；经济（款项）索赔。

（二）施工索赔的原因

引起施工索赔的原因主要有：①工程变更索赔；②施工条件变化的索赔；③业主违约索赔；④工程暂停或终止索赔；⑤加快工程进度索赔；⑥工期延长索赔；⑦拖延支付工程款索赔；⑧材料涨价索赔；⑨各种额外的试验和检查索赔；⑩不可抗力的自然灾害、意外事故或特殊风险索赔。

（三）可以索赔的费用

可以索赔的费用很多，主要包括：人工费、材料费、设备费、二包费、保险费、保证金、管理费、贷款利息等。只要各种施工资料和财务资料齐全，承包商在上述各项费用方面遭受到的损失均可通过索赔得到补偿。

五、国际工程承包中的银行保函和保险

（一）国际工程承包中的银行保函

国际工程承包中，当事人一方为避免因对方违约而造成损失，往往要求对方通过银行提供经济担保。银行保函属于银行信用，比较可靠。银行保函既有承包商通过银行出具的，也有业主通过银行出具的。

1. 内容国际工程承包中银行保函的主要内容一般在招标文件中有具体规定，承包商可以请银行按规定的格式出具保函。若没有具体规定，承包商也可通过银行按照国际惯例或征得业主的意见出具保函。

2. 银行保函的种类包括

（1）投标保函，这是投标人通过银行向业主开具的保证投标人在投标有效期内不撤回投标书以及中标后与业主签订合同的经济担保书。投标保函金额一般为投标价格的 0.5%～3%。投标保函的有效期一般从投标截止日起到确定中标人止。

投标保函在评标结束后可以退还给承包商，在通常情况下，有两种退还办法：一种是未中标的投标者可向业主索回投标保函，以便向银行办理注销或使押金解冻；另一种是得标的承包商在签订合同时，向业主提交履约保函，业主就可退回投标保函。

（2）履约保函，这是承包商通过银行向业主开具的保证在合同执行期间按合同规定履行其义务的经济担保书。履约保函金额一般为合同总额的 5%～10%。在工程施工过程中，如果发生以下情况，业主有权凭履约保函向银行索取保证金作为补偿：①在施工过程中，承包商中途毁约，或任意中断工程，或不按规定施工；②承包商破产、倒闭。履约保函的有效期限从提交履约保函开始，到项目竣工验收合格止，如果工程拖期，不论什么原因，承包商都应与业主协商，并通知银行延长保函的有效期，以防业主借故提款。一般情况下，承包商可以在工程竣工并验收合格后，用工程维修保函代替履约保函。

（3）预付款保函，亦称定金保函，是承包商通过银行向业主开具的担保承包商按合同规定偿还业主预付的工程款的经济担保书。预付款保函的金额一般为预付款的总额，相当于合同金额的 10%～15%。预付款保函的有效期一般由双方商定，预付款一般逐月从工程支付款中扣还，所以，预付款保函金额将逐月相应减少，在开具保函时应写明这一点。承包商在规定的时间内全部还清预付款项后，业主就应退还预付款保函。

（4）工程维修保函，亦称质量保函，是承包商通过银行向业主开具的担保承包商对完工后的工程缺陷负责维修的经济担保书。维修保函金额一般为合同总额的2%～10%。维修保函退还的条件是：1）承包商在规定的维修期内完成了维修任务；2）该工程有发生需要维修的缺陷，业主的工程师签发维修合格证书。

（5）进口物资免税保函，这是承包商通过银行向工程所在国的海关税收部门开具的担保书，担保承包商在工程竣工后将临时进口物资运出工程所在国或照章纳税后永久留下使用。这种保函适用于免税工程或施工机具可临时免税进口工程，保函金额一般为应交税款的全部金额。这种保函的有效期限一般比工期稍长一些。保函退还的条件是：①保函有效期满时，若承包商从业主那里得到了进口物资已全部用于该免税工程的证明文件，如有剩余材料，则需对剩余材料交纳关税后，才可在当地出售；②在保函有效期满之前，承包商将临时进口的施工机械设备运出项目所在国，或经有关部门批准，转移到另一免税工程。但以后需通过银行将保函有效期顺延，或在交纳关税后在当地永久使用，出租或出售。

上述保函都是在承包商未履行其义务时受益人才可凭保函去银行取款，所以，银行保函是一种备用性质的经济担保文件。

（二）国际工程承包中的保险

国际工程承包由于工期较长，在合同执行过程中，承包商会遇到各种各样的风险。对于一些大型工程，有些灾害和事故会给承包商造成无法承受的经济损失。为了转移风险，承包商就要向保险公司办理保险。与国内工程不同，国际工程的保险几乎都是强制的，并规定了投保的险别。一般来讲，承包商在开工前就要向保险公司办妥保险手续，并将有关单据呈交给业主。若工程规模很大，工期较长，与工程有关的承包商较多，并且又是由承包商分别投标，必定会出现一些空隙无人投保，在这种情况下，为防止漏保现象，业主可以出面向保险公司办理投保手续。国际工程承包中常见的险别有：①工程一切险，又称全险，是综合性的险别；②第三方责任险；③人身意外险；④汽车险；⑤机械设备损坏险；⑥设备安装保险；⑦社会福利险；⑧货物运输保险。

第2节 国际工程融资

从上一节的内容可以看出，国际工程承包属于建筑业。建筑业与其它行业相比，有其自身的特点，主要表现在：一是没有固定的经营场所，随着工程的不断完工，建筑商需要不断的迁徙；二是建筑项目投资大、风险大，这样在建筑工程中，无论是业主还是承包商，都面临着巨大的资金和利率风险。如果是国际工程承包，还面临着外汇和汇率风险；三是由于建筑材料和设备多属于易耗和易损物品，有效使用寿命不长，这样为建筑项目提供融资的银行或厂商都将充分考虑到贷款或融资的风险问题。所以在一项工程建筑过程中，自始至终都与融资和金融业务分离不开，它是国际工程管理的一项重要内容。

一、国际工程融资的重要性

资金问题，历来都是业主和承包商最为关切和颇费心机的问题。对于业主来说，自己发包的工程能否顺利完成，关键之一在于他能否顺利地将工程建设资金按时安排到位。而对于任何一家工程建筑公司来说，他能在国际建筑市场获得成功，不仅取决于其技术能力、管理经验以及他在实际活动中赢得的信誉，还要看他融通资金的能力和使用资金的本领。一项大型工程项目招标时，承包商的财务状况、固定资产和流动资金情况，往往被列为最重要的资格预审条件。这就是说，没有足够的资金后盾力量的承包商，是不能通过预审获得大型项目的投标资格的。此外，无论是业主还是承包商来说，如果没有足够的资金，即使是项目开了工或是中标得到了一项大型工程，其结果必然是因资金拮据、周转困难或融资成本过高而以失败告终。至于80年代后在国际工程承包市场上流行的延期付款工程、带资建设的交钥匙工程等等，实际上是将承包商推到了贷款人的地位，如果没有银行、银团或政府的资金融通，即使是大型国际建筑承包商，对于这类工程的承包，也会望而生畏。所以，如果事先不将资金安排妥当，谁也不敢贸然发包或投标承揽这样的工程。

二、业主融资方式选择

业主是工程的所有人（业主亦称为雇主、购买人或发包人），是负责对承包商所完成工程后支付约定价金的人。充当业主的可以是私人，也可以是法人，还可以是政府或国际机构。在工程建筑中，业主是主要筹资人。业主的筹资方式包括以下几类：

（一）政府投资

各国政府根据本国国民经济发展的需要，每年都要有大量的基本建设项目开工。政府的基本建设投资资金来自政府财政预算中的财政支出，即所谓"公共工程支出"。政府投资建设的公共工程主要包括道路、桥梁、铁路、涵洞、机场、邮政通讯、各种社会福利设施、体育场馆等等。政府投资建设公共工程，自己可以作为业主发包工程，也可以将这些工程委托给建筑公司、咨询公司等来承担。所以，政府投资同时也是承包商的主要融资渠道之一。

（二）世界银行贷款

世界银行（The World Bank）实际是指国际复兴开发银行以及其附属机构国际开发协会。此外，世界银行还有几个附属机构，即国际金融公司、多边投资担保机构、解决投资争端国际中心。有时，人们将世界银行和它的附属机构统称为"世界银行集团"。世界银行的这些机构的共同目标是帮助实现发达国家向发展中国家的资金转移，提高发展中国家的经济发展水平和人民生活水平。在世界银行的这些机构中，国际复兴开发银行的主要任务是负责经济的复兴和发展，向发展中国家提供中长期贷款，它的一般利率低于市场利率；国际开发协会的主要任务是向低收入的发展中国家提供长期无息优惠贷款。两者的贷款通常简称为"银行贷款"和"协会信贷"；国际金融公司主要负责向发展中国家的私人企业提供贷款或参与投资，其利率一般高于前两者。

世界银行提供贷款支持的项目包括建设水坝、道路、桥梁、港口以及众多其它大型基础设施项目。90年代以后，世界银行贷款出现了一些新的趋势，主要表现在农业及社会性的小型项目增多。但是，世界银行除了是一个开发机构，更是一个金融机构，它并不是一个救济机构。世界银行在提供贷款时，除了关心项目的目标能否达到，更为关心的是贷款能否收回。因此，世界银行在承诺贷款之前，要审查申请贷款国的偿债能力，包括宏观经济管理能力、经济政策、金融政策、财政制度、货币制度、进出口、国际收支、外债、创汇能力等。

（三）项目贷款

项目贷款是70年代以后在国际金融市场上出现的，为大型工程项目筹措资金的一种新形式。在现代经济社会中，一国政府或一个部门为兴建工程项目，除了可以向世界银行申请贷款外，还可以利用政府贷款、商业银行贷款等方式筹措资金。项目贷款是银行为某一特定工程项目发放的贷款，它是国际中长期贷款的一种形式。贷款人主要根据工程主办单位的信誉和资产状况，附之以有关单位的担保而发放贷款。发放项目贷款的主要担保是该工程项目预期的经济收益和其它参与人对工程停建、不能营运、收益不足以及还债等风险所承担的义务；而主办单位的财力与信誉并不是贷款的主要担保对象。

三、承包商融资方式选择

承包商是根据合同规定的条件负责完成工程后收取约定价金的人或法人。承包商一般为工程公司、生产公司或制造公司，在有些情况下，咨询公司也可以成为承包商。在工程承包中，设备供应商可以成为供应设备和安装的承包商，有时也能成为整个工程的承包商。

承包商可以是单独的，也可以是联合的，尤其是国际承包商，大多采用后一种形式。联合承包在过去通常是由于在工程较大的情况下，单独的承包商无力一人承包而采取的承包方式。但在 80 年代以后，由于国际承包工程市场竞争日益激烈，业主经常要求承包商带资承包，为提高竞争能力和筹资能力，降低报价，通过几家公司联合承包，经常可以发挥各公司的特长和优势。此外，外国公司和当地公司联合承包，既可以利用外国公司的技术能力和信誉，还可以开辟更多的融资渠道。

承包商从决定参加某项工程的投标起，就要考虑到中标后承包该项工程的资金来源。如果在真正获得了工程项目后，再去花很大精力为工程建设筹措资金，就难免使工程建设由于资金短缺而造成全面被动。承包商的融资渠道主要有以下几种：

（一）使用自有资金

承包商如果承揽到预计利润较高的项目，只要预期利润率高于同期的银行存款利息率，一般就可以根据自身的能力适时投入自有的资金。承包商的自有资金包括现金和其它流动资产，以及可以在近期内收回的各种应收款项等等。在通常情况下，承包商存于银行的现金不会是很多的，但承包商可能还会有某些存于银行用作透支贷款、保函或信用证的补偿余额的冻结资金，这时如能尽快争取早日解冻，也属于现金可以使用。承包商的流动资产包括各种应收的银行票据、股票和债券（可以抵押、贴现而获得现金的证券）以及其它可脱手的各种存货等。各种应收款，包括已完成工程按合同规定的应收工程款、近期可完成的在建工程付款等。

（二）BOT 融资方式

BOT 的意思是建设—经营—转让；BOT 是 80 年代以后在国际工程承包市场上出现的一种带资承包方式。80 年代以后，一些发达国家和发展中国家基础设施建设需求不断增长，但长期的经济不景气又不能提供足够的建设资金。一些国家的政府力促公共部门与私营企业合作，为基础设施建设提供资金，从而产生了 BOT 投资合作方式。BOT 的实质是一种债务与股权相混合的产权，它是由项目构成的有关单位（承建商、经营商及用户）组成的财团所建立的一个股份组织，对项目的设计、咨询、供货和施工实行一揽子的总承包。项目竣工后，在特许权规定的期限内进行经营，向用户收取费用，以回收投资、偿还债务、赚取利润。特许权期满后，财团无偿将项目交给东道国政府。运用 BOT 方式承建的工程项目一般都是大型资本、技术密集型项目，主要集中在市政、道路、交通、电力、通讯、环保等方面。

（三）银行信贷

在竞争日益激烈的国际工程承包市场上，承包商要想求得发展，都离不开银行的支持。

对于承包商来说，利用银行信贷资金经营，实际上就是"借钱赚钱"。承包商的贷款主要来自银行信贷（Bank Credit），银行信贷是借款人在金融市场上向商业银行借入的货币资金。在国际工程承包中，承包商根据项目大小的不同，可以单独的作为借款人向一家商业银行借款。但有些项目规模较大，需要大量的资金，一家银行难以胜任，这时可以通过国际商业银行辛迪加贷款来融资。辛迪加贷款具有的优点是：能够较快的筹集到数额较大的贷款、多个贷款人可以共担风险、贷款可采用几种货币中的任何一种、参与辛迪加贷款的银行经验丰富，能够理解项目融资中产生的风险并加以分担、贷款的偿还日期灵活，并允许提前偿还。

（四）融资租赁

融资租赁是出租人根据承租人的请求及提供的规格，与第三方（供货商）订立一项供货合同，根据此合同，出租人按照承租人在与其利益有关的范围内所同意的条款取得工厂、资本货物或其他设备；并且，出租人与承租人（用户）订立一项租赁合同，以承租人支付租金为条件授予承租人使用设备的权利。融资租赁的主要形式有：直接融资租赁、转租赁、售后回租租赁、杠杆租赁等。

融资租赁对承租人有着特别积极的作用，主要表现为：

1. 为承租企业提供了一条有效的融资渠道

在激烈的商品竞争下，对于选定好的项目，早投产就可以早占领市场，企业就可早得益。单靠在国际金融市场上采用借款或发行债券等方式筹资，需要企业付出大量的时间和精力，许多中、小企业还会遇到种种限制而无法达到预期目的。采用融资租赁方式，则可有效地帮助企业克服上述障碍。租赁公司以为企业提供设备融资为主要目的，只要拟租赁的设备能产生效益，租赁公司就有受理的可能，将筹资的任务交给具有金融机构职能的租赁公司去进行，既为企业节省了时间与精力，又使筹资成为可能。

2. 可以提高承租人外汇资金的使用效率

承租人无须自筹大量资金，有时甚至可以不先使用外汇，即可从国外引进所需先进技术设备。因为，在多数情况下，经营国际租赁业务的出租人可为承租人提供100%的融资便利，即使有些出租人需要承租人交纳保证金，其比例也很低，绝不会超过10%。这样就可使承租人少花钱，甚至不花钱，也能达到引进设备的目的，提高了承租人的资金使用效率。

3. 租赁公司提供全方位服务，加快了承租人获得资金的速度

企业向国外购买设备，至少包括两个环节：筹资与购买。除上述融资问题外，国际商务谈判也需要相应的人才并付出精力，许多中小企业往往不具备这一条件。利用融资租赁方式，融资与购买均由具有这方面经验的租赁公司承担，减少了企业的投资环节，节省了人力物力，且企业的技术人员参与设备技术性能的谈判，确保企业选择自己中意的设备。

建筑业没有永久居住地和建筑设备使用流动性大的特点决定了承包商对设备使用的特殊要求，所以，建筑商采用融资租赁的方式融通资金就具有非常重要的意义。对于建筑施工中使用的一些大型设备，承包商完全可以采用租赁的方式来解决资金问题。

四、其它融资方式选择

以上分别从业主和承包商的不同角度分述了一些主要的融资方式，之所以要分别阐述，是考虑到不同的融资方式，由于存在着资金的使用条件、信贷的财政条件、外汇的风险等等对业主和承包商的作用的不同的，而在国际工程承包中，业主与承包商的利益是不同的，

双方在融资过程中，都要充分考虑自身的利益与效益，采用不同的融资方式。但实际上，国际金融市场上早已形成了多种多样的资金融通方式，业主要建设项目，承包商要承揽工程赚取利润，双方都还可以考虑利用其它各种融资方式来达到自己的目的。

（一）股票融资

股票是股份公司发给股东的，证明其股权并作为分配股利和剩余财产依据的有价证券。股票代表了持股人对企业的所有权，表示持股人为公司产权的部分所有人，公司由所有人共同拥有，股票就是代表股东投资入股的证明。以发行股票的形式融资组织工程建设，必须由具有法人地位的公司进行。

（二）债券融资

债券是国家、地方政府机构和工商企业、金融机构等筹资者，作为债务人向社会公众、个人投资者和机构投资者筹集资金而签发，并在证券市场上发行的一定面额的债务凭证，由债务人承诺向债券持有者（债权人）依据规定期限和利率，按期支付利息并在到期日偿还本金。

国际债券，是指国际金融组织、国际企业、一国的政府机构、金融机构、工商企业等为筹集资金，作为债务人所签发，并在国际债券市场上发行的一定面额的可兑换货币的国际债务凭证，由债务人承诺向债券持有者（债权人）依据规定期限和利率，按期支付利息并在到期日偿还本金。

在工程开发和建设过程中，业主和承包商都可以靠发行债券来筹集资金，以弥补建设资金不足，达到尽快完成工程建筑的目的。

（三）银行透支

银行是企业使用最为广泛的一种融资来源，它通过透支或者贷款提供资金。商业银行一般贷款金额较大，因而在建筑项目融资方面起着重要作用。透支主要由一般商业银行提供，其好处是方式灵活，可以根据需要在事先同意的额度内提取款项。利息依据所欠款项按日计算，一般为基础利率加上 $2\% \sim 3\%$ 的利差。透支额度的大小取决于业主的资信情况、项目的性质、项目建设期间及建成后预期的收入、项目管理人员的经验、项目的风险以及其他种种因素，不同的银行考虑的因素有所不同。银行透支是一种短期融资方式，承包商或业主如采用透支方式融资，须在一年内平衡帐户。

（四）商业票据融资

商业票据是写有信誉的大企业在金融市场上筹措短期资金的借款凭证。商业票据原是随商品劳务交易而签发的一种债权、债务凭证，即以商品和劳务的买方为出票人，签发承诺在一定期限内付给卖方一定金额的凭证；商品或劳务的卖方可以持这一凭证到期后向买方收取现款或在未到期前向金融机构贴现以兑取现款。商业票据凭信用发行，面额较大，期限为 30 天至 9 个月不等，比较多见的一般在 90 天以内。传统意义上的商业票据指汇票和本票，现在一般意义上的商业票据则包括在此两类票据基础上衍生出来的各种票据，如欧洲商业票据、中期欧洲票据、中期票据、浮动利率票据等。

（五）贸易信贷资金

很多国家为了鼓励本国的机器设备出口，都对外提供出口信贷资金，这种信贷资金通过该国的银行办理，通常由材料和设备的出口商通过银行向其本国的中央银行或指定的政府部门申请，出口信贷包括买方信贷和卖方信贷。在国际工程承包中，很多建筑商经常利用本国提供出口信贷的融资便利去达到中标的目的；而一些获得出口信贷的供货商也能以此承揽工程建筑项目。

（六）投资基金

投资基金是现代市场经济中的一种重要融资方式，是为规避投资风险而发展起来的一种金融工具。它是将中小投资者手中分散的小额资本集中起来，然后按照投资组合原理再分散投资于有价证券、货币黄金及企业产权和工业项目中，以期获得较为稳定的投资收益，降低投资风险。业主在建设资金不足的情况下，可以运用投资基金来开发建筑项目。

（七）产权融资

产权融资是在直接投资、项目融资基础上发展起来的一种比较高级形态的直接融资方式，它是由买卖企业的部分或全部产权而发生的投资和融资行为。产权融资的交易双方为出售企业（公司）产权的出卖方（融资人）和购买企业的购买方（投资人）。产权融资按其所交易的产权的流通性来分，有非上市公司产权融资和上市公司产权融资两大类，其融资的具体方法和程序都是不同的。

第 3 节　国际工程管理与外汇

一、国际工程管理与汇率制度

根据前两节所介绍的国际工程投资和承包的业务内容和国际工程融资的主要形式，可以看出，从事于国际工程的营运与管理，离不开外汇的收收付付。工程项目的招标、投标常常接触到十几种外国货币的报价，审价，如果不研究，不掌握外国货币汇率的发展趋势，而盲目地采用一种货币对外报价，则工程项目的预期经济效益有时不能实现，甚至亏损；如果不掌握各种货币之间即期或远期之间折（套）算原则和买入汇率与卖出汇率运用原则，一个承包商在投标报价中就有可能处于不利的地位，丧失中标的机会。为了克服盲目性，增强自觉性，工程项目管理者必须掌握外汇、汇率、汇率制度等基本知识。这些知识主要包括：

（一）外汇

外汇主要指用于国际结算的，以可兑换货币所表示的支付凭证，也即国际工程管理人员经常接触到的以可兑换货币所表示的汇票、本票和支票等等。

（二）汇率

汇率是两种货币的比价，从不同的角度划分具有不同的类型：如买入汇率与卖出汇率；贸易汇率与金融汇率；官方汇率与市场汇率；单一汇率与多元汇率；固定汇率与浮动汇率等。在工程项目招标投标，索赔保险，借款融资以及承包商从业主收取外币管理费时，将一种外币折算为另一种外币时，依据哪种汇率计算即符合国际惯例，同时对己也最为有利，是工程管理人员必备的基本知识。因此，他们应当掌握各种汇率的内涵与适用的范围。

（三）汇率制度

当前，从总体上看，有两种汇率制度，一种是固定汇率制度，一种是浮动汇率制度。在固定汇率制度下，汇率波动受一定界限的限制，汇率相对稳定。在浮动汇率制度下，汇率波动频繁剧烈，容易受投机及谣言的影响而暴涨暴跌。国际承包商有的在发展中国家承包工程项目收取部分当地货币，而大部分收取的是发达国家的可兑换货币，这些货币属浮动汇率，波动频频，风险较大。国际工程管理人员应当对不同汇率制度下各国货币对外汇率波动的规律、影响与作用应当有所掌握，以便采取相应对策，趋利避害。

（四）影响汇率变化的因素

当前用于国际支付与结算的货币主要是发达国家的货币，如美元、英镑、法国法郎、日元。德国马克等十余种。国际工程投资商与承包商之间经常使用的也是这十几种货币。影响这些货币对外汇率变化的因素主要有：

（1）一国的经济生产与通货膨胀的状况；

（2）一国国际收支的状况；

（3）一国的利息率水平；

（4）国际上重大的政治事件；

（5）一国的货币政策；

（6）市场上的心理预期等等。

对于这些因素国际工程管理人员应当了解其运作情况，掌握其变动规律，以便采取防止汇率波动风险的措施。例如，反映一国经济情况的统计指标很多，主要有经济生产增长率、固定设备订单、失业人数、就业人数（在美国为非农业人口就业人数）和固定设备利用率等。如果这些指标较前改善很大，在其它条件不变的情况下，该国货币一定升值，反之，则贬值。主要发达国家对这些主要指标每月都加以公布，每季调整，指标公布后对外汇市场立即发生影响。国际工程管理人员只有经常掌握这些影响汇率变化的因素，了解各种货币的发展趋势，才能做好报价货币的选择，及外汇风险管理工作。

二、国际工程管理与外汇业务

国际工程项目的报价、营运、核算和管理都离不开外汇，而这些工作的开展，大多要通过在外汇市场买卖各种外汇来实现的。从事国际工程管理的驻在地经理，有时还负责各种外汇资金的调拨、调剂，这也需要通过外汇买卖来实现。由于外汇买卖交割时间与规定条件的不同，就产生了多种外汇业务。这些业务主要包括：

（一）即期外汇业务

即期外汇业务主要指外汇买卖成交后一般在两个工作日内进行交割的外汇业务，其中又包括电汇、信汇和票汇3种类型。在工程价款收取时，要求对方使用电汇，一般可提高承包商资金周转率，提高本身经济效益。在购买机械设备时，承包商争取以信汇付款，可节省进口成本。凡此种种，国际工程管理人员均应掌握，才能提高经营管理水平。

（二）远期外汇业务

远期外汇业务指外汇买卖双方在约定的一定时间后进行交割的外汇业务。这种业务在防止汇率波动风险，减少汇价波动所带给本身的经济损失中起重要作用。

（三）外币期权

外币期权指顾客和银行签订一买卖远期外汇合同,顾客向银行交纳一定的保险费后,有权在合同的有效期内执行或放弃合同执行的外汇业务。国际工程管理部门对某种货币汇率发展趋势捉摸不定时，利用这种业务防止或减少汇率波动风险，虽交纳一定保险费，但对降低成本，提高效益还是有积极作用的。

（四）外币择期业务

外币择期指顾客与银行签订买卖远期外汇合同，在合同到期日以前，顾客有权要求银行执行合同。在特定条件下，如承包商收到供应商的货物装船的证明后，立即电汇付款，承包商不买远期外汇，而购买择期，即可避免外汇风险，与购买远期外汇相比又不受交割期固定的约束，与购买权期相比还可节约购汇成本。

（五）掉期业务

掉期是指在即期外汇市场以甲币购买乙币；与此同时，在远期外汇市场以乙币买回甲币的外汇业务。这种业务把即期外汇业务与远期外汇业务拴在一起来做，但资金流动的方向相反。它对减少汇率风险，追求货币增值有重要意义。具有外汇收收付付的从事国际工程业务的驻在地经理、部门经理和项目经理，掌握这种业务的运作机制对用活资金，增加经济收益有着较大的现实意义。

三、国际工程管理与外汇风险防范

从某种意义上讲，国际工程管理人员掌握外汇、汇率及外汇业务最终目的均可归结到做好外汇风险的防范工作，也即进行外汇风险管理。我国从事国际工程承包的部门，在工程技术、质量，按期完工方面都获得国际劳务合作市场的好评，唯在管理方面，特别是外汇风险管理方面，与其它国家相比，仍有差距。因此，国际工程管理人员必须掌握外汇风险管理的一般原则；善于利用防止汇率风险的一般技术方法；订好防止汇率风险的保值条款；学会利用外汇业务来减缓汇率风险；利用外汇市场与货币市场相结合的业务——BSI 法来规避汇率波动的风险。

（一）外汇风险管理的一般原则

防止外汇波动风险的一般原则最主要的就是做好计价货币的选择，选择计价货币的原则有：①工程承包报价货币应争取具有上浮趋势的货币报价；而在进口或融资时，应争取具有下浮趋势的货币做为计价货币；②计价货币也可采取软币与硬币搭配的做法；③如以软币报价，则应把从合同签订到外汇改进这一期间的软币贬值率加在工程造价上。

（二）做好货币组合工作

具有外汇收付的国际工程管理部门，必须掌握货币组合工作，其具体的方法有：

（1）迟收早付法。即在两种货币比价即将发生重大变化的前夕，一个企业如果争取做到提前结汇或推迟结汇就可大大减少汇率波动风险所造成的损失。

（2）平衡法。即一个企业如有一笔远期外币的应收（付）帐款，如能创造一笔与应收（付）外币帐款货币相同、金额相同、时间相同的反方向资金流动，则可完全消除汇率风险。

（3）多种货币组合法。即进出口计价货币与营运的外币资金的保持，防止单打一的使用一种货币，而要多种货币组合。这是分散风险的基本方法。

（三）订好保值条款

一部分工程项目收取一定比例的当地货币。而当地货币对主要储备货币不断贬值，为防止收取贬值货币所遭受的损失，承包商可在有关合同中订入保值条款。这种保值条款有外汇保值条款、物价保值条款、滑动价格保值条款以及以复合货币单位保值条款，承包商根据具体情况订立这种保值条款以减少收取软货币所遭受的损失。

（四）利用外汇业务

上述各种外汇业务均可用作减少汇率波动风险的措施；此外，也可采取套期保值来减缓汇率波动的风险。套期保值也称抵补保值或"海琴"，是指为了使预期的外汇收入（债权）或支出（负债）达到保值目的，而主动做一笔期货业务。也即有预期外汇收入（债权）时，卖出一笔金额相等的同一外币期货，如有预期外汇支出（负债）时，则买进一笔金额相等的同一外币期货，以求保值。从一定意义讲，前述掉期与这里所讲的套期保值都是采取两种交易一起来做，用反方向资金流动达到保值的目的。但是二者之间也有区别：①典型的掉期业务的反方向资金流动可利用的匹配业务是远期外汇；而套期保值的反方向资金流动可利用的匹配业务是外币期货。②掉期所利用的反方向资金匹配业务的数额与其对应数额一定相同，而套期保值利用反方向资金匹配业务的数额与其对应数额不一定相同，而大致近似（由于合同标准化的原因，可能略高于或低于对应金额）；③掉期的反方向资金流动的时间与对应方同时进行；而套期保值订立购买或出卖期货合同的时间，与对应业务发生的时间有时存在一定的时差。

（五）利用外汇市场与货币市场相结合的 BSI 法

BSI 法即借款—变现—投资的英文缩写（见第 13 章第 3 节）。有远期外汇收入的企业，为减少远期外汇收入价值的波动风险，先借外币，以后再将外币通过即期外汇市场换成本币，然后将本币进行投资。如将来远期收入的外汇贬值则将贬值的外汇偿还给提供贷款的贷款人，企业规避了外汇风险。如有远期外汇负债的企业则先借本币，将本币通过即期外汇市场换成外币，然后将外币进行投资。对外负债到期，该企业的外币投资也到期，以投资的外币偿还给债权人。

思 考 题

1. 试述国际工程承包的发展简况。
2. 试述国际工程融资的重要性。
3. 业主可从哪些渠道取得资金融通？
4. 承包商可从哪些渠道取得资金融通？
5. 简述外汇与国际工程管理之间的关系。
6. 国际工程管理人员应从哪几方面进行外汇汇率波动风险的防范？

第 2 章　国际金融市场及其计息方法

国际金融市场是世界范围内筹集、动员与再分配资金的重要场所。国际工程的投资商、承包商和其它关系人主要从国际金融市场筹集与组织其运营资金，以满足其各种类型的资金需要，发展国际工程的有关业务。本章除介绍传统的国际金融市场、欧洲货币市场的构成，资金流向与作用外，并介绍国际金融市场上的利率类型与计息方法，以便精确计算筹资成本，做好工程投资与承包各项核算工作。

第 1 节　国际金融市场

一、国际金融市场的概念

国际金融市场的概念，有广义和狭义之分。广义的国际金融市场，是指进行各种国际金融业务活动的场所。这些业务活动包括长、短期资金的借贷、外汇与黄金的买卖。这些业务活动分别形成了货币市场（Money Market）、资本市场（Capital Market）、外汇市场（Foreign Exchange Market）和黄金市场（Gold Market）。这几类国际金融市场不是截然分离，而是互相联系着的。例如：长短期资金的借贷，往往离不开外汇的买卖，外汇的买卖又会引起资金的借贷；黄金的买卖也离不开外汇的买卖，并引起资金的借贷。

狭义的国际金融市场，是指在国际间经营借贷资本即进行国际借贷活动的市场，因而亦称国际资金市场（International Capital Market）。同国际商品市场比较，经营对象——货币——形态的单一性，是这个市场的明显特点。其次，供求双方不是买卖关系，而是借贷关系，即需求者只有使用权而无所有权，使用资金后必须伴随利息向供应者归还本金。这是金融市场的另一个特点。国际金融市场也不同于国内金融市场，后者所涉及的借贷关系，仅仅是本国居民，而国际金融市场上的借贷关系则涉及其它国家的居民。

本章是从狭义的概念出发来讲述国际金融市场的。

二、国际金融市场的类型

（1）传统的国际金融市场。传统的国际金融市场，是从事市场所在国货币的国际借贷，并受市场所在国政府政策与法令管辖的金融市场。这种类型的国际金融市场。经历了由地方性金融市场，到全国性金融市场，最后发展为世界性金融市场的历史发展过程。它由一国的金融中心发展为世界性金融市场，是以其强大的工商业、对外贸易与对外信贷等经济实力为基础的。伦敦就是这样的国际金融市场。除伦敦外，纽约、苏黎士、巴黎、东京、法兰克福、米兰等都属于这类国际金融市场。

（2）新型的国际金融市场，所谓新型的国际金融市场，是指二战后形成的欧洲货币市场（Euro-Currency Market）。它是在传统的国际金融市场基础上形成的。同传统的国际金融市场相比，欧洲货币市场有着明显的特点：它经营的对象，是除市场所在国货币以外的任何主要西方国家的货币，这就为借款人选择借取的货币提供了方便条件；它打破了只限于市场所在国国内的资金供应者的传统界限，从而使外国贷款人与外国借款人都不受国籍的限制；它的借贷活动也不受任何国家政府政策与法令的管辖。这个市场的形成不以所在国强大的经济实力和巨额的资金积累为基础，只要市场所处国家或地区政治稳定、地理方便、通讯发达、服务周到、条件优越，并实行较为突出的优惠政策，就有可能发展为新型国际金融市场。总之，同业务活动上具有国际性却又受本国金融当局控制的传统国际金融市场相比，欧洲货币市场是真正意义的国际之间的金融市场。

三、国际金融市场的构成

国际金融市场分为货币市场和资本市场。

（一）货币市场

货币市场是经营期限为1年和1年以内的借贷资本的市场。按照借贷方式的不同，货币市场分为：

1. 银行短期信贷市场

银行短期信贷市场主要包括银行对外国工商企业的信贷和银行同业间拆放市场（Inter—Bank Market）。前者主要解决企业流动资金的需要，后者主要解决银行平衡一定时间的资金头寸（Capitl Position），调节其资金余缺的需要。其中，银行同业间拆放市场处于重要地位。伦敦银行同业间拆放市场是典型的拆放市场，它的参加者为英国的商业银行、票据交换银行（Clearing Bank）、海外银行和外国银行等。银行间拆放业务，一部分通过货币经纪人（Money Broker）进行，一部分则在银行之间直接进行。银行同业间拆放，无需提供抵押品。每笔拆放金额最低为25万英镑，多者甚至高达几百万英镑。银行同业间拆放的期限为：日拆（Day-to-Day Loan 或 Day Call），期限虽短，但它对维持银行资金周转与国际金融市场正常运行具有非常重要的意义；1周期；3个月期；半年期；1年期。银行同业间的拆放款，绝大部分是日拆到3个月期，3个月以上至1年的约占1/5。银行同业间拆放市场的利率，其中，伦敦银行同业间拆放利率（London Inter Bank Offered Rate LIBOR）已成为制定国际贷款利率的基础，即在这个利率基础上再加半厘至1厘多的附加利率（Spread或Margin）作为计算的基础。伦敦银行同业间拆放利率有两个价；一是贷款利率（Offered Rate）；一是存款利率（Bid Rate），二者一般相差0.25%～0.5%。在报纸上见到的报价如果是15%～15.25%，那么前者为存款利率，后者为贷款利率。

2. 贴现市场

贴现市场（Discount Market）是经营贴现业务的短期资金市场。贴现是银行购买未到期票据，并扣取自贴现日起至该票据到期日为止的利息的业务。贴现市场由贴现行（Discount House）、商业票据行（Commecial Paper House）、商业银行和作为"最后贷款者"（Lender Of Last Resort）的中央银行组成。贴现交易的对象，除政府短期债券外，主要是商业承兑汇票、银行承兑汇票和其他商业票据。贴现市场上的私人金融机构为取得资金的再融通，还可以持短期票据到中央银行办理重贴现或再贴现（Rediscount）。

3. 短期票据市场

短期票据市场（Short Security Market）是进行短期信用票据交易的市场。在这个市场进行交易的短期信用票据主要有：

（1）国库券。国库券（Treasury Bills）是西方国家政府为满足季节性财政需要而发行的短期政府债券。国库券是美国证券市场上信用最好、流动性最强、交易量最大的交易手段。它不仅是美国人而且是外国政府、银行或个人的重要投资对象。

（2）商业票据。商业票据（Commercial bills）是一些大工商企业和银行控股公司为筹措短期资金，凭信用发行的、有固定到期日的短期借款票据。

（3）银行承兑汇票。银行承兑汇票（Bank Acceptance Bills）主要是出口商签发的，它是经银行背书承兑保证到期付款的汇票。这种汇票的期限一般为 30～180 天，以 90 天为最多，面值无限制。

（4）定期存款单。定期存款单（Certificate of Deposit，CD）是商业银行和金融公司吸收大额定期存款而发给存款者的存款单。这种存款单不记名并可在市场上自由出售。因此，投资于存款单，既获定期存款利息，又可随时转让变为现金，很受投资者欢迎。发行定期存款单，是银行获取短期资金的稳定来源。最初，存款单均系大额，面值最少为 10 万美元，最多达 100 万美元。为吸收更多资金，从 60 年代末开始，银行也发行面值为数十、数百美元的存单，存款单的利率也开始发展为浮动利率。定期存款单的期限一般在 1～12 个月之间，其中以 3～6 个月最多。

（二）资本市场

资本市场是经营期限在 1 年以上的借贷资本市场。按照借贷方式的不同，资本市场分为：

1. 银行中长期贷款市场

银行中长期贷款主要用于外国企业固定资本投资的资金需要。

2. 证券市场

（1）证券的概念及其种类。证券是一种金融资产。是财产所有权的凭证，它包括政府和企业发行的证券，故亦称有价证券（Securities）。证券的种类为：

政府债券（亦称"公债"或"国债"），是一国政府为适应财政需要，或弥补预算赤字，而发行的承担还款责任的债务凭证。政府债券一般信用较高，债券持有者可在一定时期以后按票面金额收回本金，并获得一定数量的利息。

股票（Stock Certificate），是股份企业发给股东的、证明其所入股份的凭证。它是股东有权取得红利和股息的有价证券。按股东的权利，股票可分为普通股（Common Stock）和优先股（Preferred Stock）。普通股可以分红，分红的多少取决于股份企业的盈利状况。普通股除有红利享有权外，还享有财产分配权、企业管理权、认股的优先权等。优先股较普通股有一定优先权，即有固定的股息，并在公司解散时具有剩余财产的优先分配权。

公司债券（Corporate Bonds），是公司对外举债并承诺在一定期限还本付息的承诺凭证。

国际债券（International Bonds），分为欧洲债券（Euro Bonds）和外国债券（Foreign Bonds）。所谓外国债券是甲国发行人通过乙国金融机构在乙国市场上发行的，以乙国货币为面值的债券。

（2）证券市场。证券市场是以证券为经营、交易对象的市场。它通过证券的发行与交易，来实现国际间资本的借贷。证券市场分为发行市场和交易市场。

证券发行市场，是新证券发行市场，也称初级市场或一级市场。它的功能在于，工商企业或政府通过发行市场，将新证券销售给投资者，以达到筹措资金的目的。

证券交易市场。证券交易市场是已发行证券的流通市场，包括证券交易所（Stock Exchange）和场外交易市场（Over the Counter）。证券交易所是最主要的证券交易场所，是多数国家唯一的证券交易市场，在有些国家也称为二级市场。在交易所内买卖的证券，是上市的证券。场外交易市场，是买卖不上市的证券的市场，而由证券商在其营业所自营或代客买卖。在美国，场外交易市场最为发达，其交易规模往往超过交易所，也有人称场外交易市场为"三级市场"。还有人把在各种基金会等机构投资者相互之间进行证券交易的市场称为"四级市场"。

四、国际金融市场的作用

国际金融市场是世界经济的重要组成部分。它对世界经济的发展，既有积极作用的一面，也有消极作用的一面。国际金融市场对世界经济主要有以下几方面的积极作用：

1. 调节国际收支

有国际收支顺差的国家将其外汇资金盈余投放于国际金融市场，而有国际收支逆差的国家则越来越依赖国际金融市场的贷款来弥补国际收支逆差。国际金融市场在沟通石油美元的再循环（Recycling of the Perto－Dollars，即石油美元通过信贷方式返回石油输入国），缓解各国国际收支的严重失衡上起着决定性的作用。

2. 促进了世界经济的发展

国际金融市场促进世界经济发展的作用主要表现在：①为对外贸易融通资金。二战后，世界贸易年平均增长率高于世界国民生产总值年平均增长率。国际贸易的迅速增长在促成世界经济增长中起了重要的作用。各国经常利用国际金融市场为其外贸进行资金融通，这是促成二战后国际商品与劳务贸易迅速增长的一个重要原因。②为资本短缺国家利用外资扩大生产规模提供了便利。国际金融市场通过汇集资金、提供贷款和证券交易，把大量闲置的货币资本转化为现实的职能资本，并把非资本转化为资本。各国利用国际金融市场筹集资金，扩大了本国的社会资本总额，从而可以增加投资和扩大生产规模。

3. 促进了资本主义经济国际化的发展

二战后，资本主义经济进一步国际化，其重要表现之一是跨国垄断组织——主要形式是跨国公司与跨国银行——的出现与发展。国际金融市场促进了跨国垄断组织的发展，跨国垄断组织的发展又推动了国际金融市场的发展。它们之间这种关系的表现是：①国际金融市场是跨国公司获取外部资金的最重要来源；②国际金融市场为跨国垄断组织进行资金调拨，提供了便利条件；③国际金融市场是跨国公司存放暂时闲置资金的有利可图的场所，也为跨国银行进行存放款活动和获取丰厚利润提供了条件。

此外，国际金融市场对世界经济的发展也有消极作用，主要表现是：①为投机活动提供了便利；②大量资本在国际间流动，不利于有关国家执行自己制定的货币政策，造成外汇市场的不稳定；③加剧世界性通货膨胀。

第 2 节 欧 洲 货 币 市 场

一、欧洲货币市场的概念与形成

欧洲货币市场是指集存于伦敦或其它金融中心的境外美元和其它境外欧洲货币，而用于贷放的国际金融市场；也可概括为在一国境外，进行该国货币存储与贷放的市场。

欧洲货币市场首先出现的是欧洲美元（Euro－Dollars）。早在 50 年代初期，前苏联政府鉴于美国在朝鲜战争中冻结了我国在美资金，便把其持有的美元转存到美国境外的银行，多数存于伦敦。这些银行吸收了境外美元以后，当然要向外贷放，从而形成了欧洲货币市场的最原始形态。但因当时欧洲美元数量不大，在金融界并未引起关注。随着跨国企业的发展和以后某些国家货币金融政策的推行，美元和其它欧洲货币在境外的存储与贷放数额急剧增长，使欧洲货币市场的作用超越传统国际金融市场。促成欧洲货币市场形成的原因有：

（一）英镑危机

1957年英镑发生危机，英国政府为维持英镑的稳定，加强外汇管制，限制本国银行向英镑区以外的企业发放英镑贷款，伦敦市场的金融机构囿于英国法令的规定，转而将吸收的美元存款向海外机构贷放，从而促进美元存贷业务的发展。这是欧洲货币市场的肇基。

（二）美国的跨国银行与跨国公司逃避美国金融法令的管制

为加强对银行业务的管制，美国的联邦储备法曾列有"Q项条款"（Regulation Q）❶，规定商业银行储蓄与定期存款利率的最高界限。在60年代根据Q项条款规定，美国定期存款利率低于西欧各国美元存款利率。这促使美国国内的金融机构与大公司纷纷将大量资金转存欧洲各国，而促进了欧洲美元市场的发展。此外，美国货币政策《M项条例》规定商业银行要向联邦储备体系缴纳存款准备金。为逃避这项规定，跨国银行在国外吸收存款进行营运，也是促使境外美元市场发展的重要因素。此外，美国政府为减缓国际收支危机，1963年7月对居民购买外国在美发行的有价证券要征收"利息平衡税"，1965年为控制金融机构对外贷款规模颁布"自愿限制对外贷款指导方针"（Voluntary Foreign Credit Restraint Guidelines），1968年颁布"国外直接投资规则"以直接限制有关机构的对外投资规模……，凡此种种都促使美国企业及金融机构将资金调至海外，再向世界各地贷放，从而急剧地推进境外美元存贷业务的发展与扩大。

（三）西欧一些国家实行倒收利息（Negative Interest）等政策

60年代西方各国通货膨胀日益严重，国际间短期资金充斥。有关当局为减缓通货膨胀的发展，一般采取鼓励持有外币的金融措施，以不致膨胀本国的货币流通量。例如，瑞士和原西德货币当局曾规定对境外存户的瑞士法郎、德国马克存款不仅不付利息，有时甚至还要倒收利息，或强制把新增加的存款转存至中央银行予以冻结，但如以外币开立帐户则不受这一限制。国际垄断组织及银行，为获取瑞士法郎和德国马克升值的利益，又逃避上述倒收利息的损失，将手中的瑞士法郎和德国马克等欧洲货币存储于它国市场，从而促进境外市场欧洲货币的存储与贷放的发展。

（四）美国政府的放纵态度

欧洲美元在美国境外辗转存储和贷放不须兑换成外国货币，也就不会流入外国的中央银行，从而减轻了外国中央银行向美国兑换黄金的压力（1971年8月15日以前）。这对美国日益减少的黄金储备产生了一些缓冲作用。所以，美国政府对"欧洲美元"市场的发展采取了纵容的态度。

此外，1958年以后，西欧国家放松外汇管制，实现货币自由兑换，使储存于各国市场的境外美元与境外欧洲货币，能够自由买卖，兑换后自由调拨移存，也为欧洲货币市场的营运与扩展提供了不可缺少的条件。

---

❶ 1970年停止执行。

二、欧洲货币市场的发展

70年代以后，欧洲货币市场进一步发展，不论从该市场上的资金供应方面来看，还是从资金需求方面来看都在急剧增加。

（一）资金供应增加

（1）美国巨额和持续的对外军事开支和资本输出，使大量美元落入外国工商企业、商业银行和中央银行手中，甚至存入欧洲各国银行中套取利息。特别是在1971年8月15日美国宣布停止美元与黄金兑换后，造成更多的美元流入欧洲市场。

（2）石油输出国1973年和1979年两次大幅度提高油价，石油收入急剧增加，其中相当一部分存放于欧洲货币市场。

（3）由于欧洲货币市场对境外货币存款的金融管制较松，征税较低，地理位置适中，电讯联系方便，收取服务费用低廉，以及资金调拨方便、迅速等优点，经营欧洲货币市场业务的各国商业银行的分行，为适应业务需要，常将其总行的资金调至欧洲市场，以便调拨运用。一些大的跨国公司，为促进其业务的发展，便于资金的使用，也增加在欧洲银行的投放。

（4）派生存款（Derived Deposit）的增加。所谓派生存款，就是由于放款而引起存款的增加。在信用膨胀下，同一笔存款可能周转几次，使存款成倍增加，造成资金供应的虚假膨胀。

（二）资金需求增加

60年代至70年代初，欧洲货币市场以短期贷款为主，主要满足工商企业短期资金周转的需要，所以贷款期限多在1年以下。80年代债务危机爆发前，欧洲货币市场资金需求的规模异常庞大，这是由于：

（1）1972年西方经济出现高涨，工商企业对资金需求激增，特别是一些跨国公司对一些大工程项目的投资增多，短期信贷已不能满足需要，中长期信贷开始增多，这是欧洲货币最大的用项。

（2）产油国家两次提高油价后，非产油发达国家普遍出现国际收支逆差，纷纷到欧洲市场举债，平衡其国际收支。

（3）70年代以来，发展中国家特别是一些非产油国为了发展经济和弥补国际收支逆差，也大量到欧洲市场举债。

（4）原苏联和东欧国家也利用欧洲市场的大量资金。

（5）主要发达国家实行浮动汇率制后，一些银行与工商企业，为减缓汇率波动风险和投机牟利，增加了外汇买卖，从而扩大了对欧洲货币市场的资金需求。

三、欧洲货币市场与离岸金融中心（Offshore Financial Center）

欧洲货币市场形成后的范围不断扩大，它的分布地区已不限于欧洲，很快扩展到亚洲、北美洲和拉丁美洲。欧洲货币市场最大的中心是伦敦，加勒比海地区的巴哈马、欧洲地区卢森堡的业务量略逊于伦敦，其它各大金融中心也分散地经营其它境外货币业务。

欧洲货币市场与离岸金融中心同为经营境外货币市场，前者是境外货币市场的总称或概括，后者则是具体经营境外货币业务的一定地理区域，吸收并接受境外货币的储存，然后再向需求者贷放。根据业务对象、营运特点、境外货币的来源和贷放重点的不同，离岸金融中心分为以下4种类型：

（1）功能中心（Functional Center）。主要指集中诸多外资银行和金融机构，从事具体存储、贷放、投资和融资业务的区域或城市，其中又分两种，一为集中性中心（Intergrated Center），一为分离性中心（Segregated Center）。前者是内外融资业务混在一起的一种形式，金融市场对居民和非居民开放。伦敦和香港金融中心属于此类；后者则限制外资银行和金融机构与居民往来，是一种内外分离的形式，即只准非居民参与离岸金融业务，典型代表是新加坡和纽约的"国际银行设施"（International Banking Facilities，IBFs）。

（2）名义中心（Paper Center）。这种离岸金融中心多集中在中美洲各地，如开曼、巴哈马、拿骚和百慕大等，成为国际银行和金融机构理想的逃税乐土。这些中心不经营具体融资业务，只从事借贷投资等业务的转帐或注册等事务手续，所以国际上将这种中心也称为薄记中心（Booking Center）。

（3）基金中心（Funding Center）。基金中心主要吸收国际游资，然后贷放给本地区的资金需求者，以新加坡为中心的亚洲美元市场则属此种中心。它的资金来自世界各地，而贷放对象主要是东盟成员国或临近的亚太地区国家。

（4）收放中心（Collectional Center）。与基金中心的功能相反，收放中心主要筹集本地区的多余的境外货币，然后贷放给世界各地的资金需求者。亚洲新兴的离岸金融中心巴林，主要吸收中东石油出口国巨额石油美元，然后贷放给世界各地的资金需求者，同时它也通过设立在当地的外资银行与金融机构积极参予国际市场的各项金融业务。

四、欧洲货币市场的构成

欧洲货币市场主要由短期资金借贷市场、中期资金借贷市场和欧洲债券市场组成，现分述如下。

（一）欧洲短期资金借贷市场

欧洲短期资金借贷市场形成最早，规模最大，其余两个市场都是在短期资金借贷市场发展的基础上衍生形成的。接受短期外币存款并提供1年或1年以内的短期贷款是欧洲短期资金借贷市场的主要功能。

1. 短期资金的供应与需求

（1）短期资金供应的渠道。短期资金借贷市场资金的主要来源有：

银行间存款。欧洲货币市场经营境外货币的银行，在业务经营过程中一定要建立同业往来关系，以适应两行之间债权债务冲算的需要。凡来自欧洲货币市场以外银行的非本地区货币的存款，就会转化为欧洲货币，这是短期借贷市场资金的一个来源。

跨国公司、其他工商企业、个人以及非银行金融机构的境外货币存款，是短期借贷资金的另一来源。

一些西方国家和发展中国家（主要是产油国）的中央银行为获取利息收入或保持储备货币的多样化，将其一部分外汇储备存入欧洲货币市场，构成短期借贷资金的另一主要来源。

国际清算银行的存款。国际清算银行是主要西方国家的联合金融组织，它除办理西方国家多边清算外，并接受各国中央银行存款，该行保有的这些存款，投入短期借贷市场，构成该市场的又一主要资金来源。

（2）短期资金的贷放去向。短期资金市场资金的贷放去向主要有：

商业银行。商业银行之间的借贷是欧洲短期借贷市场的最重要的贷放去向，也是该市场资金借贷的核心。由于大商业银行对这个市场的控制，中小商业银行一般不易直接获得条件优惠的短期贷款，它们常求助于大商业银行，从大商业银行获得贷款后，再贷给最终用户。因此，大商业银行与中小商业银行之间的转贷款在短期资金借贷市场占有一定比重。

跨国公司和工商企业。由于这个市场资金供应充足，贷款条件方便灵活，贷款使用方向不受限制，筹资费用相对低廉，因而，跨国公司和工商企业便成为这个市场的最重要的资金需求者，也是贷款投放的最终使用人。

西方国家的地方市政当局和公用事业单位。一些国家的地方当局为弥补财政收入的暂时短缺，公用事业和国营企业为筹集短期资金的需要，也从这个市场取得贷款，成为贷款的投放对象。

2. 短期资金借贷市场的特点

(1) 期限短。存贷期限最长不超过 1 年，一般为 1 天、7 天、30 天、90 天期。

(2) 起点高。每笔短期借贷金额的起点为 25 万美元和 50 万美元，但一般为 100 万美元；借贷金额高达 1000 万美元，甚至 1 亿美元等也时有所见。由于起点较高，参加该市场者多为大银行和企业机构。

(3) 条件灵活，选择性强。举凡借款期限、币种、金额和交割地点可由借贷双方协商确定，不拘一格，灵活方便，加以资金充足，借贷双方均有较大的选择余地。

(4) 存贷利差小。欧洲货币市场存款利率一般略高于国内市场，而贷款利率一般略低于国内市场，因而存、贷款的利差较小，两者之间一般相差 0.25%～0.5%。

(5) 无需签订协议。短期借贷，通常发生于交往有素的银行与企业或银行与银行之间，彼此了解，信贷条件相沿成习，双方均明悉各种条件的内涵与法律责任，不需签订书面贷款协议；一般通过电讯联系，双方即可确定贷款金额与主要贷款条件。

(二) 欧洲中长期借贷市场

在欧洲短期借贷市场发展的同时，欧洲中长期借贷市场也急剧发展壮大。在传统上，1 年以上至 5 年期的贷款为中期贷款，5 年以上的贷款为长期贷款。第二次世界大战后，一般不再将二者期限严格划分，而将期限在 1 年以上至 10 年左右的贷款，统称为中长期贷款。

1. 欧洲中长期借贷市场的资金来源与贷放对象

(1) 资金来源

银行贷款是欧洲中长期借贷市场的主要贷款形式，用于中长期贷款的资金主要来源有：

吸收短期欧洲货币存款。在这部分存款中包括石油输出国短期闲置的石油美元、跨国公司或一般企业在资本循环中暂时闲置的欧洲货币资金以及一些国家中央银行的外汇储备。

发行欧洲票据（Euro—Notes）筹集到的短期资金。欧洲债票的期限均在 1 年以下，票面利率略高于 LIBOR；债票期限虽短，但到期后可续发新债票，偿还旧债票，由于能够滚动发行，从而获得持续的资金来源，以用于中长期贷款的投放。

发行金额不等、期限不同的大额银行存款单也是中长期借贷资金的来源。

本银行系统的分支行或总行的资金调拨。在欧洲货币市场或主要离岸金融中心的本国银行和外国银行的分支行网密布，一旦本身资金不能满足中长期贷款需要时，从总行或分支行临时调拨资金，也是发放贷款的主要资金来源。

(2) 资金贷放对象

外国政府。一些发展中国家和非产油发达国家政府，为弥补国际收支逆差，常从欧洲中长期借贷市场借取资金；一些国家，包括原苏联东欧等国为发展本国大型工程项目所需中长期外汇资金，也从这个市场借取。

国际组织。一些国际组织（包括国际金融组织）在业务经营过程中资金不足，也从这个市场来融通。

大跨国公司。

中央银行、其它银行和金融机构。

2．欧洲中长期贷款的特点

由于中长期贷款的期限长，金额大，世界政治经济变动对其影响较为敏感，贷款银行存在的潜在风险也较大，因此欧洲市场中长期贷款与传统的国际金融市场中长期贷款具有相同的特点，即：①签订贷款协议；②政府担保；③联合贷放；④利率灵活，即在贷款期内每3个月或半年根据市场利率的实际情况，随行就市，调整利率。

3．欧洲中长期贷款的形式

银团贷款虽为欧洲中长期贷款的典型形式，但金额较低，期限较短的贷款一般只由一家欧洲银行提供，称为双边贷款（Bilateral Loans）。该种贷款除利率与附加利率与银团贷款相同外，其余费用或免除，或较为低廉。

（三）欧洲债券市场

1．欧洲债券与欧洲债券市场

各国大工商企业、地方政府、团体以及一些国际组织，为了筹措中长期资金，在欧洲货币市场上发行的以市场所在国家以外的货币所标示的债券称为欧洲债券。进行欧洲债券交易的场所即为欧洲债券市场（Euro—Bond Market）。

2．欧洲债券的发行与特点

与传统的国际金融市场债券发行的做法一样，一般债券发行的单位先与欧洲债券市场的银行集团进行联系，洽商条件，达成协议，由一家或数家银行为首，十几家或数十家银行出面代为发行。债券上市后，这些银行首先购进大部分，然后再转至二级市场或调到其国内市场出售。一些银行、企业、保险公司、福利基金组织及团体或个人等，为了投资牟利，或周转保值，成为欧洲债券的主要购买者。

欧洲债券市场的主要特点是管制较松，审查不严。如发行债券勿须官方批准、债券不记名等。此外，欧洲债券市场发行费用低、债券发行不缴注册费、债券持有人不缴利息税等特点，也促进了欧洲债券市场的飞速发展。

3．欧洲债券市场与中长期借贷市场

欧洲债券市场与中长期借贷市场虽然都属于欧洲货币市场，但各有特点：

（1）债权人不同。债券发行后，通过发行银行集团的认购转卖，金融组织、保险公司和私人成为债券持有人，即债权人，而中长期贷款的债权人则为贷款银行。

（2）债券有行市。持有人可随时转让，腾出占压的资金，流动性强，而中长期贷款，一般不能转让。

（3）债券发行单位如因故延期还款，在债券未到期前可再发行一种更换续债的债券，如果持有人愿更换时，给予一定的优惠，如果不换也可。这比中、长期贷款到期后，重新展期的条件更为有利。

（4）通过债券发行筹集到的资金，其使用方向与目的，一般不会受到干涉与限制；而利用中长期贷款筹集到的资金，由于贷款银行比较集中，对借款人资金的使用方向，比较关注，资金使用要符合原定的方向。

五、欧洲货币市场融资方式的特点

欧洲货币市场是资本主义国家货币信用制度危机和国际收支危机的产物。这种危机的表现从欧洲货币市场业务经营的特点中又充分反映出来，它的特点是：

（1）国际垄断资本进一步加强联合。第二次世界大战后，由于通货膨胀的发展，资金持有者不愿作长期贷放，以免遭受货币贬值的损失，从而形成短期资金充斥，长期资金供给紧张的局面。银行被迫以短期资金进行中长期贷放，风险较过去增加。为了分散风险，减少可能发生的损失，加强银行垄断组织的放款能力，各垄断资本常联合起来，组成银团进行中长期贷放，这是垄断资本加强联合的一种表现。

（2）国际借贷业务趋向分散，国际金融垄断组织的活动进一步向发展中国家和地区渗透。如上所述，在以伦敦为主体的欧洲货币市场之外，卢森堡金融市场的作用也在日益增长。此外，新加坡、香港、巴拿马以及加勒比海地区的巴哈马群岛、开曼群岛、荷属安的列斯群岛等也都经营该地区的"亚洲美元、或"拉美美元"等离岸金融业务，并成为主要离岸金融中心。这主要是由于这些离岸金融中心具备资金流出入自由，对境外存户不征利息税和所得税，发行债券不缴注册费，同世界主要国际金融中心电讯联系与资金调拨方便等条件所形成的。

美国和日本的金融资本随着国际借贷业务的分散与发展，随着跨国公司的发展，它们已把其银行的分支机构扩展到西欧、亚洲和拉美地区国家，控制并渗透到当地银行。它们经营范围十分广泛的分期付款、垫付款项、设备租赁、电脑服务以及有价证券发行业务，其业务量非常巨大，有的分支机构的业务量甚至超过其在美国和日本的总行。

（3）银行资金来源由零星转为大宗，由零存整放转为整存整放。欧洲货币市场的资金来源逐渐由吸收短期资金到发放大额可转让的存单来吸收资金。在资金运用上，中长期贷款、卖方信贷和欧洲债券的业务量急剧增加。可转让存单、欧洲债券、欧洲债票的进一步增长，促进信用规模的膨胀；巨额存单的转让出卖，进一步资助投机；政府及地方机构债券发行的资金用于财政性的支出，所有这些都孕育着更严重的国际信用制度危机。

（4）中长期贷款额度不完全以存款及营运资金大小为依据，常常先贷放，后借入，贷款利率也随着借入利率的变化而定期调整。欧洲货币市场及其他国际金融市场的巨额银团贷款，经常是先与借方签订贷款协议，以后再从它处借入资金以资挹注。本来银行的负债业务是资产业务的基础，没有存款进行放款，从银行业务本身来看有一定的冒险性与投机性。这种经营方式在国际金融动荡的情况下，一遇信用链条中断，必会引起连锁反应；如遇外汇管制，货币不能自由兑换，或遇市场资金短缺，银行不能从同业借入特定货币，贷款便无以为继，借入单位因之也不能向有关单位履约支付等等，这些都会在经济领域中造成混乱与波动。有时银行为了防备万一，往往事先订明，必要时可用别种货币代替原贷款协议中规定的货币，或将履约义务转让给其他银行，或要求借款人提前偿还贷款。有时，承贷银行还发行面额在10万美元以下的"参予贷款证"，公开出售，筹集资金。促进信用规模过度膨胀。

（5）综合货币单位在国际借贷与欧洲债券发行中开始作为计价单位。浮动汇率制下货币汇率的起伏不定与通货膨胀的深化，在欧洲货币市场融资货币的确定上，借贷双方存在较大的矛盾。债务人愿借用软币，以减少债务负担；债权人愿用硬币，以增加贷款收入，避免通货贬值与汇价下降的损失。为了不损害借贷双方的利益，计算基础较为广泛的综合货币单位，如欧洲货币单位与特别提款权，已经在中长期贷款与欧洲债券发行中作为计价货币。但是，在西方国家通货膨胀普遍深化的情况下，各种货币均在贬值，综合货币单位的使用也不可能保证对借贷双方都公平合理，符合双方利益。为此，一种定期按物价指数调整还本付息数额的方案被提了出来，然而以何种物价指数对借贷双方都较公平合理，同样是一个难于解决的问题。综合货币计价单位的出现，按物价指数调整本息的提出，都是西方国家潜在的货币危机深化带给国际信用关系的影响。

六、欧洲货币市场存在的作用与后果

马克思在分析资本主义信用时指出，资本主义信用可以促进资本主义生产的发展，同时促进资本主义经济危机的成熟与深化，另一方面也为社会主义生产方式的建立准备了条件。他还指出资本主义银行业务经营很难在正常的营业与投机之间划上一条严格的界限。马克思的这些分析是我们研究欧洲货币市场作用的一把钥匙。欧洲货币市场资金借贷的积极作用是：

（1）欧洲货币市场成为国际资本转移的重要渠道，最大限度地解决了国际资金供需矛盾，进一步促进经济、生产、市场、金融的国际化。

（2）扩大了信用资金的来源，扩充了商业银行的贷放与外汇业务。

（3）部分地解决了某些西方国家国际支付手段不足的困难，成为弥补其国际收支逆差的一个补充手段。

（4）发展中国家利用欧洲货币市场的资金从发达国家进口生产设备和技术，发展本国经济。

（5）西方国家大跨国公司利用欧洲货币市场资金，扩大投资，促进国际间生产与贸易的发展。

但是，欧洲货币市场短期和中长期借贷与资金流动也给西方国家的经济与金融市场带来一定的消极影响：

（1）欧洲货币市场的资金流动与借贷是国际金融市场经常动乱不安的主要因素。欧洲货币市场由于金融管制松弛，对国际政治经济动态的反应异常敏感，每个主要储备货币国家的货币汇价发生升降变化，国际资金持有者即将贬值货币调成欧洲货币存储，并经常调动或借入欧洲货币来抢购即将升值的货币。巨额的欧洲货币到处流窜，加剧各国货币汇价的不稳，常常引起西方国家外汇市场的关闭或停市，进一步加剧货币金融危机。在浮动汇率制度下，虽然欧洲美元对国际金融市场的冲击较前缓和，但由于各国汇价波动剧烈而频繁，汇价起伏差额增大，欧洲货币市场的存在又成为刺激和资助外汇投机的一个工具，同时成为国际金融市场不稳的一个因素。

（2）加剧西方国家通货膨胀。巨额欧洲美元流入一国兑成当地货币，或存入银行后，以信用工具形式投入该国市场参加流通，会加剧该国本已存在的通货膨胀。欧洲美元的存在是世界性通货膨胀加剧的一个因素，是美国转嫁通货膨胀危机的一种手段。

（3）不利于西方国家国内金融政策的推行。西方国家为了刺激生产，缓和经济危机，常在国内交替地使用放宽与紧缩的金融政策。但是，由于欧洲货币市场资金的存在，干扰与破坏一些国家金融政策的推行。例如，当某一国家在一定阶段内实行紧缩政策，提高利率，限制资金投放时，而国内的商业银行或工商业却比较容易地从欧洲货币市场借入资金加以运用；如实行放松政策，降低利率，扩充国内信贷投放规模时，工商企业或银行又有可能将资金调往欧洲货币市场，追求较高的利息收入，使其政策的推行受到破坏，使其政策目标难以实现，从而促进生产的盲目性，加深经济危机。

巨额的欧洲货币市场的资金，大规模中长期信贷的投放，以及从业务经营特点中所暴露出来的这个市场上的资金流动性日益削弱，都说明正在孕育着一场国际信贷危机。西方国家政府为了保证金融资本的利益，防止信贷风险，加强推行国家垄断资本主义措施，对商业银行的中长期信贷均予以政府担保，万一信贷资金不能收回，出现呆帐（Bad Debts），则由政府承担风险，由纳税人最后负担金融资本所发生的损失。但是，这也不能根本避免国际信贷关系中潜存的信贷危机。

第 3 节　国际金融市场的利率与计息方法

一、利率与影响其变动的因素

（一）利率的概念

从国际金融市场筹资借款，借款人要向贷款人支付利息。利息是伴随借贷行为而产生的，也是借贷行为存在和发展的基本条件。

利息的多少，取决于利息率。利息率是银行和其它贷款人在一定时期内（如1年、1个月）获得利息收入额与贷出本金额之比，用公式表示为：

$$i = \frac{I}{P} \times 100\%$$

式中　i——代表利率；

　　I——代表一定时期的利息额；

　　P——代表贷出资本额，即本金。

（二）影响利率变动的因素

在国际金融市场，80年代利率较高，1981年欧洲货币市场伦敦银行同业间拆放利率曾高达16.7%，以后国际金融市场利率又有所下降，到1996年LIBOR为5.78%左右。影响国际金融市场利率变动的因素有哪些呢？

1. 通货膨胀率

在纸币流通制度下，西方各国普遍存在着通货膨胀。通货膨胀率与利率有密切关系，前者对后者有巨大影响，同一时期各国通货膨胀程度不同，影响各国利率高低不同。因为银行在确定贷款利率时，是在预期的通货膨胀率（Inflation Rate）基础上加一个幅度，作为贷款利率，才能免受通货膨胀所造成的损失，并获得实际的利息收益。

2. 货币政策

中央银行执行一定的货币政策（Money Poliey），以干预国民经济。货币政策的一些主要手段，如贴现政策、调整法定存款准备金、公开市场业务，直接影响商业银行的准备金规模和主要市场利率，间接影响货币供应量和信贷供应量，进而影响国民经济，以达到预期的目标。其中贴现政策直接确定和调整中央银行再贴现率，这会影响市场利率发生同一方向的变化。中央银行若实行紧缩政策，提高再贴现率，则会带动商业银行相应提高对工商企业贷款的利率；反之中央银行若实行扩张政策，降低再贴现率，则会带动商业银行相应降低贷款利率。可见，中央银行实行的货币政策直接影响市场主要短期利率的变化。

3、汇率政策

一国实行的汇率政策与本币对外币比价的高低，对一国的利率水平必有一定的影响。一般而言，如果一国货币对外汇率长期趋硬，以本币表示的价格较低，则其货币的利率水平也较低；反之，如果一国对外汇率长期趋软，以本币所表示的外币价格较高，则其货币的利率水平也较高。一国货币对外汇率长期趋软，它常常提高贴现率，吸引国外游资，借以缓和本币对外汇率下降趋势；贴现率的提高，带动一国整个利率水平的提高。反之，一国货币长期趋硬，在其它国家的压力下，常降低贴现率，以缓和本国货币升值趋势，贴现率的下降，带动一国整个利率水平的下降。

4．国际协议

西方国家的经济发展受国内市场狭小的限制，因而必须扩大商品出口。各国政府采取各种措施，包括在出口信贷方面提供各种优惠，如降低贷款利率，延长贷款期限等，以鼓励本国机械设备、技术和劳务出口。为避免各国在这方面的竞争，经济合作发展组织（O.E.C.D）国家于 1976 年达成一项出口信贷君子协定，适当限制出口信贷条件，如规定出口信贷的最低利率和最长的贷款期限等。于是，在出口信贷领域形成一种根据出口信贷君子协定确定的统一最低利率。

5．国际默契

二次大战后发展中国家获得政治独立后，面临发展经济的艰巨任务。发展中国家资金匮乏，技术落后，要求发达国家给予经济援助。发达国家为维持与发展中国家的经济联系，获得原料、矿产品的供应，许诺向后者提供贷款。发达国家向发展中国家提供的政府贷款，虽无国际协议明文规定其利率，但由于此种贷款具有国际经济援助性质，利率不宜过高。因而，国际间形成一种默契，政府贷款利率要有一定的赠予成分，大大低于市场利率。

二、国际金融市场的主要利率形式

国际金融市场根据信贷业务性质的不同，存在着不同的利率形式与利率水平，由于市场的类型不同，利率形式与水平也不尽相同；为便于核算筹资成本，对此，必须有所掌握。

（一）传统金融市场的利率形式

如前所述，一国中央银行执行贴现政策所规定的再贴现率是一国利率水平的综合指标，对银行或金融机构的存贷款利率有直接的影响。如再贴现率提高，各银行或金融机构的存贷款利率也提高；如再贴现率降低，则各银行或金融机构的存贷款利率也降低。在传统的国际金融市场上，银行或金融机构存贷款利率的确定，一般以再贴现率作为基准，存款利率在此基础上酌减一定的幅度，贷款利率在此基础上酌加一定的幅度。商业银行存贷款利率，在再贴现率的基础上，一般酌增（减）的幅度是这样的：在再贴现率基础上±％

（1）客户存款

活期 ——

7 天期 −3％

1 个月期 −2¾％

2 个月期 −2¾％

3 个月期	$-2\frac{1}{2}\%$
6 个月及 6 个月以上	-2%
押金帐户	-3%
（2）客户贷款	
临时透支	$+3\%$
1 年以内贷款	$+3\%$
抵押贷款	$+2\frac{1}{2}\%$
信用贷款	$+3\%$
1 年以上贷款	$+3\%$ 以上
（3）同业拆放	$\pm\frac{1}{2}\%$
（4）代理行存款	
往来帐户	——
1 个月期	$-\frac{1}{2}\%$
2 个月期	$-\frac{1}{2}\%$
3 个期	$-\frac{1}{4}\%$
临时透支	$+2\%$
（5）票据贴现	
国库券	$+\frac{1}{6}\%$
银行承兑汇票	$+\frac{1}{4}\%$
第一流商业票据	$+\frac{1}{2}\%\sim1\%$

（二）欧洲货币市场的利率形式

如上所述，在欧洲货币市场上筹资，无论是短期贷款或中长期贷款，使用最为广泛的利率形式是伦敦银行同业拆放利率，部分贷款协议也有使用货币所在国家的优惠放款利率（Prime Rate）的。兹将这两种利率的内容与做法介绍如下：

1. 伦敦银行同业拆放利率

（1）确定 LIBOR 水平的习惯做法

在伦敦欧洲货币市场上经营欧洲货币存贷业务的银行多达数百家，但有 LIBOR 报价资格的仅限 30 多家大银行，称为主要银行，各主要银行分别报出自己的 LIBOR，各银行间报价差距约为 0.0625%。

由于伦敦有 30 多家主要银行可以报出自己的 LIBOR，那么究竟以哪一家 LIBOR 为准呢？贷款银行与借款人可从以下 4 种做法中选择一种：

第一，借贷双方根据主要银行报价，通过协商，予以确定。

第二，指定以二三家局外主要银行的 LIBOR 报价为依据，按其平均值作为计息标准；局外主要银行称为参考银行。

第三，按贷款银行（它本身是一家主要银行）与另一家局外主要银行的 LIBOR 报价平均值计算。

第四，由贷款银行单方面确定。

以上 4 种做法中，第一种做法对借款人最为有利，依次到第四种做法对借款人最为不利。而对贷款银行的利弊则正相反。

（2）短期贷款业务中的LIBOR

欧洲货币市场特点之一，是银行吸短放长，所以这个市场同业短期拆放占很大比重，拆借期限有隔夜、日拆、1周、1个月、3个月、6个月和12个月等，期限不同，利率不同。由于贷款期限在一年以下，利率变动风险相对不大，故采用固定利率，即在提供贷款时规定一个利率，整个贷款期限内有效。

欧洲货币的短期信贷采用利息先付法，贷款银行先扣利息，然后将扣除利息后的本金余额付给借款人，贷款到期时，借款人则应按贷款额偿还贷款。

欧洲货币短期贷款除收取利息外，一般不收其它费用。如借款人不是银行而是最终借款人，贷款人则在不同期限的LIBOR基础上再加一附加利率（Spread）。

（3）中长期贷款业务中的LIBOR

伦敦同业拆放利率，不仅适用于短期拆借，也适用于贷款期限在1年以上，10年左右时间的中长期贷款。与短期贷款不同的，中长期贷款采用LIBOR时，在贷款期内不是固定利率，而是浮动利率，即每季或每半年按市场利率的变动情况，调整利率一次，以保证借贷双方的利益。此外，中长期欧洲货币除按LIBOR计收利息外，贷款银行尚收取附加利率、管理费（Management Fees）、代理费（Agent Fees）、杂费（Out of Pocket Expense）和承担费（Commitment Fees）等。

2. 美国国内商业银行优惠放款利率

如上所述，欧洲货币市场，存贷利差较小，在欧洲货币市场借取欧洲美元，比从美国国内借取美元的利息支出可能相对低廉，但从80年代后，在欧洲货币市场借取中长期的境外美元或其它境外货币时，特别是最终借款人为一般企业时，贷款银行不按LIBOR计收利息，而以美国国内商业银行优惠放款利率（Prime Rate）为基础，再加一附加利率来计算利息。

优惠放款利率是指商业银行向资信良好的殷实企业提供短期贷款时所收取的利息率。它是美国商业银行公认的，也是贷款银行可以接受的最低利率。美国各大商业银行优惠放款利率的变动主要决定于联邦储备银行的贴现率、联邦基金利率和联邦储备银行定期公布的货币供应量等因素。与LIBOR一样，各大商业银行所报的优惠放款利率不是统一的，但最后趋于一致。至于其它境外货币，如境外马克等，则按该境外货币所在国国内优惠放款利率再加一附加利率计息。80年代以后，以Prime Rate计息的贷款协议占欧洲货币市场贷款协议的20%左右。

当前，LIBOR有地区化现象。近年来，亚洲美元市场发展很快，亚洲美元中长期贷款利率则以新加坡银行同业拆放利率（SIBOR）为基础，或以香港银行同业拆放利率（HIBOR）为基础，再加一附加利率，或以巴林银行同业拆放利率（BIBOR）为基础。由于亚洲美元市场是欧洲美元市场的一个分支，所以SIBOR、HIBOR和BIBOR的水平和变动，都要受LIBOR的影响。

三、国际金融市场的计息方法

不同的利率形式，直接影响借款人的筹资成本；此外，不同市场，不同国家计算或收取利息的方法不同，也会影响借款人的实际筹资成本。国际金融市场计息方法多种多样，按不同角度划分则有不同的计息方法。

（一）按计算生息天数的不同来划分这种划分方法有大陆法、英国法和欧洲货币法。

计算支付贷款利息的公式为：利息＝本金×利率×时间，其中时间通常以$\frac{生息天数}{基础天数}$来表示。由于世界各国对计算基础天数与生息天数有大陆法（Continental Method）、英国法（British Method）和欧洲货币法（Euro method）的不同，导致同样本金，同样利率，在不同国家或市场计算出来的利息金额不同的情况。

1. 大陆法

大陆法以 360/360 表示生息天数和基础天数，即把一年中各月份的天数都视作 30 天，而不管各月份的实际天数是多少。如用大陆法计算一年期的贷款利息，只需将贷款本金，乘以利率，即得出利息金额。用大陆法计算不满一年期的贷款利息时，则需将有关月份的天数都视作 30 天计算。假设，一笔贷款本金为 US＄5000，贷款期限从 1995 年 3 月 27 日至 6 月 22 日，利率为年利 5％。计算这笔贷款利息时，首先要计算出生息天数：

3 月 27 日～4 月 27 日	30 天
4 月 27 日～5 月 27 日	30 天
5 月 27 日～6 月 22 日	25 天

这样，生息天数合计为 85 天，依公式利息＝本金×利率×$\frac{生息天数}{基础天数}$，则应支付的利息金额为

$$\$5000\times\frac{5}{100}\times\frac{85}{360}=\$59.03$$

大陆法计息流行于欧洲大陆国家。如借款人在欧洲大陆国家银行借取某种欧洲大陆国家货币，双方务必在协议中列明是否应用大陆法计算利息。按国际惯例，如贷款协议未明确计息方法，通常按贷款货币所在国的计息法，计算利息。

2. 英国法

英国法将生息天数和基础天数的关系表示为 365/365，逢闰年改为 366/366，即将具体年份的日历天数作为其计息的基础天数，同时严格按照日历天数计算生息天数。这样，如果本金和利率相同，用英国法计算一年期贷款，其结果理应同大陆法计算结果相同。但应注意的是：如该一年期贷款跨两个年度，而且一年为闰年时，计算结果将不同于大陆法。假设一年期贷款金额为 △£5000，利率为年利 5％，期限为 1995 年 8 月 27 日至 1996 年 8 月 27 日（1996 年是闰年），按大陆法计算利息为£250△（即£5000×$\frac{5}{100}$×$\frac{360}{360}$）。但如按英国法计息则结果不同。首先要分别计算出 1995 年和 1996 年的具体生息天数，即 1995 年 8 月 27 日至 1995 年 12 月 31 日为 126 天；1996 年 1 月 1 日至 8 月 27 日为 240 天，然后用不同年份的基础天数分别计算出 1995 年和 1996 年的生息金额。1995 年为£86.30（£5000×$\frac{5}{100}$×$\frac{126}{365}$），1996 年为£163.93（£5000×$\frac{5}{100}$×$\frac{240}{366}$），两者相加，得出一年贷款利息为£250.23。

用英国法计算不满一年期贷款利息的结果也不同于大陆法。如以上述大陆法案例为例，1995 年一笔本金£5000，期限从 3 月 27 日至 6 月 22 日，利率为 5％的贷款，其生息天数应为 87 天：

3 月 27 日～3 月 31 日	4 天
4 月 1 日～4 月 30 日	30 天

5月1日～5月31日	31天
6月1日～6月22日	22天

然后，根据公式计算出利息金额为：

$$£5000 \times \frac{5}{100} \times \frac{87}{365} = £59.59$$

英国法主要用于英国，英国国内英镑资金市场均使用英国法计息；但如借取欧洲英镑，则使用下述的欧洲货币法计息。

3. 欧洲货币法

欧洲货币法是将生息天数和基础天数的关系表现为365/360，逢闰年则改为366/360。这种方法的特点是计算生息天数时，按日历的实际天数，而基础天数则固定为360天。按欧洲货币法计算，一年期贷款，实际天数高于基础天数，故借款人的融资成本要略高于按实际利率所计算出的金额。如上述按英国法计算利息的实例，一年期 \$5000，贷款利息为 \$250.23，如改用欧洲货币法计算，则一年期生息天数为366天（95年8月27日～96年8月27日）贷款利息为 \$254.17（$5000 \times \frac{5}{100} \times \frac{36}{360}$）。如上所述，1995年3月27日至6月22日，\$5000 贷款，年利率5%，以大陆法计息为 \$59.03，如改以欧洲货币法计算，其实际生息天数则为87天（3月27日～3月31日为4天；4月1日～4月30日为30天；5月1日～5月31日为31天，6月1日～6月22日为22天）则其利息为 \$60.42（$5000 \times \frac{5}{100} \times \frac{87}{360}$）

在国际资金融通实务中，欧洲货币计息法使用范围最广。当前在欧洲货币市场，各种离岸金融中心以及许多其它国家均采用这一方法计算存贷款利息。在美国的存放款业务也使用这一方法计息。我国外汇指定银行的外汇贷款业务也按欧洲货币法计息。

（二）按利息是先扣取还是后收取来划分

这种划分方法有贴现法和后收取法。

有些贷款的利息是先扣取，票据贴现的利息都是先扣取，先扣取利息的计息方法也称贴现法。欧洲货币市场短期贷款的利息，多按贴现法先扣取利息，即从贷款本金扣除利息后的本金余额交借款人使用，借款期限到期，借款人再按原规定的贷款本金数额，归还贷款人。而一般中长期贷款的利息，在借款人使用贷款一定时期后，如半年或一年，贷款人再按规定的利率向借款人收取利息，这种计息方法即是后收取法。

必须指出，贷款银行先扣利息，还是后收取利息对借款人的实际融资成本是不同的。如在欧洲货币市场上91天期，年利率7.5%，\$100000 的短期贷款的利息为 \$1895.83（$100000 \times \frac{7.5}{100} \times \frac{91}{360}$），如果先扣取利息，则借款人实际得到的贷款金额为 \$98104.17（100000－1895.83）。这样，借款人实际得到的贷款金额不是 \$100000，而是 \$98104.17，而他付出的利息为 \$1895.83，其实际融资成本不是7.5%，而是7.645%即：

$$\frac{1895.83}{98104.17} \times \frac{360}{91} = 7.645\%$$

（三）按利息金额是否计息来划分

这种划分方法有单利法和复利法。

1. 单利法（Single Intereat method）

单利法即不用经过若干时间，仅就贷款额（本金）计算利息，本金孳生的利息不再加入本金，重复计算利息。单利法的计算公式为

$$I = P \times i \times n$$
$$S = P(1 + in)$$

式中　P——贷款额（本金）；

　　　i——利率（年利率）；

　　　n——期限（年）；

　　　I——利息；

　　　S——本利和。

　　例如：贷款额 = \$10000

　　　　　利率 = 7.5%（年利率）

　　　　　期限 = 5 年

　　则：　I = \$10000 \times 0.075 \times 5 = \$3750

　　　　　S = \$10000 \times (1 + 0.075 \times 5) = \$13750

2. 复利法（Compound Interest method）

复利法是指贷款额（本金）经过一定时间（如 1 年）将利息附加于贷款额（本金）之内，再计算利息，逐期滚算。

复利法的计算公式是：

$$I = P[(1+i)^n - 1]$$
$$S = P(1+i)^n$$

　　例如：贷款额 \$10000　利率 = 7.5%（年利率）

期限为 5 年

则按复利法计算的利息为：

$$I = \$10000[(1+0.075)^5 - 1]$$
$$= \$10000(1.435629 - 1)$$
$$= \$4356.29$$
$$S = \$70000(1+0.075)^5$$
$$= \$10000 \times 1.435629$$
$$= \$14356.29$$

以上的情况为每年复利一次，如改为每半年复利一次则

$$I = \$10000\left[\left(1 + \frac{0.075}{2}\right)^{10} - 1\right]$$
$$= \$10000(1.445043 - 1)$$
$$= \$4450.43$$
$$S = \$10000 \times \left(1 + \frac{0.075}{2}\right)^{10}$$
$$= \$10000 \times 1.445043$$
$$= \$14450.43$$

采用复利计息，其第一年的本利和为 P（1+i），第二年的本利和为 P（1+i）（1+i）= P（1+i）^{2}……所以几年的本利和为 P（1+i）^{n}。

（四）按计息本金的不同来划分

这种划分方法有按贷款余额计息法和按每期还款本金额复利计息法

1. 按贷款余额计息法

按贷款余额计息法指借款人分期还本付息时，利息按本金未偿还的余额计付。假如一笔贷款金额为 $1000000，年利率为 8%，每半年还本付息 1 次，10 次还清，每年还本时未偿还本金的余额和应付的利息见表 2-1。

按贷款余额单利计息表　　　　　　　　　表 2-1

逐次偿还本金额	计息时未偿还贷 款本金余额	利　息	每次实付	期　限
第 1 次 100000	1000000	40000	140000	180
第 2 次 100000	900000	36000	136000	360
第 3 次 100000	800000	32000	132000	540
第 4 次 100000	700000	28000	128000	720
第 5 次 100000	600000	24000	124000	900
第 6 次 100000	500000	20000	120000	1080
第 7 次 100000	400000	16000	116000	1260
第 8 次 100000	300000	12000	112000	1440
第 9 次 100000	200000	8000	108000	1620
第 10 次 100000	100000	40000	104000	1800
1000000		220000	1220000	

2. 按还款本金余额复利计息法

也有的贷款不按还款本金余额单利计息，而是按复利计息，如按复利计息，上述贷款的还款本息和与上述结果不同，见表 2-2。

还款本金余额复利计息表　　　　　　　　　表 2-2

本　金	期　限	还款本息和（按半年复利计算）
100000	180	104000
100000	360	108160
100000	540	112486.40
100000	720	116985.86
100000	900	121665.29
100000	1080	126531.90
100000	1260	131593.18
100000	1440	136856.91
100000	1620	142331.18
100000	180	148024.43
1000000		1248635.15

必须指出，以上两种计息法均未考虑欧洲货币计息法（$\frac{365/6}{360}$）计息的因素。在实际业务中，一般金额较大的贷款，按欧洲货币计息法的比重不低。

思 考 题

1. 试述国际金融市场的概念。

2. 试述欧洲货币市场的概念、作用及其后果。

3. 请指出集中性中心与分离性中心的区别。

4. 试述欧洲货币市场中长期贷款的特点。

5. 请指出传统的国际金融市场与欧洲货币市场的共同点与不同点。

6. 试述利息计算的大陆法、欧洲法和欧洲货币法有什么不同？

7. 1997年7月1日，某建筑工程总公司从香港市场某银行借取 \$1000万，贷款期限1年，请按大陆法、英国法和欧洲货币法计算该公司1年后分别应支付利息的金额是多少（按单利计算）？

第3章 国际商业银行贷款

国际金融市场的资金流动，主要通过银行或金融机构的存款、贷款及其它业务活动来实现的。国际工程投资商和承包商，根据本身资金周转的特点和工程项目结构的不同内容，通过银行或金融机构筹措不同类型的贷款，以满足业务开展的需要。本章主要介绍国际商业银行贷款的类型和贷款发放的方针和原则；国际商业银行短期贷款的具体种类与做法；国际商业银行中长期贷款的做法及银团贷款协议的主要信贷条件和法律条件。

第1节 商业银行贷款概论

一、商业银行的贷款种类

商业银行在各国银行体系中处于重要地位，它直接和工商企业发生往来关系，吸收存款，发放贷款，并经营贴现、押汇、证券投资和汇兑等业务。商业银行经营贷款业务的种类繁多，其区分的标准也不尽相同，现概述如下：

（一）根据贷款用途区分

商业银行的贷款就其用途来说，主要有以下3种：

1. 工商业贷款

工商业贷款是发放给工商企业的贷款。商业银行贷出的款项一般以这种贷款为多，其偿还期限有长有短，视企业需要而定。由于企业使用这种贷款或从事生产或从事商业性经营，能赚取利润，按期偿还本息是有保证的。

2. 不动产贷款

不动产抵押放款是为借款人用于建造房屋或开发土地或以农田和房舍作抵押而发放的贷款。这种贷款在西方国家银行体系中比较普遍，房地产开发商或投资商均可借用这种贷款。

3. 消费贷款

消费贷款指贷给个人用于满足其消费需要的贷款。这种贷款的清偿，靠借款人的稳定收入作为保障。

（二）根据贷款期限区分

商业银行的贷款就其偿还期限来说，主要分为以下3种：

1. 活期贷款

活期贷款为未定偿还期限，银行可随时通知收回的一种贷款。对银行来讲，这种贷款较定期贷款灵活，只要银行资金紧张，则可随时通知借款人收回贷款；而对借款人来讲，由于偿还期的不确定性，一旦资金投入生产，银行突然通知收回，造成被动，影响企业的业务运营，但这种贷款利率较低。

2. 定期贷款

定期贷款是具有固定偿还期限的贷款。它又可按其偿还期限的长短分为短期贷款，中期贷款和长期贷款三种。短期贷款一般指贷款期限在一年以下的贷款，中期贷款一般指一年到五年左右期限的贷款，五年期以上的贷款则为长期贷款。

3．透支

透支指银行允许它的往来存帐户在预先约定的额度内，超过其存款余额签发支票，并予以兑付的一种放款方式。这种超过存款余额支付的款项，就称作透支，或称透支放款。透支有随时偿还的义务，并应按透支天数支付利息。透支有抵押透支，信用透支两种。透支要事先办理签约，要求提供抵押品作为担保的，称抵押透支；不要求提供抵押品的，称信用透支，通常多是信用透支。我国在国外工程建筑公司，很多利用这种贷款，解决流动资金的需要。

（三）根据贷款的保证区分

商业银行贷款，以其保证的形式来划分，则有：

1．抵押贷款

抵押贷款是指以动产、不动产或其它权益作为担保的贷款，如果借款人不履行债务契约的规定，银行有权优先处理其作为担保品的物权，从而得到清偿。（本书第 5 章将具体分析抵押贷款）

2．信用贷款

信用贷款指借款人自己或第三者以自己的资信作为偿还贷款债务的保证。

（四）根据贷款的偿还方法区分

商业银行贷款，从偿还方法来划分，则有：

1．一次还清贷款

一次还清贷款要求借款人于贷款最后到期日偿还其本金的全部。不过贷款的利息可以分期偿还或于还本时一次偿还。

2．分期偿还贷款

分期偿还贷款要求借款人按规定期限分次偿还贷款的本金和利息。分期偿还的款项可以按月、按季、按半年或年支付。分期偿还贷款时间分散，避免一次还清贷款时间过于集中，造成借款人筹集偿还贷款本金压力过大的现象。

（五）根据贷款与未到期票据购买是否联系来区分，则有：

1．一般贷款业务

一般贷款业务即上述不与票据购买相联系的业务。

2．贴现

贴现是商业银行买入尚未到付款日期的票据，借以收取一定的利息。银行根据票面金额，扣除其从贴现日至到期日的利息，支付其扣息后的余额。贴现实际是以票据转让形式出现的先扣利息的贷款业务，在银行业务中，贴现占贷款业务的较大比重。

二、商业银行贷款原则与审查重点

商业银行发放贷款的原则与其经营原则是一致的，即应贯彻安全性、流动性和盈利性。所谓安全性即贷款的发放，借款人的信誉必须良好，用于生产或经营，以保证借款按期归还，银行不致发生呆帐。所谓流动性，即各种贷款的期限与类型的搭配组合，合理适当，能保证银行持有一定的及时变为现金的余额，保持其资金的流动性。所谓盈利性，即在保证安全性和流动性的基础上，争取贷款资金的发放，能获得最大的利润。安全性、流动性、盈利性原则的贯彻，相辅相成，必须兼顾，防止顾此失彼。如多发放长期贷款，利率较高，收益较大符合盈利性原则，但流动性差。对风险较大的贷款可收较高的利息，盈利性较高，但安全性差；短期贷款，利率较低，收益相对少，盈利性差，但其流动性强。为贯彻其经营原则，商业银行发放贷款时，一般重点审查下列问题：

（一）借款人的信用

银行经营放款业务，首先重视借款人的信用。信用要素有五：品德（Charaeter）、才能（Capacity）、资本（Capital）、担保品（Collateral）和企业的持续性（Continuity），通常称为"五C"。

品德。主要指个人的作风，诚信原则等等。对一个企业则指负责人的品德，企业管理和资金运用方面是否健全，经营是否稳妥等等。企业的品德好，债务偿还才有保证。

才能。主要指个人或企业负责人的经营才能，教育程度、机智、判断能力等，这种才干表现在企业的业绩上。

资本。资本是银行考虑借款人信用的主要因素之一。企业的资本越雄厚，银行发放贷款的风险就相对小。资本状况主要反映在借款人的财务报表的总资产与总负债比例上；资本帐户的结构，固定资产与流动资产的比例上，以及资产减负债后的总值上，有的银行家说，一个完整的借款人至少具备40%的品德，30%的才能和30%的资本。

担保品。借款人的信用固然重要，但具体物质担保，则更能减轻银行的风险和损失。担保品应易于确定价值，易于变现，不易于损坏的财产，放款金额常按市场的价格打一折扣。

企业的持续性。主要指企业生产经营业务的潜在发展趋势。随着科学的进步，技术的不断更新，该企业能否适应形势需要，经营生产规模不断发展壮大。一个夕阳企业，产品没有销售前途，并不能更新换代，银行是不愿向其发放贷款的。

（二）贷款的使用方向

贷款的使用方向也是银行发放贷款审查的主要因素。贷款的用途和使用方向与贷款能否按期偿还有着直接联系。只有贷款用于生产、经营，回报率高，贷款偿还才有保证。如把贷款用于投机，则借款人投机失败，银行将遭到损失。用于满足工程承包商流动资金的需要，承包商中标后，业主信誉昭著，也可从银行取得贷款。

（三）贷款的保障

银行贷款，除力求借款人信用良好外，还需借款人提供以动产、不动产，或其它金融产品形式存在的担保品，以保证贷款资金的安全收回，有担保的抵押贷款在商业银行贷款业务中占有较大的比重。

（四）贷款期限与总额的分布

为保证资金运用的安全，扩大与经济部门的联系，商业银行在发放贷款时力求面广分散，面广足以扩大影响招徕顾客，分散则可降低风险。商业银行发放贷款均避免客户过于集中，对每一客户贷款金额也不过分巨大。同时，商业银行根据行业的特点，企业的背景，对不同的客户采取灵活调整的政策。

三、商业银行对贷款申请人的财务审查

向银行申请贷款，借款人都要呈交经过审计师审定的资产负债表和损益计算书，银行对各项财务指标进行审查、评估，以保证贷款能按期收回。借款人对此应有所了解，以配合做好应审，顺利取得贷款。商业银行发放贷款所审查的主要财务指标如下：

（一）流动性比率

流动性比率也称偿还能力比率，主要用以测量一个企业不用变卖固定资产即可偿还其短期负债的能力；其中包括流动比率和酸性测验。

1. 流动比率

流动比率是以流动资产除以流动负债而得出的，用以评定借款企业对流动资产的利用情况。流动资产通常包括现金、有价证券，应收帐款和商品盘存。流动负债包括应付帐款、短期应付票据，近期即将到期的长期票据和应付未付的费用等。一个健全的企业流动资产与流动负债比例至少应为 2：1，这样才能保证企业营运的安全性。

2. 酸性测验

酸性测验也称快速或速动比率，是流动资产流商品盘存后除以流动负债而得出的比率，用以测定借款企业不依靠出售存货的偿债能力。由流动资产减去商品盘存是因为一旦借款企业清算时，商品盘存最易遭受损失。酸性比率越高，说明还债能力越强。

（二）资产管理比率

资产管理比率用以测定借款企业在管理其资产方面的效率的主要指标，其中包括总资产利用率、固定资产利用率、存货周转率。

1. 总资产利用率

总资产利用率也称总资产周转率，是以销售额除以资产总额而得出的，用以测定借款企业营业额与其资产规模是否相称，说明每元资产可以产生多少销售额。这个比率高，说明对资产利用率高；反之，则利用率不高，或增加销售或压低资产。

2. 固定设备利用率

固定设备利用率也称固定设备周转率，是以销售额除以固定资产得出的，用以测定借款企业是否能充分利用其厂房、机器等固定设备，以达到最大利用率。

3. 存货周转率

存货周转率也称存货利用率，是以销售额除以存货而得出的比率，用以测定借款企业存货周转与更新次数，表明其经营效率和存货适应性的，因存货库存增加，即等于占压大量资金而不能带来收益。

（三）负债管理比率

负债管理比率，亦称财务杠杆比率，用以说明企业用增加负债以增加其收益能力的状况，其中包括负债资产比率和负债净值比率。

1. 负债资产比率

负债资产比率是用总负债除以总资产而得出的比率，测定借款企业的资产多少是以借钱来购置的，这个比率越低，对发放贷款银行来讲风险越少，一旦企业破产，出售资产还债能力也越高。

2. 负债净值比率

负债净值比率是用负债除以股东产权的净值得出的，反映企业债务与股东产权的关系，用以测定企业经营中所利用资金有多少属于股东的，有多少则是利用借入的资金；经营中风险股东承担多少，债权人要承担多少。这个比率越低，反映借款企业偿债能力强，可以靠本身资产经营。

（三）盈利能力比率

在盈利能力比率中，主要指标为资产收益率。资产收益率是以税后净利除以资产总额而得出的，说明每元资产可以生产多少净收益。资产收益率高说明企业效益高，反之，则效益低。资产收益率低可能由于销售利润低，对资产使用率低；或者由于借款多，利息负担多，以致减少了净收益。

商业银行发放贷款对各项主要财务指标的审定对国际工程业务中的供应商，购买商，乃至承包商等都有一定现实意义，承包商的承包收入，就相当于工商企业的销售收入。

第2节 国际商业银行短期贷款

商业银行短期贷款一般发放给企业作为营运资金之用，有的银行也称营运资金贷款（Working Cahital Loan），如前所述，银行发放这种贷款的对象多为具有足够的资本和净值，有精明能干的负责人和稳定的收益，有如期偿还债务的记录，并具有潜在发展前途的企业。具备上述条件的企业，在银行审查其财务报表及各项指标后，凭其资信都可从银行借到90天之内的短期贷款。商业银行对一般工商企业发放短期贷款的主要形式有短期信用贷款、票据贴现、保付代理和短期抵押贷款等。

一、短期信用放款

在这种贷款形式中又可分为信贷额度放款和逐笔申请贷款。

（一）信贷额度放款

信贷额度放款是指银行与企业商定一贷款限额，在契约规定的有效期内随时借用，贷款期限一般不超过1年，具体形式又有两种。

1. 备用信贷额度放款

这种贷款由银行与企业约定在一定期限内，借款企业可以随时按一定的信贷额度向银行借用贷款。这种方式的信贷额度称为"备用信贷额度"，其贷款数额只以一次使用为限，如果借款企业在贷款还清后再借用款项时，须重新向银行申请。这种贷款方式的好处是，借款企业可以事先估计其所需要的借款数额和日期，向银行商定，而在需款时，依约借用；在银行可以借此招揽其它业务，从中获取一定的利益。

采用这种贷款方式，借款企业虽然不支付手续费，但有时须留存相当信贷额度一定百分比的"补偿余额"，即将一部分贷款保存于银行帐户之上，不得动用。这样，银行不仅可以获得相当的存款，而且能增加存款的稳定性。此外，银行一般要求订有信贷额度的客户定期提交财务报表。在审阅这些报表时，银行可以同客户洽谈下一期的信贷额度

2. 循环信贷额度

在这种短期信贷形式下，借款企业与银行签订"循环信贷合同"（Revolving Credit Agreement），根据合同，银行允许借款人在一定期间（一般为1年）在最高限额内随时借用款项，并可在偿还后按合同规定额度，续借贷款。这种贷款方式对借款企业的好处是：只须同银行签订一次合同，在规定期内按合同规定借用贷款，并可以在还清后继续再借，不需每次借款均要签订合同。但也有不利之处，即借款人必须对已签合同，但未提用的贷款支付承担费，承担费费率在0.2%～0.5%。

（二）逐笔申请贷款

借款企业有时也不采取上述办法借款，而在其缺乏营运资金时，按每次实际需用的贷款额逐笔向银行申请贷款。

（三）透支贷款

在国外有经营实体的承包商也可利用当地商业银行发放的透支贷款以解决其流动资金的需要。透支贷款的内涵在第一节已作介绍，在项目融资中也起重要作用。它的好处是手续灵活简便，根据需要在事先同意的额度内提取款项，利息则依据所欠款项按日计算，一般在基础利率的基础上，再加2%～3%的利差。信贷额度的大小则取决于业主或承包商的资信状况、项目性质、项目建设周期和建设后的预期收入。项目管理人员的经验、项目的风险以及其它种种因素，不同的银行考虑的因素有所不同。因为透支是一种短期融资，通常作为透支申请者的承包商或业主须在一年内平衡帐户。

然而，由于透支是"无条件偿还的融资"，即透支银行可随时提出偿还要求，借款人则必须立即偿还。如果借款人不能偿还债务，透支银行可采取下列措施：

（1）如果透支经过抵押担保，则可以出售抵押在银行的抵押担保品以收回透支款项。抵押品可以是项目使用的土地。

（2）如果透支未经抵押担保，可以对业主起诉宣告其破产。但对银行来说，这并非上策，因为借款人可能没有足够资金偿还债务，而银行可能会因此失去其唯一真正的担保，即该项目成功的建成。

（3）同借款人协商找出一个新办法，改善公司状况，最终使项目成功完成，这时银行可以收回全部本息。

项目按期完成，才能给银行与业主带来好处，实现预期的收益，只有在不得已的情况下银行才会采取上述（1）、（2）两种措施。

二、票据贴现

如前所述，贴现是银行买进未到期票据，借以获得一定利息收益的一种业务。这种业务从表面上看是票据的买卖，实际是银行对企业的一种贷款，因票据多为短期票据，故属短期贷款业务。企业向银行贴现的票据，一般是在生产与流通基础上签发的，最后均可得到支付，万一得不到清偿，还可向出票人行使追索权，在安全性上较有保证。此外，票据具有流通性，银行贴进的票据，在资金紧缺时，可以转让出手，使本身资金不致呆滞。最后，银行贴进的票据利息先扣，较按同一利率的放款业务，盈利较高。因此，票据贴现业务在银行短期贷款业务中占有重要地位与较大比重。可以到银行进行贴现的主要票据有：银行承兑汇票、商业承兑汇票、商业票据和政府债券等。

（一）银行承兑汇票

银行承兑汇票为一般企业签发的远期汇票❶经银行承兑后到期付现的票据。这种远期汇票的发票人虽为一般企业，但一经银行承兑，到期付现的责任即转移于承兑的银行，而由银行代为承担，所以其信用较一般商业汇票好。

---

❶ 商业上的"汇票"（Bill of Exchauge）因付款期限不同，有即期与远期之分。远期汇票又因到期的不同，而有：1）定日汇票；2）发票日后定期汇票；3）见票后定期付款三种。定日付款汇票，由发票人在汇票上注明一定日期为到期日，执票人必须等到该日，才可向付款人兑款。发票日后定期付款汇票由发票人在汇票上注明从发票日起推延若干日付款，执票人俟到达该日，再向付款人兑款。见票后定期付款汇票，由发票人在汇票上注明见票后若干日付款，也即到期日须由持票人向付款人提示汇票，由其在票面上注明签见日期，俟见票后日期届满时，持票人才可向付款人兑款。

银行承兑汇票有各种不同方式，主要有由银行签发信用证（Letter of eredit）而产生的和银行根据承兑合同所产生的两种。根据信用证而产生的银行承兑汇票又有两种，一种是根据国际贸易所产生的，即进口商所在地银行根据进口商的要求，对出口商开出的信用证，出口商根据信用证有关条款的规定签发的远期汇票，由议付行转寄开证行，请其兑付。另一种是根据国内贸易所产生的，即供货商根据购货商所在地银行出具的押汇凭证所出具的远期汇票，请其兑付。

由于承兑合同所产生的银行承兑汇票又有三种形式：①由于国外出口贸易；②由于国内出口贸易；③由于国内仓库存货。前两种为本国出口商或本地供货商因为要在外国进口商或外地的购货商尚未付款前获得资金融通，而在商品起运之前，与当地的往来银行订立承兑合同，俟商品起运后即把所有货运单据和请求外国进口商（或外地购货商）收款的汇票交付银行，请求银行承兑。至于第三种根据仓库存货所产生的银行承兑汇票，多为企业以其存放仓库存货作为担保，与银行订立承兑合同，在约定的金额限度内开出汇票，经银行承兑，到期兑现。这种银行承兑汇票，信用较高，可在市场流通买卖，易于变得现款。而在银行方面，既有适当的商品作为担保，又持有发票人所签立的承兑合同，保障可靠，对汇票加以承兑，增加其业务收益。

（二）商业承兑汇票

商业承兑汇票由供货商签发，而由购货商承兑到期支付的远期汇票。这种汇票，依照有无附属单据，又可分为商业跟单承兑汇票和不跟单承兑汇票两种。商业跟单承兑汇票附有运货的提单、保险单等全部单据。这种商业跟单汇票有的产生于无信用证的托收项下由供货商开给购货商，连同提单等单据，向银行押借款项。另一种商业跟单汇票则产生于信用证项下即出口商开给进口商并以其为付款人的汇票，连同提单等单据，交给银行进行议付。这两种汇票经购货商承兑后，即成为商业跟单承兑汇票。至于商业不跟单承兑汇票，则为不附任何单据的汇票，一般又称为光票，银行贴现商业承兑汇票，多为这一种。在英国、美国，这种由当地贸易所产生的商业承兑汇票，流通很广，为市场上重要信用工具之一。

商业承兑汇票其信用虽不如银行承兑汇票，但由于它由供货商与购货商共同签字，安全性较强，万一到期购货商不能付款，持票人还可向出票人（供货商）行使追索权，以得到清偿。另外，此类票据产生的基础皆有实际的商品货物的买卖，购货商在票到期时支付，有较可靠的资金来源，所以银行均乐于贴现这类票据。

（三）商业票据

商业票据多为购货商开给供货商的一种承诺在约定的到期日付款的本票（Promissory Note，也称期票）。供货商收到期票后，在票据未到期前需要资金，可在票据上背书，持向银行贴现。

商业期票的贴现，因为没有作为物权单据的商品作为担保，实际上相似于银行的信用贷款。所以银行在叙做这项业务时，重点审查该项期票是否基于正常商品买卖而产生的，并考查供货商与购货商的资信状况。由于市场上流通一种所谓"融通票据（Accomodation Bill）"。即商人由于一时缺乏资金，和与其熟悉的企业商定，由该企业开具以该商人为收款人的票据，向银行进行贴现，以做暂时周转，将来票据到期，仍然由该商人自己负责偿还的。这种票据由于没有商品买卖的基础，票据到期照付的保证性差，安全性不强。

（四）政府债券

银行除了贴现上述各项票据外，也承做政府债券的贴现。这项贴现的债券一般以按期还本付息的政府公债和国库券为限。

三、保付代理

（一）保付代理的概念

在英国、美国、法国、意大利、日本等国的短期融资业务中，普遍盛行一种保付代理业务（Factoring）。保付代理业务有的译为"应收帐款收买业务"、"承购应收帐款业务"和"应收帐款管理服务"等，目前译名渐趋统一，统称保付代理，简称"保理"。应用于国际间的保理业务则称为国际保理（International Factoriug）工程承包的有关供应商可以利用保理业务取得短期流动资金的融通。

保理业务是指供应商（出口商）以商业信用形式出卖商品，在货物装运后立即将发票、汇票、提单等有关单据，卖断给承购应收帐款的财务公司或专门组织，收进全部或一部分货款，从而取得资金融通的业务。

财务公司或专门组织买进供应商（出口商）的票据，承购了供应商（出口商）的债权后，通过一定的渠道向购货商（进口商）催还欠款，如遭拒付，不能向供应商（出口商）行使追索权。财务公司或专门组织与出口商的关系在形式上是票据买卖，债权承购与转让的关系，而不是一种借款关系。

（二）保付代理业务的程序

供应商（出口商）以赊销方式出卖商品，为能将其应收款项售予保付代理组织，取得资金融通便利，一般都与该组织签有协议，规定双方必须遵守的条款与应负的责任，协议有效期一般为1年，但近年来不再规定明确的有效期，保付代理组织与供应商（出口商）每半年会谈一次，调整协议中一些过时的、不适宜的条款。

签订协议后，保付代理业务通过下列具体程序进行：

供应商（出口商）在以商业信用出卖商品的交易磋商过程中，首先将购货商（进口商）的名称及有关交易情况报告给本国保付代理组织。

供应商（出口方）的保付代理组织将上列资料整理后，通知购货商（进口方）的保付代理组织。

购货商（进口方）的保付代理组织对购货商（进口商）的资信进行调查，并将调查结果及可以向购货商（进口商）提供赊销金额的具体建议通知供应商（出口方）的保付代理组织。

如购货商（进口商）资信可靠，向其提供赊销金额建议的数字也积极可信，出口方的保付代理组织即将调查结果告知供应商（出口商），并对供应商（出口商）与购货商（进口商）之交易加以确认。

供应商（出口商）装运后，把有关单据售予供应商（出口方）的保付代理组织，并在单据上注明应收帐款转让给出口方的保付代理组织，要求后者支付货款（有时出口商制单两份，一份直接寄送进口商，一份如上所述，交出口方保付代理组织），后者将有关单据寄送进口方的保付代理组织。

供应商（出口商）将有关单据售予出口方保付代理组织时，后者按汇票（或发票）金额扣除利息和承购费用后，立即或在双方商定的日期将货款支付给供应商（出口商）。

购货商（进口方）的保付代理组织负责向购货商进口商催收货款，并向出口方保付代理组织进行划付。

（三）保付代理业务的内容与特点

1. 保付代理组织承担了信贷风险（Coverage of Credit Risks）。

供应商（出口商）将单据卖断给保付代理组织，这就是说如果海外购货商（进口商）拒付货款或不按期付款等，保付代理组织不能向供应商（出口商）行使追索权，全部风险由其承担。这是保付代理业务的最主要的特点和内容。

保付代理组织设有专门部门，有条件对购货商（进口商）资信情况进行调查，并在此基础上决定是否承购出口商的票据。只要得到该组织的确认，供应商（出口商）就可以赊销方式出售商品，并能避免货款收不到的风险。

2. 保付代理组织承担资信调查，托收，催收帐款，甚至代办会计处理手续。

出卖应收债权的供应商（出口商），多为中小企业，对国际市场了解不深，保付代理组织不仅代理他们对购货商（进口商）进行资信调查，并且承担托收货款的任务；有时他们还要求供应商（出口商）交出与购货商（进口商）进行交易磋商的全套记录，以了解购货商（进口商）负债状况及偿还能力。一些具有季节性的出口企业，每年出口时间相对集中，他们为减少人员开支，还委托保付代理组织代其办理会计处理手续等等。所以，保付代理业务是一种广泛的、综合的服务，不同于议付业务，也不同于贴现业务。这是保付代理业务的另一个主要内容与特点。

保付代理组织具有一定的国际影响与声誉，并对进口商进行了深入的调查；在托收业务中，一般进口商都如期支付货款，以保持其社会地位与声誉。

3. 预支货款（Advance Funds）

典型的保付代理业务是供应商（出口商）在出卖单据后，都立即收到现款，得到资金融通。这是保付代理业务的第三个主要内容与特点。但是，如果供应商（出口商）资金雄厚，有时也可在票据到期后再向保付代理组织索要货款；有时保付代理组织也在票据到期日以前，先向供应商（出口商）支付80％的出口货款，其余20％俟票据到期进口商付款后再予支付。

（四）保付代理业务的类型

1. 从供应商（出口商）出卖单据是否可立即得到现金的角度来划分

（1）到期保付代理业务（Maturity Factoring）。这是最原始的保付代理业务，即供应商（出口商）将出口有关单据出卖给保付代理组织，该组织确认并同意票据到期时无追索权地向供应商（出口商）支付票据金额，而不是在出卖单据的当时向供应商（出口商）立即支付现金。

（2）预支（Advance）或标准（Standard）保付代理业务。供应商（出口商）装运货物取得单据之后，立即将其单据卖给保付代理组织，便取得现金。

2. 从是否公开保付代理组织的名称来划分

（1）公开保付代理组织名称、即在票据上写明货款付给某一保付代理组织。

（2）不公开保付代理组织名称，即按一般托收程序收款，不一定在票据上特别写明该票据是在保付代理业务下承办的，即不突出保理组织的名称。

3. 从保付代理组织与进出口商之间的关系来划分

（1）双保付代理业务，即供应商（出口商）所在地的保理组织与购货商（进口商）所在地的保理组织有契约关系，它们分别对供应商（出口商）的履约情况及购货商（进口商）的资信情况进行了解，并加以保证，促进交易的完成与权利义务的兑现。

（2）直接进口保付代理业务，即购货商（进口商）所在地保理组织直接与供应商（出口商）联系，并对其汇款，一般不通过供应商（出口商）所在地保理组织转送单据，美国这种情况较多。

（3）直接出口保付代理业务，即供应商（出口商）所在地的保理组织直接与购货商（进口商）联系，并对出口商融资，一般不通过购货商（进口商）所在地的保理组织转送单据。

（四）保付代理的费用

承购组织不仅向供应商（出口商）提供资金，而且还提供一定的劳务，所以他们要向供应商（出口商）索取一定的费用，该费用由以下两部分内容构成：

1. 保付代理手续费（Commission of Factoring）

即保付代理组织对供应商（出口商）提供劳务而索取的酬金，其中包括：

（1）保付代理组织提出的、向购货商（进口商）提供赊销额度的建议是经周密调研的结果，对提供此项劳务、，供应商（出口商）要给予报酬。

（2）给予信贷风险的评估工作一定的报酬。

（3）支付保存进出口商间的交易磋商记录与会计处理而产生的费用。

保付代理手续费根据买卖单据的数额一般每月清算一次。手续费的多少一般取决于交易性质、金额及信贷、汇价风险的大小。手续费的费率一般为应收帐款总额的 1.75%～2%。

2. 利息

保付代理组织从收买单据向供应商（出口商）付出现金到票据到期从海外收到货款，这一时期内的利息负担完全由供应商（出口商）承付。利率根据预支金额的大小，参照当时市场利率水平而定，通常比优惠利率高 2%～2.5%。

出口商如利用保付代理形式出卖商品，均将上述费用转移到出口货价中，其货价当然高于以现汇出卖的商品价。

（五）保付代理组织与商业银行的关系

有的国家为经营保付代理业务专门建立商行，有的国家则由财务公司经营该项业务。随着保付代理业务的开展，各国的保理组织建立了世界性的联合组织，如"国际保付代理联合组织"（Factor Chain International－FCI）等。通过这些组织，各国保付代理公司之间互换进口商的资信情报，掌握进口商的付款能力，以使贷款收回达到最高比率。这些机构与大商业银行联系密切，资金充裕，业务多样灵活，因而得到供应商（出口商），特别是中小供应商（出口商）的支持与欢迎。

保付代理商行或商业财务公司一般都是独立组织，具有独立法人资格，但他们大多是由大商业银行出资或在其资助下建立的。如在美国的保付代理组织，一般叫商业财务公司，其中有 50% 是由商业银行出资建立的。他们所经营的收购债权，买进票据业务虽与商业银行所经营的贴现、票据抵押和议付业务在某些方面有相似之处，但加以比较，就能发现两者之间的如下区别：

（1）向供应商（出口商）提供资金的基础不同。商业银行所经营的贴现、议付等票据业务，是在行使追索权的基础上向供应商（出口商）提供资金；而保付代理业务则是在无追索权的基础上购进供应商（出口商）的有关票据。

（2）考察资信的重点不同。商业银行经营的票据业务一般比较注意考察供应商（出口商）的资信，以保证贷款的收回；而保付代理业务则比较注意考察海外进口商的资信情况。

（3）业务内容不同。商业银行经营票据业务的内容是贷款融资；而保付代理业务的内容则多样化，除上述各项业务外，有时甚至还代客户缮制单据，等等。

（六）保付代理业务的作用

对供应商（出口商）的好处

第一，保付代理业务代供应商（出口商）对进口商的资信进行调查，为供应商（出口商）决定是否向购货商（进口商）提供商业信用以扩大商品销售，提供信息和数据。它的作用是显著的。

由于保付代理组织熟知海外市场情况，他们还经常向中小出口商提出建议，协助其打进国际市场，加强其竞争能力。

第二，供应商（出口商）将货物装运完毕，可立即获得现金，满足营运需要，加速资本周转，促进利润增加。

第三，只要供应商（出口商）的商品品质和交货条件符合合同规定，在保付代理组织无追索权地购买其票据后，供应商（出口商）就可以将信贷风险和汇价风险转嫁给保理组织。

第四，供应商（出口商）如从银行贷款取得资金融通，则会增加其负债数字，提高了企业的负债/资产比率，恶化资产负债表（Balance Sheet）的状况，对企业的资信不利，影响其有价证券上市。而供应商（出口商）利用保付代理业务，货物装船，出卖票据后，立即收到现金，资产负债表中的负债不仅不会增加，反而使表中资产增加，改善资产/负债比率，有利于企业的有价证券上市与进一步融资。

（二）对购货商（进口商）的好处

第一，保付代理业务适用于以商业信用购买商品，进口商通过保付代理组织进行支付结算。这样，购货商（进口商）不需要向银行申请开立信用证，免去交付押金，从而减少资金积压，降低了进口成本。

第二，经常往来的买卖双方，可根据交易合同规定，定期发货寄单；通过保付代理业务，买方可迅速得到进口物资，按约定条件支付货款。这样，大大节省开证，催证等的时间，简化了进口手续。

第三，在采用保付代理业务后，供应商（出口商）将办理该项业务有关的费用转移到出口货价中，从而增加进口商的成本负担。但是，货价提高的金额一般仍低于因交付开证押金而蒙受的利息损失。

第 3 节　国际商业银行中长期贷款

一、国际商业银行中长期贷款的主要形式和特点

国际工程当事人，如果需要资金金额大，时间长，则可从国际金融市场有关银行筹借中长期贷款，以满足其业务经营的需要。

中长期贷款都是期限在一年以上的贷款。第二次世界大战前将贷款限期 1 年至 5 年的

贷款称为中期贷款；5 年以上的称为长期贷款。二次战后，习惯上将 1 年以上，10 年左右的贷款期限统称为中长期贷款，一般不再严格划分中期与长期之界限。当前，在欧洲货币市场对工商企业的中长期贷款期限最长为 6～7 年，对政府机构的最长期限为 12 年。

中长期贷款一般有四个特点，在上一章已简要介绍，现具体分析如下：

首先，要签订协议。短期贷款，银行与借款人之间常常通过电话电讯联系，就能确定贷款条件，利率水平，归还期限等等，一般勿需签订书面协议；而中长期贷款，由于期限较长，贷款金额较大，一般均签订书面的贷款协议。

其次，是联合贷放。所谓联合贷放就是一笔贷款往往有数家甚至二、三十家银行提供，这也叫银团贷款（Consortium Loan）或辛迪加贷款（Syndicate Loan）。采取联合贷放的原因，一是中长期贷款金额较大，一家银行无力提供；二是可以分散风险，万一贷款到期不能收回，诸多银行分担损失。在欧洲货币市场上银团贷款形式有两种，一种是直接银团贷款，另一种是间接银团贷款。直接银团贷款下，银团内各贷款银行直接向借款人贷款，贷款工作由各贷款银行在贷款协议中指定代理行（Agent Bank）统一管理；间接银团贷款下，由牵头银行（Lead Bank）向借款人贷款，然后由该行再将参加贷款权（Participation in the Loan）分别转售给其它银行（参加贷款银行），贷款工作由牵头银行负责管理。

再次，是政府担保。中长期贷款如果没有物质担保，一般均由政府有关部门对贷款协议的履行与贷款的偿还进行担保。

最后，是浮动利率。由于贷款期限较长，如在贷款期内将利率定死，对借款双方都是不利的。如采取固定利率方式，贷款协议签订时利率较低，在贷款期内，市场利率高涨，但协议已将利率定死，贷款银行不能要求再行提高利率，这时贷款银行吃亏较大；反之，贷款协议签订时利率较高，以后市场利率下降，因协议中将利率定死，借款人不得要求贷款银行降低利率，这时贷款人吃亏较大。如为浮动利率，则在贷款期内允许借贷双方视市场利率的实际情况，对原订利率进行调整，一般贷款协议规定每半年或 3 个月调整一次利率。

二、中长期贷款协议的贷款条件

中长期贷款协议的主要贷款条件有利息及费用负担、利息期、提前偿还、货币选择、贷款货币等条款，现简要分析说明于下：

（一）利息及费用负担

利息及费用负担中主要包括利率计收、附加利率、管理费、代理费、杂费、承担费等。

（1）利率。中长期贷款收取的利息，一般按"伦敦商业银行间优惠放款利率"也称"同业拆放利率"来收取。此外，在香港新加坡，巴林有关银行借用中长期贷款分别按 HIBOR SIBOR 或 BIBOR 利率计收利息。

80 年代后，从欧洲货币市场借取欧洲美元也可按美国纽约市场优惠放款利率（Primary Rate）来计收。究竟采取何种利率，由借款人和贷款人协商确定。也有些贷款协议中确定贷款金额的一半用 LIBOR；另一半用 Primary Rate。

（2）附加利率。LIBOR 为短期利率，所以借取中长期贷款要在 LIBOR 基础之上，附加一个利率。附加利率的习惯做法是随着贷款期限的延长，附加利率的幅度逐渐提高。如贷款期限为七年、头二、三年的附加利率为 0.3125%；中间二、三年的附加利率为 0.5%，最后二三年附加利率为 0.625%。

（3）管理费。管理费的性质近似手续费，根据贷款金额，按一定费率收取，费率一般为 0.25%～0.5%。

管理费的支付办法有 3 种形式：①贷款协议一经签订即进行支付；②第一次提用贷款时支付；③根据每次提用贷款的金额按比例进行支付。显然，对借款人来讲第三种支付方式最为有利；对贷款银行来讲第一种支付方式最为有利。究竟采取何种方式，双方要谈判协商决定。

（4）代理费。指在银团贷款中借款人对银团代理行或牵头银行所支付的费用。因为代理行或牵头银行要与借款人及参加贷款的银行进行日常的联系交往，从而发生电传费、电报费、办公费等的支出，这些费用均包括在代理费中。代理费的高低视贷款金额的多寡，组织贷款事务的繁简而定。1 亿美元的贷款，每年收费最高可达 5～6 万美元。

（5）杂费。贷款协议签订前所发生的一切费用均为杂费。如贷款银行与借款人联系的车马费、宴请费、文件缮打费，以及律师费，等等。这费用由牵头银行提出帐单由借款人一次付清。收费标准无统一规定，如为 1 亿美元贷款，杂费多则 10 万美元，少则 4～5 万美元。

（6）承担费。承担费是指贷款协议签订后，对未提用的贷款余额所支付的费用。承担费根据未提用贷款余额，按一定费率计收，承担费费率一般为年率 0.25%～0.5%。

承担费的支付办法大致有以下几种情况：

在整个贷款期内，规定一个承担期，借款人应在承担期内用完贷款额；如承担期内未用完，则应缴纳承担费。过期未用的贷款额则自行注销。例如，有一笔 5 年期的贷款，规定承担期为半年。在承担期内，借款人应支用而未支用的贷款要支付承担费，已支用的贷款则开始支付利息。有的贷款规定从签订贷款协议之日起就开始收取承担费，有的贷款则规定从签订贷款协议之日一个月以后（或两个月以后）才开始收取承担费。在前一种情况下，实际上借款人只有在签订贷款协议的当天即将全部贷款提取完毕，才能避免支付承担费，这在实际经济生活中难以做到。在后一种情况下，借款人获得了一、二个月的缓冲时间，如能在这段时间里支用全部贷款，就无需支付承担费；只有在规定的一、二个月后仍未支用的那部分贷款，才需支付承担费。由此可见，后一种情况，对借款人较为有利。收取承担费的做法，客观上促使借款人在签订贷款协议后积极地、尽快地动用贷款，有助于加速资金周转。承担费按未支用金额和实际未支用天数计算，每季、每半年支付一次。其计算公式如下：

$$承担费 = \frac{未使用贷款额 \times 未使用的实际天数 \times 承担费年率}{360（或 365）}$$

例如，有一笔为期五年的 $5000 万元贷款，于 1996 年 5 月 10 日签订贷款协议，确定承担期为半年（到 1996 年 11 月 10 日截止），并规定从签订贷款协议日 1 个月后（即 1996年 6 月 10 日起）开始支付承担费，承担费率为 0.25%。该借款人实际支用贷款情况如下：5 月 12 日支用了 $1000 万元；6 月 5 日支用了 $2000 万元；7 月 12 日支用了 $500 万元；8 月 9 日支用了 $700 万元。到 11 月 10 日仍有 $800 万元未动用，自动注销。该借款人应支付的承担费情况如下：

5 月 12 日支用的 $1000 万元和 6 月 5 日支用的 $2000 万元，两笔共计 $3000 万元，均在无需支付承担费的期限内，故不付承担费，但均须从实际支用日起支付利息。

6 月 10 日至 7 月 11 日止共 32 天，尚有 $2000 万元贷款未加动用，应支付的承担费为：

$$\$ 2000 \, 万元 \times 0.25\% \times \frac{32}{360} = \$ 4444.44 \, 元$$

7月12日至8月8日止共28天，尚有$1500万元贷款未加动用，应支付的承担费为：

$$\$ 1500 \, 万元 \times 0.25\% \times \frac{28}{360} = \$ 2916.67$$

8月9日至11月9日止共93天，尚有$800万元贷款未动用，应支付的承担费为：

$$\$ 800 \, 万元 \times 0.25\% \times \frac{93}{360} = \$ 5166.67 \, 元$$

从11月10日起，贷款未动用部分$800万元，自动注销，借款人不得再行支取。该借款人累计支付的承担费共为：

$$\$ 4444.44 + \$ 2916.67 + \$ 5166.67 = \$ 12527.78 \, 元$$

如上所述，除利息以外，各种费用负担折成年率大概有$1.25\% \sim 1.5\%$左右。中长期的银团贷款一般均需支付这些费用。需要指出，国际金融市场有一种所谓双边贷款，即借款人举债金额较少，并只从一家银行借款，如果借款后立即提取，则借款人除支付利息外，只支付附加利息，其它费用就勿需支付了。有时双边贷款下的贷款银行也向借款人收取管理费，管理费费率借款人可适当压低。

（二）利息期（Interest Period）

利息期有两方面涵义：一是确定利率的日期，另一是利率适用的期限（如半年调整一次，或3个月调整一次，等等）。

（三）贷款期限（Period of Loan）

贷款期限指连借带还的期限，一般由宽限期（Grace Period）与偿付期（Repayment Period）组成。宽限期指借款人只提取贷款，不用偿还贷款的期限；宽限期一过则到了偿付期，借款人要开始偿还贷款。宽限期虽然不偿还贷款，但要支付利息。如果贷款的期限为7年，一般宽限期为3年，偿付期为4年。一般讲宽期限越长对借款人越有利，有较充分的回旋余地，因为他可以充分利用外借资金从事经营生产，获利后再偿还贷款。

（四）贷款的偿还

中长期银行信贷的本金偿还方式有以下3种：

（1）到期一次偿还。这适用于贷款金额相对不大、贷款期限较短的中期贷款。例如，某借款人借用了一笔3000万美元的3年期的贷款，分批使用。贷款利息从每次实际使用贷款之日起算，每半年（或每3个月）付息一次；本金则从签订贷款协议之日起算，3年期满时一次还清。

（2）分次等额偿还。这种方式适用于贷款金额大、贷款期限长的贷款。如前所述，在宽限期内，借款人无需还本，只是每半年按实际贷款额付息一次。宽限期满后开始还本，每半年还本并付息一次，每次还本金额相等。例如，某借款人获得一笔2亿美元的8年期长期贷款，规定宽限期为3年，借款人在宽限期内只付息，不还本；宽限期满后开始分次还本，即从第3年末开始到8年贷款期满时止分11次等额偿还贷款本金，每半年归还贷款1818万多美元，到8年期满时，借款人还清贷款本息。

（3）逐年分次等额偿还。这种方式与第二种方式相类似，但无宽限期。例如，某借款人获得一笔1亿美元的4年期中期贷款，从第一年起，每年偿还贷款本金2500万美元，并每半年支付利息一次，到4年期满时，借款人还清贷款本息。

在贷款到期时一次偿还贷款本金的情况下，名义贷款期限与实际贷款期限相一致；而在贷款期内分次等额偿还贷款本金的情况下，名义贷款期限和实际贷款期限就出现了不一致，实际贷款期限要比名义贷款期限短。如前述第二种偿还方式下的 8 年期贷款，第 3 年末开始多次偿还贷款本金，其名义贷款期限虽为 8 年，但实际贷款期限仅为 5.5 年。在前述第三种偿还方式下的贷款，其名义贷款期限与实际贷款期限相差更远。

实际贷款期限的计算方式如下：

$$实际贷款期（年）限＝a+\frac{n-a}{2}$$

此处：n＝名义贷款期限　　a＝宽限期

上例即为：

$$3+\frac{8-3}{2}=5.5\ 年$$

对借款人来说，在上述 3 种偿还方式中，以到期一次偿还最为有利。因为：第一，实际贷款期限与名义贷款期限相一致，占用时间较长；第二，到期才偿还贷款本金，偿债负担不重。第二种方式尚可接受，因为实际贷款期限虽比名义贷款期限为短，但有几年宽限期，在几年内可不还本，偿债负担相对有所缓和。第三种方式则很不利，因为实际贷款期限仅为名义贷款期限的一半，且须从第一年起就开始还本，偿债负担较重。

（五）提前偿还

一般地说，一国借款人从外国贷款银行获得中长期银行信贷，在贷款所用货币的汇率、利率不变，而且借款人又确有长期资金需要的情况下，贷款期限越长，则对借款人越有利；甚至在贷款到期时能得到展期，对借款人就更为有利。

但在有些情况下，借款人提前偿还贷款本金，反而较为有利。例如，在下列三种情况下，提前归还贷款就较为有利：

第一种情况，贷款所用货币的汇率开始上涨，并有进一步上浮的趋势；或汇率一次上浮的幅度较大。此时，借款人如仍按原定期限归还贷款，则将蒙受由于汇率上涨造成的巨大的损失。在本身自有外汇较多时，或是借款人另有筹措资金的途径，则提前偿还贷款可以减少汇率波动上的损失。

第二种情况，在贷款采用浮动利率的条件下，利率开始上涨，并有继续上涨的趋势；或利率一次上涨幅度较大。此时，借款人如仍按原定期限归还贷款，则将负担较重的利息，在本身自有外汇较为充足时，或是借款人能筹措到利息较为优惠的新贷款时，提前归还贷款可减轻利息负担。

第三种情况，在贷款采用固定利率的条件下，当国际金融市场上利率下降时，借款人可以筹措利率较低的新贷款，提前偿还原来利率较高的旧贷款，借以减轻利息负担。

因此，借款人与外国贷款银行签订贷款协议时，应争取将提前偿还贷款的条款列入协议。这样，借款人在有利时机就能主动提前偿还贷款，而无需向外国贷款银行额外支付任何追加费用。

（六）贷款货币

在贷款协议中要确定贷款货币，这是一个非常重要的问题，对此，本章第四节将单独论述。

三、中长期贷款协议的法律条件

中长期银团贷款中重要法律条件有借款人对事实的说明与保证条款，约定事项税务条款、环境改变条款、违约事件、和适用法律和司法管辖权等条款，现分析说明如下：

（一）说明与保证条款（Representation & Warranties）

在贷款协议中须列明：借款人对其承担的借款义务的合法权限、借款人的财务与商务状况，并向贷款人保证其所作说明的真实性。

说明与保证条款的作用有二：一是便于贷款人了解借款人的情况，作为发放贷款的依据；另一是如果借款人说明失实，贷款人根据协议或有关法律，采取适当救济方法，维护自己的利益。

（二）约定事项（Covenants）

约定事项就是借款人向贷款人约定应做什么，不应做什么，或保证对某些事实所作的说明是真实的可靠的。约定事项根据借贷双方的地位来确定。

约定事项中最主要的条款有三，即消极保证条款，比例平等条款和财务约定事项。这三个条款的内涵及作用如下：

（1）消极保证条款（Negative Pledge）。消极保证条款最简单的意思，就是借款人保证他将不做该条款所规定的事项。在贷款协议中对消极保证条款所作的文字表述是："在偿还贷款以前，借款人不得在他的财产或收入上设定任何抵押权、担保权、质权、留置权或其它担保物权，也不得允许这些担保物权继续存在"。因为银团贷款一般由政府担保，是没有物质担保的。这一条款的作用在于使银团贷款这样无担保权益的债权人的请求偿还贷款的权利不致从属于那些享有担保权益的债权人的权利。

但是，消极保证条款也有例外情况。贷款协议这样规定："债务人如对本协议外的债权人设定担保权益，也应对本债务协议设定同等、同性质的担保权益"。这就是说，如果借款人在本贷款协议外又从别处举债了，并且是以动产或不动产作抵押而借得的，这时借款人应当拿出同比例、同性质的动产或不动产给本贷款协议的债权人。如果是这样的话，借款人就不算违反"消极保证条款"。消极保证例外条款的确定，其作用在于保证无担保权益债权人受清偿的地位，不落后于有物质担保权益的债权人。

（2）比例平等条款（Pari Passu Covenant）。这一条款约定的作用在于，如果借款人破产，可保证无担保权益的各个债权人都有比例平等得到清偿的权利。在贷款协议中的文字表述是："本贷款协议是借款人的直接的、无担保权益的、一般的、无条件的债务，在这些债务之间以及在借款人的其它无担保权益债务之间，其清偿的次序应按比例平等原则平等地排列。"

（3）关于财务方面的约定事项。贷款协议规定，借款人应定期报告其财务状况，并应保持其财务状况的规定标准，如有违反，贷款人可宣告贷款提前到期，要求借款人提前归还其贷款。

（三）税务条款

在贷款协议中大多规定税务条款，主要内容有：①如果借款人所在国政府因贷款人提供贷款并收取了利息和有关费用而向贷款人征税，那么，这种税款应全部由借款人支付；②如果贷款人所在国政府因贷款人提供贷款并收取了利息和有关费用而向贷款人征收除公司所得税之外的其它税款，此项税款应全部由借款人缴付。

如前所述，在欧洲货币市场贷款银行收取的利差低，无法承受政府课征的税款。为保证其收益不致减少，故列有上述条款。在贷方市场条件下，借款人均接受该项条款。

（四）环境改变条款

在贷款协议中环境改变条款一般包括三方面的内容：

1. 不合法（Illegality）

所谓不合法，是指贷款协议生效后，由于有关政府改变了法律和政策，致使借款人继续承借有关贷款为不合法，或致使贷款人继续提供该项贷款为不合法。如果由于借款人所在国法律变更而形成的不合法，则借款人应在法律许可的范围内，按贷款协议规定提前偿还贷款，如果贷款人所在国法律变更而形成的不合法，则在贷款人所在国法律许可范围内，由贷款人将提供贷款的责任转让给第三国的银行或金融机构，以保证该项贷款业务不致中断，否则，借款人应按贷款协议的规定提前偿还贷款。

2. 成本增加（Increased Cost）

所谓成本增加，一般指贷款协议生效后有关政府部门改变原有法律和政策，致使贷款人要向有关政府部门或机构支付税款和费用（贷款人所在国向其征收的公司所得税除外）。在此情况下，借款人应代贷款人支付有关税款和费用，并对贷款人在收益方面的损失给予补偿，同时，也可要求贷款人将提供贷款的责任转让给第三国的银行或金融机构，以避开"成本增加"的法律政策的影响。如贷款转让不能实现，借款人又不愿对贷款人的收益损失给予补偿，则借款人应提前偿还。

3. 借款利率替换（Substitute Basis Borrowing）

所谓借款利率替换一般指国际资金市场发生异常变化，贷款人无法筹集到提供贷款的资金，或筹资成本超出借款人愿意承受能力的限度。在这种情况下，贷款人设法将提供贷款的责任转让给其它银行或金融机构。如转让目的不能达到则借款人应提前偿还贷款。

（五）违约事件（Events of Default）

在贷款协议中列举违约事件，借款人如有违反，贷款人可根据贷款协议或法律规定采取任何救济方法来维护其合法权益。

违约事件主要有两种类型：

（1）违反贷款协议本身的约定。如不履行约定义务，不按期还本付息，或对事实说明与保证不正确等等。如发生这种情况，贷款银行有权采取加速到期措施，即停止继续发放贷款，追索已发放贷款的本息。

（2）先兆性违约事件。即有违约的征兆，最后违约只是一个时间问题。交叉违约（Cross Default），在贷款协议中常被列为主要的先兆性违约事件。交叉违约条款的文字表述是："凡借款人对其它债务有违约行为，或其它债务被宣告加速到期，或可以被宣告加速到期，则本贷款协议亦将被视为被违反"。

交叉违约的主要意思是：如果一个借款人对本次以外的债务契约或协议违约了，被债权人停止了贷款，并追索本息；虽然对本债务协议没有违约，但由于上述情况发生，可以被看作对本次债务协议违约，本贷款协议的债权人有权停止继续发放贷款，追索本息。交叉违约所以是先兆性的违约，因为借款人之所以对本次贷款以外的契约违约，一般是本身财务状况不佳，不能偿还本息，不能履约，这就是继续违约的兆头。如果本贷款协议的债权人坐视其它债权人将借款人的财产清理完毕，则本贷款协议的执行就没有保证了，因为借款人的财产已被别的债权人清理，借款人无力偿还本贷款协议的本息。因此，如借款人发生对其它债务协议违约，则本债务协议的贷款银行为防止其受清债地位的被损害，宣布或认定借款人对本贷款协议违约，同时向借款人追索欠款与本息，以防贷款银行受到损失。

（六）适用法律条款

适用法律条款（Proper Law）是指借贷双方当事人在贷款协议中明文规定的应适用于该协议的法律。假若借贷双方当事人事前对此未作出具体规定时，则指法院根据法院所在国冲突法规则认为应适用于该贷款协议的法律。

适用法律可以是某国的国内法，也可以是国际公法。目前世界各国往往选择英国法或美国纽约州法作为适用法律。

适用法律的施行范围主要包括协议的有效性，协议的解释、协议的效力、协议的履行和协议的解除等方面的问题。

（七）司法管辖权

司法管辖权（Jurisdiction）指借贷双方执行贷款协议过程中发生争执，应在哪个法庭进行诉讼的问题。如在贷款协议中订明某地法庭对处理双方争执拥有"专有管辖权"（Exclusive Jurisdiction），即双方发生争执只能到协议中订明的那个法庭去诉讼，不能去其他地方的法庭；如果贷款协议中订有某地法庭对处理双方诉讼拥有"非专有管辖权"（Non-Exelusive Jurisdiction）则双方发生争执时，可在该法庭，也可到其它地方的法庭去进行诉讼。

第4节　贷款货币的选择与费率折算

一、贷款货币的选择

一个借款人要从国际商业银行借款，借取什么货币呢？有哪些原则应当考虑呢？

（一）借取的货币要与使用方向相衔接

例如，如果借款是为了从日本进口某项机械设备，则最好从商业银行借日元，以防止从商业银行借了美元，再到日本以日元计价来购买机械设备。如果美元贬值，借款人将遭受汇价波动的损失。

（二）借取的货币要与其购买设备后所生产产品（或提供劳务）的主要销售市场相衔接

因为借款的偿还，主要依靠购买设备后所生产产品（或提供劳务）的销售收入。如上例所述，如果借的是日元，从日本购买设备，设备产品也主要在日本销售，这样销售后的日元收入正好偿付日元借款，避免汇价风险。如果借款是日元，而购买设备后生产产品或提供劳务主要销往美国或香港市场，将来以销货收入的美元或港元偿付借款，就存在较大的汇价风险。作为工程承包商，借款货币的确定，就要与业主支付的货币相衔接。

（三）借款的货币最好选择软币，即具有下浮趋势的货币，但是利率较高

这个原则，与进口计价货币选择的道理一样，因借软币，将来偿还贷款就能取得汇价下浮的利益，但是软币利率较高，利息负担重。

（四）借款的货币最好不要选择硬币，即具有上浮趋势的货币

因硬币升值，将来偿还贷款时，借款人就要吃亏。但是，硬币的利率低，利息负担较轻。

（五）如果在借款期内硬币上浮的幅度小于硬币与软币的利率差，则借取硬币也是有利

的；否则，借软币。

上述这些原则应综合考查计算。为便于理解，举一案例，重点说明第五原则，同时也加深对第四与第三原则的理解。在此基础之上再介绍一个选择贷款货币的计算公式。

【案例】某公司欲从欧洲货币市场借款，借款期限为 3 年，当时瑞士法郎的利率为 3.75%，美元的利率为 11%，而两种货币的利差为 7.25%；美元与瑞士法郎的汇率为 1\$ ＝1.63S. Fr. 当时一权威机构预测：3 年以内，瑞士法郎增值幅度不会超过 7.25%（即软币与硬币的利率差）。某公司决定借入硬币瑞士法郎，结果该公司没有吃亏，反而有利。

硬币价值幅度小于软币与硬币的利率差，借硬币也是有利的。根据上述案例，粗略推算如下：

（1）某公司借入 5000 万 S. Fr，3 年的本利和为：

$$5000 \text{ 万 S. Fr}\ (1+\frac{3.75}{100}\times 3)=5562.5 \text{ 万 S. Fr}$$

（2）某公司将借入的 5000 万 S. Fr，按 1\$：1.63S. Fr 的比率折成美元，存入美国有关银行，3 年套取较高的美元利息收入，这样 5000 万 S. Fr 折成美元后 3 年的本利和为：

$$(5000 \text{ 万 S. Fr}\div 1.63)\times (1+\frac{11}{100}\times 3)=4079.1 \text{ 万}\$$$

（3）在瑞士法郎不上浮的情况下，该公司把 3 年存美元的本利和折成瑞士法郎，用以偿还原借款 5000 万 S. Fr 及 3 年的利息，这样可赚取：

$$(4079.1 \text{ 万}\$\times 1.63 \text{ 瑞士法郎})-5562.5 \text{ 万 S. Fr}=1086.4 \text{ 万 S. Fr}$$

（4）如果 S. Fr 3 年后上浮 1%，则美元与瑞士法郎的比率为 1\$：1.61S. Fr，该公司把 3 年存美元的本利和折成瑞士法郎，用以偿还原借款 5000 万 S. Fr 及 3 年的利息后可以赚取

$$(4079.1 \text{ 万}\$\times 1.61S. Fr)-5562.5 \text{ 万 S. Fr}=1004.6 \text{ 万 S. Fr}$$

（5）如果瑞士法郎 3 年后上浮 7%，则美元与瑞士法郎的比率为 1\$：1.51S. Fr，该公司把 3 年存美元的本利和折成万瑞士法郎，用以偿还原借款 5000 万 S. Fr 及 3 年的利息，这样还可赚取：

$$(4079.1 \text{ 万}\$\times 1.51S. Fr)-5562.5 \text{ 万 S. Fr}=596.9 \text{ 万 S. Fr}$$

可见，利率差额为 7.25%，而瑞士法郎汇率上浮 7%，瑞士法郎浮升的幅度小于利率差（7%＜7.25%），该公司借用硬币还是有利可图的。

再次强调，上述的推算过程是非常粗略而不精细的，只用以说明第五原则。

在借款期内，借款货币的利率已经固定的情况下，借取硬币或软币的选择原则，也可根据下述公式计算：

$$软币贬值率=1-\frac{1+硬币的利率}{1+软币的利率}$$

如果预计的软币贬值幅度大于根据公式计算出的软币贬值率，则借软币对借款人有利；如果预计的软币贬值幅度小于根据公式计算出的软币贬值率，则借硬币对借款人有利。

根据上述案例，美元的利率为 11%；瑞士法郎的利率为 3.75%，利用这个计算公式，考虑到汇率研究机构的预测情况，可以作出借款货币选择的决策。

$$美元贬值率=1-\frac{1+瑞士法郎利率}{1+美元利率}$$

$$=1-\frac{1+3.75\%}{1+11\%}=1-\frac{1.0375}{1.11}$$
$$=1-0.9347=0.0653=6.53\%$$

这就是说，如果权威机构预测在借款期内美元对瑞士法郎的贬值幅度大于 6.53% 时，则该公司借美元有利；如果预测美元贬值幅度小于 6.53% 时，借瑞士法郎有利。

二、贷款货币汇率与利率选择分析❶

从国际金融市场商业银行借入资金，由于各国货币的汇率与利率多变，选择哪一国的货币合算，值得我们探讨。

【例】借入 1 亿日元（年息 8.5%），一年还本付息为 1 亿 $(1+8.5\%)=1.085$ 亿日元。如以 1 美元：208 日元折算，1 亿日元合美元 48.08 万，1 年还本息 1.085 亿日元，合美元 52.16 万。

如果不借日元借美元，借 48.08 万 $ （相当 1 亿日元），年息 16%，一年还本付息 48.08 万 $ $(1+16\%)=55.77$ 万 $。

由于美元利率高，因而还本付息时，借美元要比借日元多付 $55.77-52.16=3.61$ 万，当然是借日元合算。

可是美元对日元来说。汇率下降，如 70 年代，美元 10 年贬值了约 42%，即美元的年贬值率为 5.3%，算式如下：

设年贬值率为 X%，$(1-X\%)^{10}=1-42\%$

$\log (1-X\%)^{10}=\log (1-42\%)$

$10\log (1-X\%)=\log (1-42\%)$

$\log (1-X\%)=\dfrac{1}{10}\log (1-42\%)=\dfrac{1}{10}\log 0.58$
$$=-0.0237=1.9763^{(1-0.0237)}$$

$1-X\%=0.9469$

$X\%=1-0.9469=0.0531=5.31\%$

按上述两国货币利率平均差距不变，究竟美元的年贬值率该为多少，借美元与借日元才各不吃亏。美元贬值率在多少以上借美元合算，美元贬值率在多少以下借日元合算呢？

设日元年利率为 Y%，美元年利率为 A%，美元年贬值率为 D%，1 $=E 日元。共借 M 日元，

那么：借日元还日元的本利合为 M $(1+Y\%)$ 日元，

借日元还美元的本利合为 $\dfrac{1}{E}$ M $(1+Y\%)$ $，

借美元还美元的本利合为 $\dfrac{M}{E}(1+A\%)$ $

如果美元年贬值率为 D%，则 $1 合 E $(1-D\%)$ 日元，即 1 日元 $=\dfrac{1}{E (1-D\%)}$ $

美元年贬值率为 D%，则借日元还美元的本利和为：

$\dfrac{1}{E (1-D\%)}\cdot$ M $(1+Y\%)$ $。因此，当 $\dfrac{M}{N}(1+A\%)$ $ $=\dfrac{1}{E (1-D\%)}\cdot$ M $(1+Y\%)$

---

❶ 参照《国际金融》1983.3 第 20 页 "利用外资对货币与利率的选择"

$ 时，借美元与借日元各不吃亏。

借日元折合成已贬值的美元的本利和，比未贬值前的美元更少，以贬值所得补偿利息损失。高的利息损失与贬值所得相等，则不吃亏。

$$(1+A\%) = \frac{(1+Y\%)}{(1-D\%)}; \qquad (1-D\%) = \frac{(1+Y\%)}{(1+A\%)}$$

$$D\% = 1 - \frac{(1+Y\%)}{(1+A\%)}$$

从上述公式可得出，借日元年息 8.5%，同借美元年息 16%，

$$美元年贬值率为 D\% = 1 - \frac{1+8.5\%}{1+16\%} = 1 - \frac{1.085}{1.16}$$

$$= 1 - 0.9353 = 0.0647 = 6.47\% 时$$

则借美元与借日元各不吃亏。

如果美元年贬值率超过 6.47%，则借美元合算；如果未达到 6.47%，则借日元合算。

$$软币贬值率 = 1 - \frac{1+硬币年利率}{1+软币年利率}$$

$$或甲国货币年贬值率 = 1 - \frac{1+乙国货币年利率}{1+甲国货币年利率}$$

如借甲国货币（或软币）的年贬值率超过

$1 - \dfrac{1+乙国货币（或硬币）年利率}{1+甲国货币（或软币）年利率}$ 时，则借甲国货币合算；低于时，则借乙国货币（或硬币）合算。

三、费率折算

借用商业银行中长期信贷和下一章所要讲到的出口信贷，借款人除支付利息外，还有各种各样的费用要支付，利息和各种费用加在一起，才构成使用信贷的代价。但是，在费用负担中，有的根据贷款金额，按一定百分比，一次性支付，如杂费；有的是根据贷款金额，在贷款期内每年支付；有的按照贷款银行所发生的实际费用；有的按照贷款金额的一定费率进行支付，并且支付的次数和时间也不相同，这样各种费用之间就难以比较、核算，如果将每项费用折成年率，算出费用负担的百分数，比较、核算也就有了相同的基础。

在计算贷款的费率之前，必须按本章第 3 节所介绍的公式：宽限期＋$\dfrac{名义贷款期限－宽限期}{2}$ 的公式，算出贷款的实际期限，再去计算各项费用的费率。各项费用的费率计算公式如下：

(1) 附加利率：$\left\{\left[(用款期的附加利率\times用款期)+(用款期的附加利率\times用款期)+\cdots\right]+\left[\left(\dfrac{(还款期的附加利率+还款期的附加利率+\cdots\cdots)还款期}{还款期加利率的变更次数}\right)\right]\right\}\div实际年限$ [1]

(2) 管理费率：$\dfrac{费率（\%）}{实际期限}$（或 $\dfrac{管理费}{实际期限}\div贷款额$）

(3) 代理费率：$\dfrac{代理费\times贷款年限}{实际期限}\div贷款额$

(4) 杂费率：$\dfrac{杂费}{实际期限}\div贷款额$

---

❶ 还款期＝实际贷款年限－用款期。

54

必须指出，按公式计算出的费率仅为近似值，如算绝对数，必须逐项精确计算。

【例】一笔 10 年期 5 亿美元的贷款，5 年末开始分 11 次还款，每半年还款一次，附加利息率 $\frac{3}{4}$%，管理费 $\frac{5}{8}$%，代理费每年 4 万美元，杂费 8 万美元，承担费 $\frac{1}{2}$%。（假设协议后即用款，不付承担费，以便比较）

按上述公式计算，这笔贷款的实际年限与各项费率是：

（1）实际年限＝5＋（5÷2）＝7.5 年

（2）附加利率＝$\dfrac{(0.75\% \times 5) + (0.75 \times 2.5)}{7.5}$

$\qquad\qquad\quad =0.0075$（或 0.75%）

（3）管理费率＝$\frac{5}{8}$%÷7.5＝0.083%

（4）代理费率＝$\dfrac{(4\,万美元 \times 10\,年) \div 7.5}{5\,亿美元}$

$\qquad\qquad\quad =0.00011$（或 0.011%）

（5）杂费率＝$\dfrac{8\,万美元 \div 7.5\,年}{5\,亿美元}$＝0.00002（或 0.002%）

费率合计：［（2）＋（3）＋（4）＋（5）］＝0.846%

即这项贷款的费用率合计为 0.846%。

思 考 题

1. 试述商业银行的贷款种类。
2. 商业银行发放短期贷款注意审查哪些财务指标？
3. 试述透支贷款的内涵及其与工程项目建设中资金需要的关系。
4. 试述票据贴现的内涵与可贴现票据的种类。
5. 工程项目的原材料供应商如何利用保付代理？对他有哪些好处？
6. 在工程建设中从银行借取中长期贷款如何才能减少承担费的支出？
7. 结合工程项目的运营特点，在确定中长期贷款货币时，应考虑哪些主要原则？
8. 宽限期对借款人有何现实意义？
9. 简述中长期贷款的附加利率、管理费率、代理费率和杂费率的计算方法。

第4章 出口信贷

在国际工程承包的过程中，承包商要引进国外的先进机械设备，除可从国际商业银行筹措中长期贷款，支付设备货款外，也可利用各国发放的出口信贷，从该国引进设备。出口信贷的特点是利率低、期限长，从总体上可降低进口设备的成本；但该贷款限于购置发放贷款国家的设备，不能用于第三国或在国际招标。本章主要介绍出口信贷的概念、特点，出口信贷的形式，出口信贷的贷款原则和条件，以及如何使用好出口信贷。

第1节 出口信贷的概念和特点

西方国家的有关银行为促进本国机械设备的出口，常常发放一种利率由官方支持的出口信贷，国际工程承包商在设备引进或工程设备出口中，可以充分地利用这种贷款，以有效地利用资金，降低工程建造的成本。

一、出口信贷的概念

出口信贷是一种国际信贷方式，是西方国家为支持和扩大本国大型设备的出口，加强国际竞争能力，以对本国的出口给予利息贴补并提供信贷担保的方法，鼓励本国的银行对本国出口商或外国进口商（或其银行）提供利率较低的贷款，以解决本国出口商资金周转的困难，或满足国外进口商对本国出口商支付货款需要的一种融资方式。出口信贷是争夺市场，扩大资本货物销售的一种手段。

二、出口信贷的特点

出口信贷一般具有下述3个特点：

（一）出口信贷的利率，一般低于相同条件资金贷放的市场利率，利差由国家补贴

大型机械设备制造业在西方国家的经济中占有重要地位，其产品价值高，交易金额大。在垄断资本已占领了国内销售市场的情况下，加强这些资本货物的出口，对西方国家的生产与就业影响甚大。为了加强本国机械设备的竞争能力，削弱竞争对手，主要发达国家的银行，竞相以低于市场的利率对外国进口商或本国出口商提供中长期贷款，给予信贷支持，以扩大该国资本货物的国外销路。银行提供低利率贷款与市场利率的差额则由国家补贴。

（二）出口信贷的发放与信贷保险结合

由于信贷偿还期限长、金额大，发放贷款的银行存在着较大的风险，为了减缓出口国家银行发放出口信贷的后顾之忧，保证其贷款资金的安全，发达国家一般都设有国家信贷保险机构，对银行发放的中长期贷款给予担保。如发生贷款不能收回的情况，信贷保险机构利用国家资金给予赔偿。风险由国家负担，利润由垄断资本获得，这是国家垄断资本主义在国际金融领域中的表现。发达国家提供的出口信贷一般都与国家的信贷担保相结合，从而加强本国出口商在国外市场的竞争能力，促进资本货物的出口。

（三）国家成立专门发放出口信贷的机构，制定政策，管理与分配国际信贷资金，特别

是中长期信贷资金。

发达国家提供的出口信贷，直接由商业银行发放，如因金额巨大，商业银行资金不足时，则由国家专设的出口信贷机构予以支持。如英国曾规定商业银行提供的出口信贷资金超过其存款18％时，超过部分则由英国的出口信贷保证局予以支持。美国发放出口信贷的习惯做法常由商业银行与进出口银行共同负担。有的国家对一定类型的出口贷款，直接由出口信贷机构承担发放的责任。由国家专门设置的出口信贷机构，利用国家资金支持出口信贷，可弥补私人商业银行资金的不足，改善本国的出口信贷条件，加强本国出口商夺取国外销售市场的力量。这些出口信贷机构在经营出口信贷保险的同时，还根据国际商品市场与金融市场的变化，经常调整本国的出口信贷政策，协调与其它国家的关系。

第2节　出口信贷的主要类型

二次战前出口信贷的形式有4种：

（1）直接向进口商或进口商的政府部门发放贷款，指定贷款应购买发放贷款的国家或企业的商品。

（2）外贸银行或商业银行对出口商提供长期贷款，以支持出口商开拓与争夺销售市场。

（3）在资本相对"过剩"的国家发行进口公司的股票和债券，或发行政府债券，以所得的资金办理进口。

（4）商业银行或对外贸易银行对中长期票据进行贴现放款，定期（如半年）清偿一次。

这些出口信贷形式，在二次战后仍沿袭采用，但是对银行来说，在进出口商间更普遍推行的出口信贷形式则有：卖方信贷（Supplier's eredit）、买方信贷（Buyer's credit）、福费廷（Forfaiting）、信用安排限额（Credit Line Agreement）、混合信用贷款和签订存款协议（Deposit Facility Agreement）向对方银行存款等。

一、卖方信贷

在大型机械装备与成套设备贸易中，为便于出口商以延期付款方式出卖设备，出口商所在地的银行对出口商提供的信贷就是卖方信贷。发放卖方信贷的程序与做法是：

（1）出口商（卖方）以延期付款或赊销方式向进口商（买方）出售大型机械装备或成套设备。

在这种方式下，出进口商签订合同后，进口商先支付10％～15％的定金，在分批交货验收和保证期满时，再分期付给10％～15％的货款；其余70％～80％的货款在全部交货后若干年内分期偿还（一般每半年还款一次），并付给延期付款期间的利息。

（2）出口商（卖方）向其所在地的银行商借贷款，签订贷款协议，以融通资金。

（3）进口商（买方）随同利息分期偿还出口商（卖方）货款后，根据贷款协议，出口商再用以偿还其从银行取得的贷款。

出口商向银行借取卖方信贷，除按出口信贷利率支付利息外，并须支付信贷保险费、承担费、管理费等。这些费用均附加于出口成套设备的货价之中，但每项费用的具体金额进口商不得而知。所以，延期付款的货价一般高于以现汇支付的货价，有时高出3％～4％，甚至有的高出8％～10％。

现将卖方信贷的程序如图4-1所示。

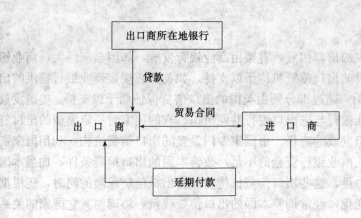

图 4-1 卖方信贷程序图

二、买方信贷

在大型机械设备或成套设备贸易中，由出口商（卖方）所在地的银行贷款给外国进口商（买方）或进口商的银行，以给予融资便利，扩大本国设备的出口，这种贷款就叫买方信贷。

卖方信贷是出口商所在地银行贷款给出口商（卖方）。而买方信贷则是由出口商所在地银行贷款给进口商（买方）或进口商的银行。无论贷给前者或贷给后者均属买方信贷。

（一）直接贷款给进口商（买方）

这种买方信贷的程序与做法是：

（1）进口商（买方）与出口商（卖方）洽谈贸易，签订贸易合同后，进口商（买方）先缴相当于货价15％的现汇定金。现汇定金在贸易合同生效日支付，也可在合同签订后的60天或90天支付。

（2）在贸易合同签订后至预付定金前，进口商（买方）再与出口商（卖方）所在地银行签订贷款协议；这个协议是以上述贸易合同作为基础。如果进口商不购买出口国的设备，则进口商不能从出口商所在地银行取得此项贷款。

（3）进口商（买方）用其借得的款项，以现汇付款条件向出口商（卖方）支付货款。

（4）进口商（买方）对出口商（卖方）所在地银行的欠款，按贷款协议的条件分期偿付。

（二）直接贷款给进口商（买方）银行

这种买方信贷的程序与做法是：

（1）进口商（买方）与出口商（卖方）洽谈贸易，签订贸易合同，进口商（买方）先缴15％的现汇定金。

（2）签订合同在预付定金前进口商（买方）的银行与出口商（卖方）所在地的银行签订贷款协议；该协议虽以前述贸易合同作为基础，但在法律上具有相对独立性。

（3）进口商（买方）银行以其借得的款项，转贷予进口商（买方），后者以现汇条件向出口商（卖方）支付货款。

（4）进口商（买方）银行根据贷款协议分期向出口商（卖方）所在地的银行偿还贷款。

（5）进口商（买方）与进口商（买方）银行间的债务按双方商定的办法在国内清偿结算。

上述两种形式的买方信贷协议中，均分别规定进口商或进口商银行需要支付的信贷保险费、承担费、管理费等具体金额，这就比卖方信贷更有利于进口商了解真实货价，核算进口设备成本，但有时信贷保险费直接加入贸易合同的货价中。

现将买方信贷的程序如图 4-2 所示。

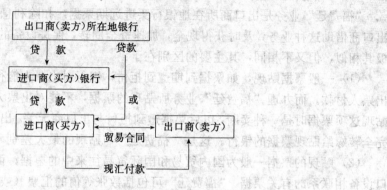

图 4-2　买方信贷程序图

三、福费廷

第二次世界大战后，在资本货物与设备的对外贸易中，进出口商除利用买方信贷与卖方信贷融通资金外，一种新的中、长期的资金融通形式——"福费廷"从 1965 年开始在西欧国家推行。近年来，"福费廷"在西欧国家，特别是在德国和瑞士与发展中国家和东欧国家间的设备贸易中普遍得到发展。

所谓"福费廷"就是在延期付款的大型设备贸易中，出口商把经进口商承兑的、期限在半年以上到五六年的远期汇票，无追索权（Without Recourse）地售予出口商所在地的银行（或大金融公司），提前取得现款的一种资金融通形式，它是出口信贷的一个类型。

（一）"福费廷"业务的主要内容

（1）出口商与进口商在洽谈设备、资本货物等贸易时，如欲使用"福费廷"，应事先和其所在地的银行或金融公司先行约定，以便做好各项信贷安排。

（2）出口商与进口商签订贸易合同，言明使用"福费廷"。出口商向进口商索取货款而签发的远期汇票，要取得进口商往来银行的担保，保证在进口商不能履行支付义务时，由其最后付款。进口商往来银行对远期汇票的担保形式有两种：

1）在汇票票面上签章，保证到欺付款，这叫 Aval。

2）出具保函（Guarantee Letter）保证对汇票付款。

（3）进口商延期支付设备货款的偿付票据，可从下列两种形式中任选一种：由出口商向其签发远期汇票，经承兑后，退还出口商以便其贴现；由进口商开具本票（Promissory Notes）寄交出口商，以便其贴现。

无论使用何种票据，均须取得进口商往来银行的担保。

（4）担保银行要经出口商所在地银行的同意，如该银行认为担保行资信不高，进口商要另行更换担保行。担保行确定后，进出口商才签贸易合同。

（5）出口商发运设备后，将全套货运单据通过银行的正常途径，寄送给进口商，以换取经进口商承兑的附有银行担保的承兑汇票（或本票）。单据的寄送办法按合同规定办理，可以凭信用证条款寄单，也可以跟单托收，但不论有证无证，一般以通过银行寄单为妥。

（6）出口商取得经进口商承兑的，并经有关银行担保的远期汇票（或本票）后，按照与买进这项票据的银行（大金融公司）的原约定，依照放弃追索权的原则，办理该项票据的贴现手续，取得现款。

（二）"福费廷"与一般贴现的区别

"福费廷"业务是出口商所在地银行买进远期票据，扣除利息，付出现款的一种业务。出口商借助这种业务，及时获得现金，加速资金周转，促进设备的出口。"福费廷"与贴现极其相似，但又不相同，其主要的区别在于：

（1）一般票据贴现，如票据到期遭到拒付，银行对出票人能行使追索权，要求汇票的出票人付款。而办理"福费廷"业务所贴现的票据，不能对出票人行使追索权；出口商在贴现这项票据时是一种卖断，以后票据遭到拒付与出口商无关。出口商将票据拒付的风险，完全转嫁给贴现票据的银行。这是"福费廷"与贴现的最大差别。

（2）贴现的票据一般为国内贸易和国际贸易往来中的票据；而"福费廷"则多为与出口设备相联系的有关票据。"福费廷"可包括数张等值的汇票（或期票），每张票据间隔的时间一般为6个月。

（3）贴现的票据，有时有的国家规定须具备3个人的背书（Endorsement），但一般不须银行担保。而办理"福费廷"业务的票据，必须有第一流银行的担保。

（4）办理贴现的手续比较简单，而办理"福费廷"业务则比较复杂。贴现的费用负担一般仅按当时市场利率收取贴现息，而办理"福费廷"业务的费用负担则较高，除按市场利率收取利息外，一般还收取下列费用：①管理费；一次性支付；②承担费：从出口商银行确认接做"福费廷"业务之日起，到实际买进票据之日止，按一定费率和天数收取承担费；③罚款：如出口商未能履行或撤销贸易合同，以致"福费廷"业务未能实现，办理"福费廷"业务的银行要收取罚款。这些费用虽均由出口商支付，但最后还是转嫁给进口商，提高设备项目的货价。

（三）"福费廷"与保付代理业务的区别

"福费廷"与保付代理业务虽然都是以出口商向银行卖断汇票或期票，银行不能对出口商行使追索权，但是，两者之间是有区别的：

（1）保付代理业务一般多在中小企业之间进行，成交的多系一般进出口商品，交易金额不大，付款期限在1年以下；而"福费廷"业务，成交的商品为大型设备，交易金额大，付款期限长，并在较大的企业间进行。

（2）保付代理业务不须进口商所在地的银行对汇票的支付进行保证或开立保函；而"福费廷"业务则必须履行该项手续。

（3）保付代理业务，出口商不需事先与进口商协商；而"福费廷"业务则出进口双方必需事先协商，取得一致意见。

（4）保付代理业务的内容比较综合，常附有资信调查，会计处理，代制单据等服务内容，而"福费廷"业务的内容则比较单一突出。

（四）"福费廷"对出口商与进口商的作用

1. 对出口商的作用

"福费廷"业务，把出口商给予进口商之信贷交易，通过出口商的票据卖断，及时变为现金交易，获得现金，对出口商来说，这一点与买方信贷相似。此外，"福费廷"业务尚能给出口商带来下列具体利益：

（1）在出口商与资产负债表中，可以减少国外的负债金额，提高企业的资信，有利于其有价证券的发行。

（2）能够立即获得现金，改善流动资金状况，有利于资金融通，促进出口的发展。

（3）信贷管理，票据托收的费用与风险均转嫁给银行。

（4）不受汇率变化与债务人情况变化的风险影响。

2．对进口商的作用

对进口商来讲，利息与所有的费用负担均计算于货价之内，一般货价较高。但利用"福费廷"的手续却较简便，不象利用买方信贷那样，进口商要多方联系，多方洽谈。从这一点来讲，与卖方信贷很相似。在"福费廷"方式下，进口商要觅取担保银行，对出口商开出的远期汇票进行担保。这时，进口商要向担保银行交付一定的保费或抵押品，其数额视进口商的资信状况而定。

四、信用安排限额

随着银行日益介入国际贸易业务，促进并组织进出口成交所起的作用日益增长的情况下，60 年代后期一种新型的出口信贷形式——信用安排限额开始在出口信贷业务中推行。信用安排限额的主要特点是出口商所在地的银行为了扩大本国一般消费品或基础工程的出口，给予进口商所在地的银行以中期融资的便利，并与进口商所在地银行配合，组织较小金额业务的成交。

信用安排限额有两种形式：

（1）一般用途信用限额(General Purpose Lines of credits)，有时也叫购物篮信用(Shopping Basket Credits)。在这种形式下出口商所在地银行向进口商所在地银行提供一定的贷款限额，以满足对方许多彼此无直接关系的进口商购买该出口国消费品的资金需要。这些消费品是由出口国众多彼此无直接关系的出口商提供的，出口国银行与进口国银行常常相互配合，促成成交。在双方银行的总信贷限额下，双方银行采取中期贷款的方式，再逐个安排金额较小的信贷合同，给进口商以资金融通，以向出口商支付，较小信贷合同的偿还年限 2～5 年。

（2）项目信用限额 (Project of Lines of Credit)。在这种形式下出口国银行向进口国银行提供一定贷款限额，以满足进口国的厂商购买出口国的基础设备 (Capital Goods) 或基础工程建设 (Programme of Capital Works) 的资金需要。这些设备和工程往往由几个出口商共同负责，有时甚至没有一个总的承包商。项目信用限额与一般信用限额的条件与程序相似，不过借款主要用于购买工程设备。

五、混合信贷

这种贷款方式是卖方信贷与买方信贷形式的新发展。如前所述，在卖方信贷形式下，根据国际惯例规定进口商要向出口商支付货价一定比例的现汇定金；在买方信贷形式下进口商要支付设备价15％的现汇定金，其余85％的设备货款由进口商从出口国银行取得的贷款进行支付。近几年来，经济合作发展组织国家共同议定的出口信贷利率不断调高，与国际金融市场利率形成倒挂局面，不利于某些发达国家的设备的出口，一些发达国家为扩大本国设备的出口，加强本国设备出口的竞争能力，在出口国银行发放卖方信贷或买方信贷的同时，出口国政府还从预算中提出一笔资金，作为政府贷款或给予部分赠款，连同卖方信贷或买方信贷一并发放，以满足出口商（如为卖方信贷）或进口商（如为买方信贷）支付当地费用与设备价款的需要。政府贷款收取的利率比一般出口信贷利率更低，这就更有利于促进该国设备的出口，并可加强与借款国的经济技术与财政合作关系。政府贷款或赠款占整个贷款金额的比率视当时政治经济情况及出口商或进口商的资信状况而有所不同，一般占贷款金额的 30%～50%。这种为满足同一设备项目的融通资金需要，卖方信贷或买方信贷与政府贷款或赠款混合贷放的方式即为混合信贷。这一信贷形式近几年来发展较大。

西方国家提供混合信贷的形式大致有两种：

（1）对一个项目的融资，同时提供一定比例的政府贷款（或赠款）和一定比例的买方信贷（或卖方信贷）。例如，意大利和法国提供的混合信贷中政府贷款占 52%，买方信贷占 48%；政府贷款（或赠款）和买方信贷分别签署贷款协议，两个协议各自规定其不同的利率、费率和贷款期限等融资条件。

（2）对一个项目的融资，将一定比例的政府贷款（或赠款）和一定比例的买方信贷（或卖方信贷）混合在一起，然后根据赠予成分的比例，计算出一个混合利率，例如，英国 ATP 方式❶和瑞典方式就是这样。这种形式的混合信贷只签一个协议，当然其利率、费率和贷款期限等融资条件也只有一种。

六、签订"存款协议"

出口商所在地银行在进口商银行开立帐户，一定期限之内存放一定金额的存款，并在期满之前要保持约定的最低额度，以供进口商在出口国购买设备之用，这也是提供出口信贷的一种形式。中国银行与英国曾在 1978 年签订过这样的协议，供我国进口机构用该项存款在英国购买设备，一般适用于中、小型项目。

第3节 买 方 信 贷

第二次世界大战后，在机械和成套设备贸易中，出口国的银行或金融机构，根据项目的性质，进口商的资信状况以及当时国际金融市场的具体情况，直接向出口商、进口商或进口商银行提供上述各种形式的出口信贷，以扩大本国的设备出口。在各种出口信贷形式中，使用较为广泛的当推买方信贷，其中出口国银行直接将款项贷给进口商银行的这一买方信贷形式，使用尤为集中。据统计，第二次世界大战后，特别是 70 年代以后，法国利用直接贷款给进口商银行这一买方信贷形式约占其出口信贷总额的 70%。可见，买方信贷这一形式是非常重要的，必须对此进行更深入的研究。

一、买方信贷广泛使用的原因

（一）买方信贷能提供更多的融通资金

卖方信贷与买方信贷在出口信贷中利用较多。从卖方信贷产生的历史来看，出口商首先以赊销或延期付款方式出卖设备，由于资金周转不灵，才由本国银行给以资金支持，即交易的开端首先从商业信用开始，最后由银行信用给予支持。最近 20 年来，国际上成套设备及大工程项目的交易增加，金额大，期限长，由于商业信用本身存在的局限性，出口商筹措周转资金感到困难，因此由出口商银行出面直接贷款给进口商或进口商银行的买方信

---

❶ ATP 为 Aid and Trade Provisison（援助和贸易法案）简称。为了鼓励银行发展长期固定利率贷款，政府用注入 ATP 资金的方式以软化贷款条件，从而降低出口信贷利率，延长出口信贷期限。

贷，迅速发展起来。买方信贷属银行信用，由于银行资金雄厚，提供信贷能力强，高于一般厂商，故国际间利用买方信贷，大大超过卖方信贷。

（二）买方信贷对进口方的有利因素

首先，采用买方信贷，作为买方的工业及外贸部门可以集中精力谈判技术条款（设备质量、效能、交货进度、技术指标等）及商务条件（价格或付款条件等）；而信贷条件则由双方银行另行协议解决。由于合同系按现汇条件签订，不涉及信贷问题，可以避免因信贷因素掺杂在内，使价格的构成混淆不清。

其次，由于对出口厂商系用即期现汇成交，在货价的确定上，舍弃利息因素的考虑，就物论价，而一般进口商对商品属性，商品规格、质量标准及价格构成又较熟悉，这就使进口厂商在贸易谈判中处于有利地位。

再次，办理信贷的手续费用系由买方银行直接付给出口方的银行，费用多寡由双方协商规定，与卖方信贷的手续费（由出口厂商直接付给出口方银行，但算进货价转嫁给买方）相比，较为低廉。

（三）买方信贷对出口方的有利因素

首先，使用卖方信贷方式时，出口厂商既要组织生产，按合同要求的条件组织交货，同时又要筹集资金，考虑在原始货价之上，以何种幅度附加利息及手续费等问题。而采用买方信贷，则系收进现汇，不涉及信贷问题，可以集中精力按贸易合同规定的交货进度组织生产。

其次，按照西方国家法律，如英国，工商企业每年要公布一次该企业的"资产负债表"。使用卖方信贷，在公布其资产负债表时，立即反映出企业保有巨额应收帐款，就会影响其资信状况与其股票上市的价格；而使用买方信贷则可避免出现这种情况。

再次，对于金额大，期限长的延期付款，影响出口商资本周转的速度。使用买方信贷，出口商交货后，立即收入现汇，加速其资本周转。

（四）买方信贷对银行的有利因素

买方信贷的发展也与出口商银行减轻风险的考虑及其新作用有关。一般讲，贷款给国外的买方银行，要比贷款给国内企业的风险相对小些，因银行的资信一般高于企业。故出口方的银行更愿承做买方信贷业务。此外，买方信贷的发展也是银行万能垄断者作用加强的必然结果。战后，银行新作用之一就是帮助企业推销产品，出口国银行提供买方信贷，既能帮助出口厂商推销产品，加强银行对该企业的控制；另一方面又为银行资金在国外的运用开拓出路。

由于买方信贷比卖方信贷更有利于进出口双方洽谈贸易，组织业务；以及由于银行新作用在二次战后的进一步加强，国际金融领域中买方信贷的使用，从60年代末开始，大大地超过了卖方信贷。

当然，买方信贷的发展，也不能完全排除卖方信贷的使用，因为卖方信贷本身毕竟还有一定的方便之处，这就是它牵涉的关系面少，手续较为简便；而买方信贷牵涉的关系面多，手续也较繁杂。所以有些进出口商在货价比较适合的情况下，也还采用卖方信贷。

二、买方信贷的一般贷款原则和条件

发达国家提供买方信贷的总原则一般是相同的，它是1978年西方工业国家在"官方支持出口信贷指导原则协议"中共同拟定的；贷款条件则不尽相同，它是由出口商所在地银行与进口商（或其所在地银行）在签订的买方信贷协议中分别确定的。

（一）买方信贷的贷款原则

（1）接受买方信贷的进口商只能以其所得的贷款向发放买方信贷国家的出口商、出口制造商或在该国注册的外国出口公司进行支付，不能用于第三国。因贷款利率低，政府补贴利差，扩大出口的实惠不能被他国所得。

（2）进口商如果要利用买方信贷，只能限于进口资本货物（Capital Goods），如单机、成套设备和有关技术和劳务等；一般不能以贷款进口原材料、消费品等。一些国家发放的买方信贷有时也允许用于进口非资本货物，如船舶、飞机、军用品、卫星站等，但要另行协议，另行规定条件。

（3）提供买方信贷国家出口的资本货物限于是该国制造的，如该资本货物的部件系由多国产品组装，则本国部件应占 50％ 以上；个别国家规定外国部件不能超过 15％；有的国家规定只对资本货物本国制造的部分提供信贷。

（4）贷款只提供贸易合同金额的 85％，船舶为 80％；其余 15％ 或 20％ 要付现汇。贸易合同签定或生效至少要先付 5％ 的定金，一般付足 15％ 或 20％ 的现汇后才能使用贷款。

（5）贷款偿还均为分期偿还，一般规定半年还本付息一次，还款期限有长有短。

（6）还款期限对富有国家为 5 年，中等水平国家为 8.5 年，相对贫穷国家为 10 年。

（二）买方信贷的贷款条件

（1）买方信贷所使用的货币。各国提供买方信贷所使用的货币不尽相同，大概有 3 种情况：一种情况是使用提供买方信贷国家的货币，如日本用日元，澳大利亚用澳元，比利时用比利时法郎，德国用德国马克；另外一种情况是提供买方信贷国家的货币与美元共用，不同货币采用不同利率，如法国、意大利、英国、加拿大。最后一种情况是使用美元，但也可用提供买方信贷国家的货币做贷款，如瑞典用美元，但也可用瑞典克郎做贷款。

（2）申请买方信贷的起点。进口商利用买方信贷购买资本货物都规定有最低起点，如所购买的资本货物的金额未达到规定的起点，则不能使用买方信贷。这一规定的目的在于促进大额交易之完成，扩大出口国资本货物之推销。各国对买方信贷规定的起点不尽相同，如英国向我国提供买方信贷的起点最初规定为 500 万美元，现出口合同金额必需超过 100 万英镑。

（3）买方信贷的利率与利息计算方法。买方信贷都低于市场利率，但各国不同，大致可分以下几种类型：

第一种是经济合作与发展组织国家的利率类型。O.E.C.D 国家的出口信贷利率又有两种形式：①是模式利率（Matrix Rate），它是由美元、英镑、法国法郎、德国马克和日元五种一揽子货币的政府长期债券利率加权平均而成的综合利率，每年 1 月 15 日和 7 月 15 日进行调整。由于上述五种货币除日元、马克外其它 3 种货币的利率普遍较高，所以模式利率水平近年来一直较高，1992 年 7 月 15 日以后已由前期的 9.2％，下调到 8.1％；②是商业参考利率（commercial Interest Reference Rate），它是由 O.E.C.D 国家各国的政府 5 年期以上债券利率，每月 15 日调整一次。由于它是单一货币利率，一旦某一货币利率下调，就可为借款人提供选择机会，也即某国的商业参考利率低于模式利率时，借款人即可选择该国货币的商业参考利率。模式利率与商业参考利率为 O.E.C.D. 国家出口信贷君子协议利率（Consensus Rate），并且都是固定利率，是最主要的出口信贷利率类型。模式利率已于 1996 年停止使用，只使用商业参考利率。

第二种是伦敦银行同业拆放利率（LIBOR）类型。买方信贷的利率按 Libor 收取，此利率高于 O.E.C.D 类型。日本用这种利率发放买方信贷，因日本政府对利差不予贴补。

第三种是加拿大类型。它是由加拿大政府自定，一般都高于 O.E.C.D. 低于 LIBOR。

第四种类型是美国类型。美国发放的买方信贷的资金一部分由进出口银行提供，一部分由商业银行提供，前者收取的利率较低，后者按美国市场利率收取。由进出口银行与商业银行提供资金的比例不定期地进行调整。目前，前者提供的比例为 42.5%，后者为 57.5%，由于美国市场利率较高，故其平均利率水平也高，竞争性较差。

与利率相关的利息计算方法，各国也不一样。如借取美元 1 年按 360 天计算；借取马克、日元 1 年按 365 天计算。按 360 天计算比按 365 天计算借入者将多付年率为 1.389‰ 的利息。1 年按 365 天计，年利率为 10%。如果按 360 天计，实际年利率则为 10.1389%。国际通用的计息时间为"算头不算尾"，即当天借款当天计算，还款当天不计息。

（4）买方信贷的费用。使用买方信贷除支付利息外，尚须支付管理费。费率一般在 1‰～5‰ 左右，有的国家规定在签订信贷协议后一次支付。有的规定每次按支取贷款金额付费。承担费，费率在 1‰～5‰，每 3 个月或 6 个月按未支用贷款余额计付一次，有的国家有时不收取承担费。信贷保险费，有的国家规定由进口商付，有的规定由出口商付，有的在信贷协议中规定由进口商银行付，费率一般为贷款金额的 2.5‰，法国的信贷保险费率较低，为 5‰。

（5）买方信贷的用款手续。出口商银行与进口商银行签订贷款总协议，规定贷款总额，一俟进口商与出口商达成交易，签订贸易合同需用贷款时，根据贸易合同向进口国银行申请，经批准后即可使用贷款。如我国使用英国、澳大利亚、挪威等国买方信贷的手续就是这样。

有的国家规定在签订买方信贷总协议之外，根据贸易合同，还签订具体协议，如我国使用加拿大、意大利、法国、比利时、瑞典的买方信贷时就是这样。

（6）买方信贷的使用期限与还款期。使用期限是指总协议规定的总额在何时以前应办理具体申请手续或另签具体贷款协议的期限。但一经办理申请获得批准或另签具体贷款协议，就应按批准的具体协议规定办理，不再受总协议限期的限制。

还款期根据进口设备的性质与金额大小而定，一般有 3 种类型：

单机一般在货物装船后 6 个月开始分期还款；但也有些国家按提单日期、支用贷款日期或合同规定的装运日期计算还款期。

有的国家规定成套设备按基本交货完毕或最终交货后 6 个月开始还款；有的规定按交接验收后 6 个月开始还款；也有的规定保证期满后 6 个月开始还款。

劳务一般按合同执行完毕后或分段执行后 6 个月开始还款。

第 4 节　如何用好买方信贷

我中国银行、中国进出口银行与其它有关银行，均与国外银行签有买方信贷总协议，在国内的国际工程承包商欲从国外引进设备，通过上述银行与国外签订的总协议，申请买方信贷，用以解决进口设备的资金需要。如承包商在国外注册，在国外是一个独立的法人组织，也可通过驻在地的有关银行，向买方信贷提供国的有关银行，申请借用买方信贷。在掌握好买方信贷的使用原则与贷款条件后，要想用好买方信贷，必须注意以下几个问题：

一、利用买方信贷进口设备的前提

（一）本币配套资金要落实

我国各地情况不同，上海地区每进口1美元的设备，要有5元人民币的配套资金。有了配套资金，才能建造车间、厂房和必需的国内配件，进口的机器设备才能形成生产力。如果配套资金未落实，机器进口后装配不起来，设备闲置，将造成极大浪费。国内有些单位在人民币配套资金尚未落实情况下就盲目进口设备的事例，这一点要引起重视。

（二）要落实偿还买方信贷的外汇来源

使用买方信贷，应按贷款协议的规定时间进行偿还。因此，偿还贷款的外汇资金来源一定要落实。

（三）必须对使用买方信贷所进口的机械设备进行周密的可行性研究

设备生产的产品应是国内所急需的，或需要进口的，或能出口创汇的；进口设备一定要具备较高的经济效益。

只有具备这三个前提，才能向中国银行与有关部门申请使用买方信贷。

二、在商务洽谈中注意与买卖双方银行取得联系

使用买方信贷，牵涉到进口商与出口商两方面的有关银行，具体到我国就牵涉到我中国银行与设备出口商所在国的有关银行，这个银行要与中国银行签有买方信贷协议；如承包商在国外为独立法人，在国外申请使用买方信贷，则承包商所在地银行一定要与设备出口商所在地有关银行签有买方信贷协议。所以在设备贸易洽谈过程中，一方面，要谈好使用买方信贷下的商务条件，同时要密切与双方银行的联系。

要具体注意以下几个环节：

（1）明确向出口商提出使用买方信贷，以便其向当局申请；

（2）出口商应按现汇报价，防止其一方面使用买方信贷，一方面又按延期付款的情况对我报价；

（3）贸易合同中要明确规定货价的85%由买方信贷提供，这一方面要进口商向有关银行与方面进行联系；另一方面说明我们是利用对方贷款来购买设备，而不是用现汇；

（4）出口商银行的确定，要与我国有关银行联系。如在国外申请要与国外有关银行联系。

三、签好贸易合同中的支付条款

与一般贸易合同中支付条件相比，在使用买方信贷下的支付条件中要特别订明4个问题：

（1）使用我国有关银行与出口商所在地的哪一家银行所签订的买方信贷来支付货款。

（2）货款金额怎样支付？多少用现汇？多少用买方信贷？

我国有关银行与外国银行签订的买方信贷总协议一般惯例是贸易合同生效后××天内付现汇定金5%，此后随同每次发运的设备货款再付10%现汇，而设备货款的85%，则由对方银行提供买方信贷。

上述支付办法符合一般国际惯例，只不过我们把现汇支付的次数加以分解并予以推迟，最后货款的15%由我进口公司支付现汇，货款的85%由对方提供买方信贷。兹举例如下：

进口设备 100 万美元，先交 5％现汇定金；随同每次发运设备货款再付 10％现汇，85％的货款由对方银行提供（见表 4-1）。

表 4-1

交　货　额	利用贷款（85％）	交付现汇（10％）
第一次　30 万美元	25.5 美元	3 万美元
第二次　30 万美元	25.5 美元	3 万美元
第三次　40 万美元	34 万美元	4 万美元
原交定金	…………	5 万美元
100 万美元	85 万美元	15 万美元

（3）支付现汇定金的时间。

现汇定金的支付时间有三种做法，进口公司可根据谈判情况予以确定：①贸易合同签字后××天付；②合同生效后××天付；③贸易合同生效后××天内审单无误后付。

（4）支付现汇定金所凭的单据。

防止现汇定金付出后，对方不履行贸易合同，所以必须等对方寄来一定的凭证或有关单据，我才支付现汇，以保证其履行合同。支付定金时，我应索要的单据有：对方的出口许可证副本或证明；出口方银行的保函；形式发票（Formal Invoice），作为我在外汇指定银行购汇的依据；汇票（其金额为支付定金的数额）。

四、签好贸易合同的生效条款

买方信贷下贸易合同的履行有赖于出口商有关银行提供买方信贷，如对方不能按期提供买方信贷，贸易合同就不能履行，所以贸易合同内应有合同生效从属于买方信贷协议生效条款，有的还加政府批准生效条款。在贸易合同中列明"上述政府批准手续和买方信贷协议必须在××天内完成，否则，合同无效"。

五、注意减少承担费与使用装运前信贷

签订一大型成套设备贸易合同后，如不立即全部提用贷款，则要支付承担费。如何减少承担费的支付，减轻设备进口的成本呢？以下的经验做法是值得注意的，就是在同一设备项目不同组成部分，交货期相距甚远时，应按不同交货期，分签贸易合同，分签具体的买方信贷协议，这样承担费的计收对我有利。

此外，有些国家提供的买方信贷也可用于出口商在设备装运以前所需要的周转资金，如果进口商提出，出口商所在地银行也可考虑提供。如果使用这部分资金，我进口单位与外国出口商在谈判初期就要商定，以便适当压低设备价格，要防止出口商利用这一部分低利贷款，但又不降低设备价款。

第 5 节　我国的出口信贷制度和做法

目前，所有的发达国家和一些发展中国家均给予国外进口商以优惠的出口信贷进口本国的设备，并对出口信贷给予国家担保。出口信贷的利差与出口信贷的风险，完全由国家负担，以利本国产品出口，加强海外竞争能力。为了改善我国的出口商品结构，扩大机电产品的出口，在国家有关政策的指导下，中国银行于1980年开办了出口卖方信贷业务，即对我国机电产品的出口单位发放政策性低利贷款；1983年曾试办过出口买方信贷，即对购买我国机电产品的国外进口商发放贷款。1994年我国成立了中国进出口银行，归口办理出口信贷业务的政策性银行，它除办理出口卖方信贷，出口买方信贷业务外，还将开展出口福费廷业务。如国内的承包商本身具有机械设备的生产能力，并具备外贸经营权，向国外业主或进口商提供机电设备时，也可使用我国进出口银行提供的出口卖方信贷，出口买方信贷和出口福费廷业务。现将这三种贷款业务的贷款对象、贷款条件、申请步骤和应呈交的材料分别阐述如下。

一、出口卖方信贷

（一）贷款对象

具有法人资格，经国家批准有权经营机电产品出口的进出口公司和生产企业。

（二）贷款范围

凡出口成套设备、船舶及其他机电产品，合同金额在100万美元以上，并采用1年以上延期付款方式的资金需求，均可申请使用。

（三）借款条件

①借款企业经营管理正常，财务信用状况良好，有履行出口合同能力，有可靠的还款保证并在有关银行开立账户；②出口产品一定属于机电产品或成套设备类型的；③出口产品在中国制造部分符合我国出口原产地规则的有关规定；④进口商以现汇即期支付的比例，原则上船舶贸易合同不低于合同总价的20％，机电产品和成套设备贸易合同不低于合同总价的15％；⑤出口项目符合国家有关政策和企业法定经营范围，经有关部门审查批准，并持有已生效合同；⑥出口项目经营效益好，换汇成本合理，各项配套条件落实；⑦合同的商务条件在签约前征得有关银行同意；⑧进口商资信可靠，并能提供银行可接受的国外银行付款保证或其它付款保证。

（四）贷款金额

最高不超过合同总价（或出口成本总值）减去定金。

（五）贷款利率

根据中国人民银行有关规定，执行优惠利率。

（六）申请贷款应提供的报表和资料

①正式书面申请；②填交有关表格和用款、还款计划；③借款单位近3年的资产负债表和损益表；④有关部门对出口项目的批准书；⑤出口项目可行性报告；⑥出口合同副本；⑦贸易合同副本；⑧投保出口信用险的意向书或保单；⑨还款担保书或抵押协议。

有关银行受理借款单位申请后，按银行规定的贷款条件进行贷前调查和评审，经过银行的项目评审委员会审批同意后，银行与借款单位即签订书面贷款合同。

二、出口买方信贷

（一）贷款对象

有关银行认可的国外进口商或进口商的银行。

（二）贷款范围

贷款限于购买中国的成套设备、船舶或其它机电产品。

（三）贷款条件

使用买方信贷的贸易合同，应具备以下条件：①设备贸易合同金额不低于100万美元；②成套设备的中国制造部分不低于70%，船舶不低于50%，否则适当降低贷款金额；③船舶合同进口商以现汇支付的比例不低于贸易合同总价的20%，成套设备合同不低于15%；④贸易合同必须符合双方政府有关政策规定，取得双方政府颁发的进出口许可证及进口国外汇管理部门同意汇出本息及费用证明；⑤根据中国人民保险公司的规定，办理出口信用保险。

（四）贷款金额

船舶项目不超过贸易合同总价的80%，成套设备项目不超过85%。

（五）贷款期限

自贷款协议签订之日起至还清贷款本息之日止，一般不超过10年。

（六）贷款利率

根据优惠原则，参照经济合作发展组织（O.E.C.D）出口信贷利率水平确定。

（七）费用

除利息外，并收取管理费与承担费。

由于银行发放出口买方信贷涉及面广，牵涉的关系人多，有关银行虽将贷款最终直接贷放给国外的进口商或进口商的银行，但不能离开国内设备出口商的居间主动安排工作。为便于国外进口商或其银行使用好我国的出口买方信贷，以促进我国出口单位的机械设备出口，有必要掌握向有关银行申请出口买方信贷的步骤，和应交送的材料和报表。申请出口买方信贷的一般步骤是：

（1）出口单位与国外进口商洽谈设备贸易合同时，如欲使用我国有关银行提供的买方信贷，则应先将贸易合同的主要情况提交有关银行。

（2）有关银行初审贸易合同合格后，出具发放买方信贷意向书，以便国内出口商与国外进口商进行贸易合同的具体谈判。

（3）拟使用买方信贷的进口商银行或国外进口商在进出口双方商谈贸易合同的同时向我有关银行提出使用买方信贷的申请，并提交下列有关资料：

1）借款人的法定地址、名称；

2）借款人近期的资产负债表、损益表；

3）贷款的用途、还款计划等和我有关银行要求提供的其它文件。

（4）若我有关银行同意受理贷款申请，并准备同借款人签订贷款合同之前，我国的设备出口商应根据我有关银行的规定，办理以有关银行为受益人的出口信用保险。

（5）出口的设备项目经有关银行的项目评审委员会通过，才与借款人签署贷款合同。

三、出口福费廷业务

如上所述，我国进出口银行最近还试办出口福费廷业务。福费廷业务的运作程序及与一般贴现业务的区别已在第 2 节中详加论述，在此不再重复。现主要将我国机械设备出口商为通过中国进出口银行做福费廷业务的程序与步骤简要介绍于下，以便运用衔接。

（1）在机械设备贸易中，如欲采用福费廷形式，国内设备出口单位应事先同中国进出口银行取得联系，将交易的有关情况，如进口商名称，进口商所属国别、合同金额、延付期限、开证行、承兑行或担保行、预计签订合同时间、预计交货时间等等，书面提交给中国进出口银行。

（2）中国进出口银行在审查上述资料及情况后，如认为可行，则提交给设备出口商一个参考的折现率报价，以便出口商测算出口合同的设备报价。

（3）设备出口单位向中国进出口银行提交正式委托书，委托出售福费廷交易中进口商开出并加担保的本票（或出口单位开出，经进口商承兑并加担保的汇票）。

（4）中国进出口银行向设备出口商提交购买票据的正式报价。

（5）设备出口商同意中国进出口银行报价，应给予正式书面答复，并提交有关合同副本，信用证副本，提单副本以及汇票或本票。

（6）中国进出口银行将买断票据款划拨给设备出口商帐户。

四、三种出口信贷形式的比较

出口卖方信贷，出口买方信贷和出口福费廷都是促进我国机电仪出口的信贷方式，对我国设备出口单位来讲，究竟选择哪种方式对他们更有利呢？这就有必要分析一下各种方式本身的特点及其利弊。

（一）出口卖方信贷

出口卖方信贷的贷款条件与做法对出口商有利方面是：①贷款利率固定，对出口商来讲无利率波动风险；②贷款利率受有关部门贴补，低于市场利率；③由于出口单位与本国发放信贷银行办理手续，情况易于掌握，手续相对简便。

对出口单位不利方面为：①贷款条件比较严格；②由于以延期付款方式出卖设备，故存在汇率波动风险；③由于存在着较大金额的应收未收帐款，恶化了资产负债表的状况，不利于出口单位的有价证券上市；④贸易合同的设备货价与筹资成本混在一起，不利于贸易合同的商务谈判。

（二）出口买方信贷

出口买方信贷对出口商的有利方面是：①设备贸易合同的付款条件为即期付款，不利于出口单位资产负债表状况的改善，有利于出口单位汇率波动风险的减缓；②贷款合同与贸易合同分别签订，有利于出口单位核算设备货价成本，集中精力执行商务合同；③贷款利率分为模式利率与商业参考利率，出口单位结合实际情况，选择的余地较大，有利于降低借款成本。

对出口单位不利方面为：①发放贷款的起点较大（100 万美元），不利于我国工艺技术水平较低的中小设备项目的出口；②出口单位要投保出口信用险，保险费费率根据进口商（或银行）所在国家不同，费率高低也不同，从而增加了出口单位的成本开支；③贷款手续繁琐，牵涉到当事人多，国际资金融通的法律问题也较复杂；④贸易合同能否顺利签订与执行对贷款合同的签订与执行的依赖程度较大。

（三）出口福费廷

出口福费廷的贷款条件对出口单位的有利方面是：①票据及时卖断，有利于出口单位免除信贷风险与外汇风险；②有利于出口单位资产负债表状况的改善，有利于它的有价证券上市；③融资银行买断票据的起点和出口单位出口的商品无严格明确的规定，使出口单位有较大的灵活性，有利出口市场的开拓。

对出口单位的不利方面：①费用较高；②交货时间与贸易合同签订时间相距较长，融资银行难以报出折现率，出口单位难于进行准确的对外报价；③融资银行一般不愿接受5年以上远期票据的买断。

思　考　题

1. 试述出口信贷的概念和特点。
2. 试述卖方信贷的内涵与做法。
3. 试述买方信贷的内涵与做法。
4. 指明买方信贷与卖方信贷的共同点与不同点。
5. 试述买方信贷的主要贷款原则与条件。
6. 具体说明买方信贷的偿还办法。
7. 使用外国银行发放的买方信贷要注意哪些问题？
8. 一般而言，在出口信贷的各种形式中，进口商使用哪种形式的出口信贷，成本最低？为什么？

第5章 抵押贷款

国际工程承包商在国外可以通过动产或不动产进行抵押，从银行取得资金融通。银行发放有物权担保的贷款，较一般信用担保的贷款利率低，但手续较为繁琐，各国对此均有不同的法律规定。作为国际房地产开发商或投资商如我国的中国建筑工程公司，在国外经营房地产业务，更有必要熟悉不动产抵押贷款的操作程序与法律规定，以维护本身的利益，降低筹资成本。

第1节 物权担保与抵押贷款

一、国际信贷业务中的担保形式

在国际信贷业务中，贷款人（无论是银行、国际金融机构或政府部门）为保证自己发放的贷款能按贷款协议的规定及时得到清偿，常常要求借款人自己或第三者提出担保。如果借款人违约或到期不能还本付息，则由担保人承担清偿责任，以求债务得到清偿。

国际信贷业务中的担保可分为两种形式，一种为信用担保；一种为物权担保。信用担保是指借款人自己或第三者以自己的资信作为偿还贷款债务的保证；物权担保是指借款人自己或第三者以他们的资产或权益作为偿还贷款债务的保证。信用担保的形式有保函、意愿书以及备用信用证等；物权担保的形式主要以不动产、动产和有关权益作为偿还贷款债务的保证；有些国家的银行体系中，还要求借款人以不动产、动产、有形资产、无形资产以及专利权、版权等价值不断变动的资产与权益进行担保。

应客户的要求，向客户的债权人提供信用担保并收取担保费，是银行国际业务的一项重要内容，属或有负债业务，但不属银行的直接信贷业务；而银行发放贷款时，要求客户或客户的关系人提供物权担保，则是银行信贷业务中一项最重要的内容。

二、抵押贷款与物权担保

（一）抵押贷款与物权担保的关系

物权担保是银行或其他金融机构发放各种抵押贷款时，由借款人自己或第三者提供的一种担保形式，并构成抵押贷款的一项重要内容；抵押贷款则必须以物权担保为前提，并在物权担保下构成一种具体的贷款形式。抵押贷款指贷款人将借款人的资产作为发放贷款的物上担保。如果借款人违反贷款协议，贷款人享有优先于其它债权人直接处理抵押品并以其所得的价款用以清偿借款人对其欠债的权利。

（二）抵押贷款对银行的意义

根据抵押法律的内涵与效力，银行发放抵押贷款较其他贷款有两个最大的优点：第一，借款人以资产作抵押从银行取得贷款，虽然转让了其财产所有权，但根据各国法律规定，一般并不转移资产的使用权，借款人仍可使用其资产进行生产，以使用该项资产的收益来清偿贷款；第二，贷款银行一般无需直接保管和利用该项抵押资产，而仅仅以抵押资产的价值接受担保。一旦借款人发生违约事件，贷款银行有权变卖抵押品，以卖得的价金，享有优先清偿的权利。

（三）抵押贷款的类别

按抵押品的性质来划分，银行发放抵押贷款有三种类型：即不动产抵押贷款，动产抵押贷款和浮动设押。

1．不动产抵押贷款

不动产主要指土地、建筑物、土地使用权、营建中的楼宇等。借款人以不动产作抵押从银行取得贷款即为不动产抵押贷款。在银行的国内业务中，不动产抵押贷款业务占较大比重；在国际融资业务中，西方国家法律一般不禁止外国人对不动产拥有所有权或用以抵押，但有些国家则采取不同程度的限制。当前，国际上叙做的项目贷款，项目单位常以其不动产作抵押，从外国银行取得贷款。目前跨越国界的房地产经营开发，也常以不动产作抵押，从外国银行取得贷款。

2．动产抵押贷款

动产抵押贷款是指借款人以自己或第三者的动产作抵押从银行取得的贷款。动产可分为有形动产（Tangible Movables）和无形动产（Intangible Movables）两种。前者如船舶、航空器、设备、商品和存货等；后者如合同、特许权、股票及其证券、应收帐款、保险单和银行存款帐户等。由于动产抵押较不动产抵押灵活方便，所以，在国际信贷业务中前者多于后者。

3．浮动设押（Floating Charge）

这是英联邦银行体系所特有的抵押贷款方式。它主要是借款人以其全部有形资产、无形资产、应收帐款和专利权等作抵押，从银行取得贷款。其主要特征是抵押标的物的价值不断变动，故曰浮动设押。只有在特定的情况发生时，如借款人违约时，抵押标的物的价值才能确定。

三、抵押贷款下抵押权的特点

借款人以动产或不动产作抵押，这种动产或不动产就成为设定了抵押权的动产或不动产。尽管这种动产或不动产的占有不转移，仍保留在借款人手中使用，但如果借款人违约，则贷款人有权处理该抵押的动产或不动产，变卖后以其价款，清偿借款人对贷款人的债务。伴随抵押物的抵押权具有以下四个特点：

（一）从属性

抵押权的成立和执行，都是以贷款的债权存在为前提。债权存在是第一性的，抵押权是第二性的。如果债权消失。则动产或不动产标的物的抵押权也随之消失。所以，抵押权从属于贷款债权。

（二）随附性

随附性主要指抵押权通常随贷款债权转移而转移。例如，一笔抵押贷款从一家银行转让给另一家银行，则伴随贷款的抵押权也随之转移。

（三）物上代位性

物上代位性指抵押贷款的标的物若变化为其它价值形态，则抵押权的效力也施行到已变了形态的抵押标的物。例如，借款人以正在营造中的房屋作抵押从银行取得贷款，则随建造楼房层次的增高，抵押权的效力也施行到已增高的楼层建筑。

（四）不可分性

不可分性是指使用抵押标的物的全部来担保贷款债权的各部。因此，如果贷款债权一部分得到清偿而不复存在，则抵押标的物的全部仍应担保尚未清偿完毕的部分贷款的债权；抵押标的物的各部用以担保贷款债权的全部，即当一部分抵押标的物灭失，尚存的抵押标的物仍然担保全部贷款债权，即使债权的一部分已被转让，转让人和受让人仍按其债权份额，共有同一抵押标的物。

（五）优先受偿权

抵押权的主要特征是以抵押标的物变卖后取得的价款来清偿贷款人（即抵押权人或发放贷款的银行）的贷款债权。抵押权人对抵押标的物变卖后的受偿，优先于其它无抵押权的债权人。

四、抵押贷款的作用

第一，由于贷款人对抵押标的物变卖后的价金具有优先受偿权，故抵押贷款使贷款人的信贷风险大大减缓。

第二，抵押权的设立可以限制借款人任意多方举债而影响借款人今后的偿债能力，保障贷款银行能够得到清偿。

第三，抵押权的设定可使国际融资的债权人与国内融资债权人处于平等受偿地位。因借款人在国内借款多设立物权担保，如果他在国外借款不设立抵押，仅凭信用担保，则国外银行未来的受偿地位将次于借款人的国内其它债权人，使国外贷款人处于不平等的受偿地位。

第四，借款人以其易于取得的资产作为抵押标的物，向银行借入抵押贷款，可以避免以信用担保取得贷款须提供本企业各项财务状况报告的要求，以不暴露本企业的商业秘密（有时抵押贷款也要求借款人按期提供其财务报表）。

第2节　不动产抵押贷款

一、不动产抵押贷款的主要形式

银行发放不动产抵押贷款有以下几种形式：

（一）商业不动产抵押贷款

商业不动产抵押贷款主要是指对公寓、写字楼、店铺、餐馆、大型酒店、汽车旅游旅馆和一般旅馆作为抵押而发放的贷款。这种贷款对银行风险较大，为防止房地产市场价格波动风险，保障银行利益，银行发放此种贷款的金额常为不动产价值的70％左右，利率也比一般优惠利率高。

（二）工业不动产抵押贷款

工业不动产抵押贷款是指以制造设备或仓库之类的工业企业的不动产作为抵押标的物的贷款。这种贷款比商业企业使用的不动产抵押贷款具有更大的风险。因为工业企业的不动产专供特定产品制造上的需要，而商业企业的不动产一般适用于各种行业的需要，易于改造。借款人如果违约，银行在变卖工业企业不动产以便得到清偿，存在较大风险。所以银行发放工业企业不动产抵押贷款金额与不动产市场价值的折减率较商业不动产抵押贷款高。

（三）农业不动产抵押贷款

在银行抵押贷款业务中，农业不动产抵押贷款所占比重甚低，一般市郊银行发放这种贷款,大商业银行对此兴趣不大。

（四）以营建中的房屋作抵押的贷款

有人将前三种不动产抵押贷款列为直接不动产抵押贷款,而将正在建造中的房屋作抵押的贷款列为间接不动产抵押贷款。随着房地产开发与经营的蓬勃发展,目前这种间接不动产抵押贷款在西方各国银行以及国际融资业务中普遍盛行。现将这种抵押贷款的一般做法与主要关系人的职责介绍如下:

（1）间接不动产抵押贷款人的关系较多,主要有贷款银行、借款人、监理师、承包商、保险公司等。

（2）贷款金额根据房屋建造完工所需的营造费用与成本确定。

（3）借款人一般为房地产开发商或经营商。

（4）贷款拨付的时间根据各阶段工程完工的进度确定。

（5）接受贷款拨付的人是建筑工程的承包商。承包商根据工程计划的进度、完工的实际情况以及经过监理师签字的凭证从银行领取应拨付的贷款金额。监理师签发的凭证确认承包商完工进度和情况与建造工程计划规定的要求完全相符。没有监理师签字凭证,银行是不向承包商拨付贷款金额的。

（6）监理师是代表借款人即房地产开发商或经营商的利益,监督承包商按建筑设计和预定时间完成进度计划和工程质量标准,监理师一般由高级工程技术人员担任。

（7）为保障贷款银行的利益,正在建筑中的房屋要向保险公司投保,并随建筑完工面积或楼层的逐步增加,投保的标的物也不断增加。保费由借款人支付,而保险赔偿金的受益人则为贷款银行。

（8）房屋未建成前借款人可以预售将要建成的房屋,预售款项由贷款银行设立专门帐户保管,这也是抵押担保的一种形式,是借款人偿还银行贷款的保证。目前,我国有些企业在国外,如美国、德国、加拿大、日本、泰国以及香港地区经营房地产,均用这种间接不动产抵押贷款形式。

（五）美国的住宅贷款

美国的住宅贷款是指借款人用于购置住房的贷款,主要有以下3种形式:

1. 联邦住房管理局住房贷款

联邦住房管理局住房贷款是指那些由美国联邦住房管理局保险的住房贷款。借款人对于这种贷款须每年按尚未偿还的贷款平均余额支付规定的保险费。这项保险费专款存储,作为互助抵押贷款保险基金。当借款人违约时,即由贷款银行将贷款转让给联邦住房管理局。换得基金项下所持有的债券或规定的现金。

2. 退伍军人管理局住房贷款

退伍军人管理局住房贷款是指那些美国退伍军人管理局保证的住房贷款。办理这种住房贷款时,合格的退伍军人可以由该管理局担保,向银行借得规定数额的单身住房贷款。银行因借款人违约而蒙受损失时,可以按规定从该管理局获得补偿。

这两种住房贷款,由于受到国家法令的限制,银行一般不乐于办理。

3. 传统住房贷款

传统住房贷款是指那些既无保险又无法定机构担保的抵押贷款。这种住房贷款比上述联邦住房管理局住房贷款和退伍军人管理局住房贷款具有以下几个主要优点:①利率按贷款供求情况自由变动；②贷款手续简便；③服务成本低；④处理较快。

二、不动产抵押贷款的发放程序

要了解银行发放不动产抵押贷款的程序，首先应了解西方国家的土地与物业制度。

众所周知，西方国家的土地一般均为国家所有，私人只有在政府批准的租期内使用土地的权利。这种土地使用权由政府部门的土地管理机构发给地契加以证明。土地使用期限称为租期，各国规定的租期不尽相同。有的国家规定某些土地租期期满不能续租，有些则可以续租；有的国家规定土地租用期限较长，有的则较短。批准使用土地要一次性地缴付一定的地价，此外每年再交付一定的地税。如果使用土地租期届满后可以续租的，续租时因该地段环境等各方面条件改善，地价上则须调整，每年交付的地税也可能大幅度增加。所以，借款人的土地租期对房地产价款非常重要。

物业权即房产或楼宇的所有权。房契是房产或楼宇的所有权凭证。有些房产的整幢大楼属于同一业主，大多属房地产商。他们建成楼宇后将承租权转让给小业主，小业主是共同承租人（Common Tenant），审查房契即可查明谁是真正的房产所有人。

了解以上基本情况后，再来分析银行发放不动产抵押贷款的程序。

（一）申请

借款人呈交申请不动产抵押贷款的表格，经过有关部门审查后，提交银行放款审查会评议，决定是否接受申请所列的借款条件，如借款方式、金额、利率、还款办法等。

（二）审查房地契基本情况

1. 审查地契有关情况

①地契转让是否完整和连续，抵押人的姓名或名称与地契、房契的名称是否相符；②地契租期，可否续租、续租年限，估计要补缴的地价或要调整的地税；③地契与办抵押的土地地址是否相符等；④图样、面积和每英尺市价；⑤有否以前办过抵押的资料；⑥目前用途（因政府土地管理机构在批出土地时已指定用途，如土地使用情况与批准的指定用途不符合，土地有被收回的危险）。

2. 审查房契的主要内容

①订约日期，买卖双方的姓名；②官批年期，是否可以续期；③买卖价格；④土地房产管理当局的登记号码、建筑物坐落地段的门牌号码；⑤附图、面积、街道、方向等；⑥买方依政府规定是否已缴地税，卖方负责售出前之税项。

（三）函告借款人

银行如同意向借款人发放贷款，则以函件列明贷出款项的金额、贷款形式、偿还办法、手续费并要求借款人将用以抵押的房地产向保险公司投保火险或其他险别；并在函件中指明这些条款的最后确定，应以正式签订的贷款协议内容为准。

（四）签订贷款协议前的准备工作

银行有关人员与借款人草拟贷款协议，一般常确定利率水平、调整利率的周期和贷款形式等，借款人将草拟贷款协议的文本，随同用以抵押的房契、地契凭证交贷款银行的律师。

（五）签订不动产抵押贷款协议

银行指定的律师收到有关的契据并去土地房产管理机构验证核实之后，即可正式签订抵押贷款协议。贷款协议签订后，律师以书面通知贷款银行说明已将抵押贷款协议送土地房产管理机构注册登记，登记凭证待取回。接到律师通知后，贷款银行即可开始发放贷款。

三、不动产抵押贷款协议的一般条款和主要信贷条款

（一）一般条款所包括的主要内容

（1）签约日期、抵押人和银行的名称和地址；如抵押人担保第三者借款时，应写明借款人姓名和地址。

（2）写明土地地契的号码、坐落地段、年期等，并声明抵押人对协议中所列的房地产有完全的主权。

（3）抵押人将有关产业转让与银行作为借款的保证，至借款还清后，即有权要求赎回该房地产。

（4）写明借款金额或额度，并说明借款偿还的形式，是整借整还，亦或分期偿还。

（5）抵押系继续抵押担保（Continuing Security），该担保不因借款人内部组织变更或抵押人死亡而受影响。

（6）在贷款期内，银行有权要求借款人提前偿还贷款，但须1个月前通知借款人；如借款人提前偿还须征得银行同意。

（7）贷款利率、付息时间和利率调整周期。

（8）抵押人未征得银行同意，不得将所押房地产再度抵押他人。

（9）抵押人无拖欠本息或无违背贷款协议条款时，享有出租该不动产并获得其收益的权利。

（10）抵押人应支付一切房地产税及应付的其他费用；如抵押人不付而由银行垫付，则垫付款项视同借款，同由抵押品担保。

（11）抵押人应向银行指定的保险公司投保火险等。

（12）抵押人声明批租合约有效性，所订条款均已履行，每年应付地税等签约时已付清。

（二）信贷条件所包括的主要内容

1. 贷款金额按不动产价值的一定比率来确定

不动产抵押放款，并非按100％不动产价值发放，一般按不动产价值的一定比率发放。银行根据不动产所处的地点和地段、建筑物的类型和用途、建筑物的易售性和借款企业的偿债能力等因素，来确定发放贷款金额与不动产价值的比率。其中，建筑物的类型、地点、地段是影响不动产是否易于销售的重要因素。多种用途的房屋作为抵押物要比单一用途的房屋有较大的吸引力，因它的易售性强。除这些因素外，法律上的规定也有较大的影响。如美国的州银行关于不动产抵押放款比率由各州的法律加以规定；国民银行关于不动产抵押贷款比率则由国民银行法、联邦储备法和通货总监加以规定。国民银行根据发放不动产抵押贷款的期限与偿还年限的不同，分别按不动产价值的 50%、$66\frac{2}{3}\%$ 或 90% 来发放贷款。其它国家并不完全如此，如日本有关银行在房地产市价高涨时，发放贷款金额曾为房地产值的 $110\%\sim125\%$，一般为不动产价值的 85%。以上主要指直接不动产担保贷款。间接不动产抵押贷款则视房屋建造所需费用和不动产担保外的其他担保形式的具体情况来确定。

2. 贷款期限

美国法律规定，国民银行的不动产贷款期限为25年，其余的一些银行的不动产贷款期限则为20年。以上系指直接不动产抵押贷款的期限，至于间接不动产抵押贷款的期限一般

在 1～5 年。

3. 利率和其它手续费

在美国，传统不动产抵押贷款利率一般根据各地竞争情况而定，而联邦住房管理局和退伍军人管理局的不动产贷款利率则由法令规定。除基本利息费用外，借款人还必须支付抵押不动产的检查和估价以及不动产所有权的调查和登记费。此外，大多数银行还收取创办费，这项手续费平均约为贷款金额的 1%。

四、不动产抵押权的登记

（一）登记及其作用

按西方各国法律规定，抵押贷款协议必须以书面形式作成，并由抵押人或其授权人签署，口头形式的要约一般在法律上无效。不动产抵押贷款协议签订后必须登记。各国的登记事项一般由土地或房屋管理机构负责。登记的作用在于：①登记后贷款人的抵押权才产生法律效力，即借款人如违约，贷款人行使抵押权，处理该抵押物，优先得到清偿；②登记后，贷款人才能对抗第三人，即其它债权人无权处理该抵押物。登记在许多国家虽非强制性的要求，然而未登记的抵押权在法律保护方面受到限制。

（二）登记的内容

登记的内容一般有：抵押的金额、抵押权人的姓名或企业名称；土地建筑物坐落的地点、面积；建筑物的规格和标准，建筑物或土地是否进行过抵押，抵押的连续性；土地使用权的租期及到期年限；土地使用权可否续租等。

五、不动产抵押的执行

（一）不动产抵押执行的内涵

在不动产抵押贷款业务中，借款人如违约，到期不能偿债，则抵押权人（即贷款人）根据法律规定或双方约定的方式，有权处理作为抵押的不动产，以使其债权得到清偿。这一过程即为不动产抵押的执行。

（二）不动产抵押执行的类型

按法律体系的不同，不动产抵押权的执行有两种类型：一种为大陆法系国家；另一种为普通法系国家。兹将两大法律体系不动产抵押的执行方式与过程分述如下：

1. 大陆法系国家不动产抵押的执行方式

（1）拍卖。拍卖是不动产抵押执行的最普遍的方式。拍卖可分为强制拍卖和私人拍卖（也称任意拍卖）两种。前者一般由法院执行；后者则由当事人执行。法院拍卖一般先由不动产担保权人向法院提出拍卖申请，法院审查认为合法，则发出强制执行许可令，抵押权人即可依据该许可令扣押抵押人（即借款人）的不动产。法院发出强制执行令后，随即开始准备有关拍卖事宜。一般都要在规定的地点张贴通知或刊登广告，载明抵押品拍卖的原因、时间、地点、抵押品所在地、种类、数量、拍卖的最低价格、交付价金的期限等内容。拍卖在成交后，受买人或应买人向法院缴足价金。拍卖所得价金一般先支付拍卖费用，然后清偿贷款本息。如有剩余，则归还借款人或抵押物所有人。在德国和日本，受买人或应买人在规定期限内不缴纳或不缴足价金，法院得命令再拍卖，则原受买人应负担其不足额和拍卖程序所花费用。

私人拍卖是当事人根据法律和贷款人的意思表示，以自己为拍卖执行人的拍卖。

法院拍卖或私人拍卖在有些国家可以委托拍卖行进行，但在某些国家某种类型的不动产只能由法院或当事人自己执行拍卖。

（2）代物清偿。代物清偿是指借款人不能到期清偿贷款，则不动产的所有权转移给贷款人，以代替用抵押物拍卖后的价金来清偿。在日本、瑞士、德国，当事人在抵押权设立之前或清偿期到期前所达成的代物清偿契约是无效的。但在清偿期届满后，当事人之间达成的代物清偿契约则是有效的，依此契约，借款人即失去了对抵押物的所有权。

（3）拍卖以外的处理方式。在某些国家，如德国的有关法律规定，允许贷款银行在其债权到期后，经借款人同意，用拍卖以外的方式处理抵押物。例如，贷款银行与抵押物的购买人按一般买卖方式成交，以成交价金清偿贷款银行的债权。但是这些方式不得损害其他抵押权人的利益。

2. 普通法系国家抵押权的执行方式

（1）占有。借款人在不动产抵押贷款协议期满，未能还本付息，贷款银行经过一定法定程序从不占有抵押物到实际占有抵押物的过程，即为占有。必须指出，这种占有必须经过法院允许其行使占有权的命令。没有这种命令，贷款银行是不能占有抵押物的，除非借款人自动放弃占有权。贷款银行之所以向法院提出占有申请，主要是为了控制和管理抵押物，以便将来拍卖时获得理想的价格。

（2）变卖。在英美法系国家，抵押权也可以变卖的方式执行。变卖有两种形式：一是拍卖，拍卖又可分为司法拍卖和私人拍卖。司法拍卖以法院为执行人，私人拍卖多以贷款银行为执行人；二是私下变卖。

（3）直接抵偿。当借款人到期不能偿债，并且贷款银行愿意以抵押物本身抵偿债权时，贷款银行可以向法院起诉，请求撤销借款人对抵押物的赎回权利。如果法院发出直接抵偿令，则贷款银行就获得抵押物的绝对所有权。在美国，直接抵偿必须以诉讼方式进行，其程序较复杂并费时，而且在直接抵偿令发出前，借款人仍有赎回抵押物的权利。即使在直接抵偿令发出之后，若法院认为这种做法不公平，还可以变卖令而代之。在美国，贷款银行也可向法院提出直接抵偿的申诉。如果借款人不提出抗辩，则法院发出直接抵偿令；如果借款人提出抗辩，则法院总是以变卖令而代之。

直接抵偿与占有的区别在于：占有令一下，借款人必须执行；但直接抵偿令下达后，借款人如有异议，可以抗辩，以变卖令而代之。必须指出，由于直接抵偿方式比其他执行方式限制更多，并且大部分国际融资的贷款人，希望得到的是现金，而不是不动产的所有权，所以国际贷款人很少诉诸这一手段。

六、不动产抵押权的优先顺序

（一）不动产抵押与优先顺序

在不动产抵押贷款的实际业务中，一项不动产价值较高，借款人以其作抵押，从某一贷款人处获得借款，但借款人第一次借款的金额大大低于用作抵押的不动产的价值。如果借款人再以该项不动产进行抵押，从另外一个贷款人处借款，第二个贷款人只要认为该不动产已抵押给第一个贷款人的尚余的价值，如在借款人违约的情况下足以抵偿其贷款金额，则可以接受已向第一个贷款人抵押过的不动产作为抵押的标的物。如果该项不动产已作过两次抵押的贷款金额仍然大大低于该项不动产的价值，借款人仍可以该项不动产向第三个贷款人商借抵押贷款，只要第三个贷款人愿意接受该不动产作为抵押标的物。以此类推。所以，在西方国家或国际间的融资业务中，借款人的一项不动产可以向若干个贷款人进行抵押（当然每个贷款人都要办理登记手续，以取得行使抵押权的法律效力）。如果借款人破产或违约，那么，同一不动产的抵押标的物的若干个贷款人如何行使抵押权呢？各贷款人如何得到清偿呢？

假若不动产抵押的借款人取得的贷款金额低于或等于设押的不动产市场价格，那么，借款人违约时，在若干个贷款人之间就不易引起争端。但是，在用作抵押的不动产市场价格低于抵押贷款金额，不可能以该不动产拍卖所得的价款满足各贷款人的贷款债权时，这就牵涉到谁先受偿，谁后受偿的问题，也就是不动产抵押权的优先顺序问题。

（二）实行抵押权的优先顺序原则

在西方国家不动产抵押贷款业务中，借款人以同一不动产作抵押，从若干个贷款人处取得贷款，在借款人违约或破产时，其清偿的优先顺序有以下3条原则：

1. "成立在先，权利在先"原则

所谓成立，一般以登记为准，哪个贷款人先履行了抵押登记哪个贷款人的贷款就先得到清偿；第二位登记的贷款人的贷款，只能以该不动产拍卖并清偿了第一位登记的贷款人的贷款后剩余价款来清偿；其后登记者以此类推。世界上绝大多数国家都按"成立在先，权利在先"的原则排列抵押权行使的优先顺序。日本、德国和瑞士民法以及英美等普通法系国家的不动产法都有如此规定。

2. "顺序升进"原则

即第一抵押权人得到清偿以后，第二个抵押权人原则上上升到第一个抵押权人的顺序，并可享受第一个受到清偿的顺序。法国、日本的法律均有此规定。

3. 固定抵押权顺序原则

所谓固定抵押权顺序原则就是第一个登记抵押权人得到清偿后，第二个登记抵押权人不一定上升到第一位，而是由借款人在其余的抵押权人中加以指定。被指定的抵押权人才上升为第一顺序的抵押权人。如德国民法就有如此规定。

第3节　动产抵押贷款

一、动产抵押贷款的类型

银行发放动产抵押贷款因划分的标准不同，大致有以下两大类型。

（一）按动产抵押品的性质划分

（1）有形动产抵押贷款，如以船舶、航空器、设备、商品存货等作为抵押品。

（2）无形动产抵押贷款，如以合同、特许权、股票及其他有价证券、应收账款、保险单等作为抵押品。

由于动产抵押品易于识别鉴定，转移方便，故在国际融资中使用得较不动产抵押品多。

（二）按动产抵押物的占有是否转移和对抵押物处理方式的不同划分

（1）非占有的抵押（也称质权）❶。即借款人以动产向银行抵押，抵押物仍保留在借款

---

❶　关于抵押与质权区分标准，各国法律规定不尽相同。有的国家法律规定占有权转移的动产抵押为质；占有权不转移的为抵押，如日本。有的国家以抵押物的性质来区分，抵押物为动产的无论占有权是否转移，均为质；若抵押物为不动产的，则为抵押，如德国。

人手中。如借款人违约，银行有权处理抵押品。

（2）占有性抵押（Charter Mortgage）。即借款人以动产向银行抵押，抵押物转移到银行，由银行占有。如借款人违约，银行有权处理抵押物。

（3）留置（Lien）。也是抵押的一种形式，即借款人从银行借款，以某种动产留置于银行。如借款人违约，银行不能处理留置物，而只能等借款人履约还款后，将留置物退还给借款人。

（三）动产抵押贷款的主要形式

1. 商品抵押贷款

借款人以其所持有的存货或商品的一部分或全部作为抵押物而从银行取得的贷款，称商品抵押贷款。这是银行向一般工商企业融通资金通常使用的贷款形式。

银行发放商品抵押贷款，一要评价借款人的偿还能力；二要确定发放贷款金额与商品的市场价值的比率（也即垫头）。首先垫头大小根据商品的易售性、易坏性和市场稳定性来确定；再次要办理登记手续；最后要责成借款人投保，保险的受益人应为贷款银行。

2. 应收帐款抵押贷款

国外不少银行，尤其是大商业银行都发放以应收帐款作为抵押的贷款。这种贷款一般都为一种持续性的信贷协定，即当旧的应收帐款收回时，新的应收帐款就又提供给贷款银行作为抵押。因此，这种贷款金额的大小，一般随借款企业应收帐款数额而变动。

银行发放这种贷款时，除考虑企业的资信外，首先要着重分析借款人应收帐款的质量和金额，如借款企业的销售客户的类型和信用等级，应收帐款的平均结欠时间，退货、拒付的概率，同时还需调查应收帐款的真实性等；其次，要确定这类放款的垫头，国外银行一般掌握在放款额占应收帐款金额的50%～90%左右。但绝大多数银行掌握不超过75%；最后，这种贷款除银行收取利息外，有时还收取一定的手续费，手续费一般为贷款金额的1%～2%。

3. 证券抵押放款

借款人以股票或债券作抵押从银行取得贷款，即称有价证券抵押贷款。银行发放有价证券抵押贷款首先审查有价证券的易售性。一般上市的证券比不上市的有价证券更易于出售；其次审查有价证券的等级。评级高的证券一般比评级低的证券在市场上更受欢迎；最后要确定有价证券抵押放款的垫头。有些国家，如美国对有价证券抵押放款的垫头，都有具体规定，根据经济高涨或停滞情况，不时地调整有价证券抵押放款垫头。对记名的有价证券要求借款人办理过户手续。

二、动产抵押贷款的登记与执行

（一）动产抵押贷款的登记

西方国家法律规定，动产抵押贷款协议，特别是非占有性的有形动产抵押贷款协议，必须以书面形式签订，大陆法国家如此，普通法系国家也是如此。至于占有性动产抵押协议，则视有形动产与无形动产而有所不同。前者一般要求书面形式协议；后者一般可无书面形式的协议。

对于非占有性抵押贷款和某些占有性抵押贷款均需经过登记手续，才具有法律效力，从而对抗任何第三人。美国统一法典规定，非占有性抵押应在规定地点提交财务报表（Financial Statement）并经登记后方才完善化（Perfection）；英国的公司法规定，以船舶、公司帐面债权、商誉、专利或专利许可证、商标、版权或执照等无形资产进行抵押，都应在抵押契约签订后 21 天内办理登记，上述财产若在英国境外，则在英国收到上述抵押证书后 21 天内进行登记。未经办理登记的动产抵押不能对抗破产公司的清理人和借款人的其他债权人，而且未经登记的抵押债权人的地位降为无抵押权的债权人。

（二）动产抵押权的执行

和不动产抵押权的执行相同，如果动产抵押的借款人违约，贷款人可以采取下列手段：

1. 占有

即在动产抵押贷款项下，借款人违约且贷款人贷款未受清偿时，贷款人经过一定的法定程序，从不占有动产抵押物到实际上占有动产抵押物的过程。

2. 变卖

变卖可以通过拍卖和私下变卖方式进行。拍卖可由法院执行，也可由贷款人执行，在德国、法国、美国等国家贷款人可从上述两种方式中选择一种。在日本，动产抵押权的执行按拍卖法进行即可，无需法院裁定确认或其他执行名义。贷款人执行拍卖一般通过拍卖行进行，其程序和拍卖价金清偿顺序与不动产拍卖相似。

私下变卖即由当事人之间达成协议以一般买卖方式进行，不受拍卖条件的限制，随时随地都可进行。动产私下变卖方式的采用较不动产私下变卖的采用更为普遍，因不动产价值高，价值评估的专业知识要求高，一般当事人不完全具备这些条件。

3. 代物清偿或直接抵偿

在大陆法系国家，贷款人可以在其债权清偿期届满后与借款人达成协议，取得对抵押物的所有权。

在普通法系国家，贷款人可以直接抵偿方式获得对抵押物的绝对所有权。按照美国统一商法典的规定，贷款人若请求直接抵偿，必须将此意愿通知借款人和其他有利害的关系人，如后者在通知发出后 21 天内未提出异议，即可以抵押物直接抵偿。如有异议，贷款人只能采取变卖措施来执行抵押权。

在动产抵押物情况下，采用直接抵偿方式较不动产抵押物的直接抵偿更为简便，因为许多无形动产是以支付凭证的形式出现，其本身就有可以代替现金抵付债务的性质，即使有形动产也便于贷款人控制和使用。因此，在国际融资中，贷款人更倾向于以直接抵偿方式执行动产抵押权。

三、动产抵押权的优先顺序

和不动产抵押权一样，同一动产，借款人设立若干个抵押。如借款人违约，在各贷款人之间也有一个优先顺序问题。根据西方国家法律规定，动产抵押权的清偿顺序视以下情况不同，各有不同规定：

（一）占有性动产抵押权的优先顺序

经过登记的占有性动产抵押权，按"登记在先，权利在先"的原则，确定优先清偿顺序。

（二）非占有性动产抵押权的优先顺序

非占有性动产抵押，一般国家都需登记，所以也按"登记在先，权利在先"的原则，确定优先清偿顺序。

（三）占有性动产抵押权和非占有性动产抵押权的优先顺序

一般原则也是"成立在先，权利在先"。例如，借款人先以非占有的动产抵押形式从贷款人处取得借款，然后又用同一动产以占有性抵押形式从另一贷款人处取得借款，则前一贷款人贷款的清偿地位优先于后者，反之亦然。

（四）动产抵押权和其它权利的优先顺序

动产抵押权优先于其它一切无物权担保的权利。

第4节 浮 动 设 押

一、浮动设押的概念与内涵

浮动设押是抵押贷款的一种形式，即借款人为从银行取得贷款用以抵押的资产既可包括有形资产，也可包括无形资产，既可包括工业产权，也可包括知识产权，而且这些资产的价值是不固定的，是浮动的。

浮动设押的标的物包括借款人的地产、资财、商誉、权益、收入和所有书面的和其它债权；未收资本、各种专利、专利申请、注册商标、注册商号名称、注册设计、版权及与许可证有关的现在或将来给予借款人的收益，均在浮动设押的范围内。

二、浮动设押的产生与发展

浮动设押最早产生于 19 世纪的英国，即借款人以其某一种资产或将来一定能够得到的资产作担保，从银行取得融资的一种方式。后来这种方式在一些国家得到普及。目前在英国、美国、加拿大、新西兰、澳大利亚等国的融资业务中广泛运用。在美国，统一法典规定了"浮动留置"（Floating Lien）非公司的借款人也可设立。但在英国，公司之外的个人或合伙组织不能采用浮动设押。

在英联邦国家和一些拉丁美洲国家，因为与英国银行在金融投资业务联系紧密，这些国家的企业和法人组织采用浮动设押进行融资较为广泛，承认浮动设押的效力。在某些拉丁美洲国家，认为浮动设押的标的物范围过广，易受银行控制，至今仍不愿接受浮动设押这一融资方式。在西欧，除英国外，如德国、荷兰等国，只将浮动留置作为契约式的惯例加以运用，并没有这方面的立法。在法国，一般公司均接受浮动设押这一融资方式，但设押范围将存货和应收帐款剔除在外。在香港地区，浮动设押融资较为广泛，我国不少驻香港企业利用这一方式进行项目融资。

三、浮动设押的特点

（1）借款人提供的抵押物无论是现在所掌有的或者将来将要掌有的，无论是动产还是不动产，都在设押范围之内。

（2）浮动设押范围内有的标的物的形态经常变化，如货币资本可转化为生产资本，生产资本又可能转化为商品资本。

（3）浮动设押生效后，借款人在日常业务中对设押资产仍享有处分权。当某些资产经转让而发生所有权的变化，这些资产就自动退出投押的范围，当事人无需采取解除措施。浮动设押资产的价值实际上仅限于浮动设押范围明确后的资产。

（4）浮动设押资产的价值在借款人业务经营过程中是经常变动的、浮动的，但最终其价值是要固定的。一旦某种特定事件发生（如借款人违约或破产时），贷款人就可确定原设押范围内资产的当时价值，这时这些资产价值就固定了，以当时固定了的设押范围内资产的价值来清偿对贷款人的负债。

（5）和其他抵押贷款一样，浮动设押也需登记。浮动设押登记后，贷款人一般不准借款人再以其资产向另外贷款人进行抵押。在浮动设押贷款协议中，常订有"借款人不能随意再以设押范围内资产进行抵押"的条款。

（6）浮动设押贷款，特别在项目融资中，常设有一特殊的关系人，即财产管理人（Receiver）。财产管理人由贷款人指定，行使贷款人所作的规定与决定，监督设押范围内资产的使用情况。一旦借款人违约，财产管理人可接管受押范围内的所有资产及其所孳生的收入，作为偿还贷款的来源。如借款人借取资金为完成某一项目，当借款人违约时，财产管理人也可进行融资，以保证项目按期完工。

四、国际抵押贷款的法律适用

（一）土地抵押的法律适用

一般规则是有关土地抵押的一切问题都受土地所在国的法律支配。这些问题主要包括土地抵押的效果、优先顺序规则、抵押权的转让和执行等。

（二）有形动产抵押的法律适用

在有形动产中的静止物体，如库存商品、停泊的船只等进行抵押时，受静止物体所在地的法律支配。有形动产中的流动物体，如行驶中的船舶、飞行中的航空器、运输中的集装箱等，受该船舶或航空器的旗帜国法律所支配。

（三）无形动产抵押的法律适用

无形动产种类繁多，法律运用问题比较复杂，有的受当事人所选定的法律支配，有的受权利转让地的当地法律所支配，视无形动产形式而定。

思 考 题

1. 试述不动产抵押的执行。
2. 指明下列名词之间的共同点与不同点：
   Mortgage，Charter mortgage，Pledge，Lien
3. 试述浮动设押的内涵及对借款人的利弊。
4. 试述不动产抵押权登记的意义与作用。
5. 试述间接不动产抵押贷款的关系人及其职责。
6. 西方国家实行不动产抵押权顺序有哪些原则？
7. 试述不动产抵押执行的类型。
8. 试述不动产抵押贷款协议的主要信贷条件。

第6章 政 府 贷 款

早在第二次世界大战以前，国际融资渠道中就有一种政府贷款提供给借款国，用于特定项目的开发，二次大战以后，发达的工业国家和高收入的发展中国家在向有关国家提供政府贷款的同时，还直接或通过国际多边机构向有关的发展中国家提供官方发展援助，如财政援助、技术援助、项目援助等等。这种政府贷款与官方发展援助在发展中国家利用外资中占有重要地位，掌握政府贷款和官方发展援助的性质、特点、形式、条件和申请程序对搞好国际工程各阶段、各环节的融资，节约营造成本具有重大的现实意义。

第1节 政府贷款的概念、性质和作用

一、政府贷款的概念

政府贷款是指一国政府利用财政或国库资金向另一国政府提供的优惠性贷款。

政府贷款是以国家政府间的名义提供与接受而形成的。贷款国政府使用国家财政预算收入或者国库的资金，通过列入国家财政预算支出计划，向借款国政府提供贷款。因此，政府贷款一般由各国的中央政府经过完备的立法手续批准后予以实施。政府贷款通常是建立在两国政府政治经济关系良好的基础之上的。

二、政府贷款的性质

政府贷款是具有官方经济发展援助性质的优惠贷款。

联合国贸易发展会议1983年第六届贸发大会决议，发达国家向发展中国家提供的官方援助，应占其国民生产总值（GNP）的0.7％。在1985年或不迟于80年代后半期，即1990年，应将其国民生产总值的0.15％给予最不发达国家。

经济合作与发展组织原规定，可为发展援助项目提供结合援助的信贷，其赠予成分可分为：15％以下；15％以上；25％以上三档。1987年7月，经济合作与发展组织将赠予成分标准从25％提高到30％；1988年6月又将赠予成分标准提高到35％。

因此，按照国际惯例，优惠性贷款必须含有25％、30％或35％以上的赠予成分。

三、赠予成分的概念和计算公式

（一）赠予成分的概念

赠予成分（Grant Element——GE）是根据贷款的利率、偿还期限、每年偿还次数、宽限期和综合贴现率等数据，计算出衡量贷款优惠程度的综合性指标，即按贷款面值的赠予因素所占百分比。

经济合作与发展组织的发展援助委员会（Development Assistance Committee——DAC）对于贷款"赠予成分"定义是：贷款的最初票面价值与折现后的债务清偿现值的差额，通常以百分比表示之，即该差额占贷款面值的百分比[1]。按其英文版定义为：The Grant

---

[1] 世界银行1985年世界发展报告中文版第78页。

Element is the excess of the loan's face value over the sum of present values (at market rate of interest) of all repayment, expressed as a percentage of the face value. The market rate is by convention assumed to be 10%. (World Development No. 4, Vol. 11, 1983. p. 335) 中文译文为：赠予成份系指贷款面值超过偿还总额按市场利率折成现值的差额，以占贷款面值的百分比表示。市场利率按惯例假设为10%。

这样，政府贷款的利率越低，偿还期限越长，宽限期越长，其赠予成分也就越大。"赠予成分"有时亦称"捐助成分"。

衡量政府贷款是否具有优惠性质以及其优惠程度的大小应以测算其"赠予成分"的百分比是否超过25%，30%或35%才能确定。

（二）赠予成分的计算公式

国际上通用的赠予成分计算公式，是经济合作与发展组织的发展援助委员会所规定的公式：

$$CE=100\times\left(1-\frac{R/A}{D}\right)\left[1-\frac{\dfrac{1}{(1+D)^{AG}}-\dfrac{1}{(1+D)^{AM}}}{D\ (AM-AG)}\right]$$

式中　GE——赠予成分；

R——贷款的年利率；

A——每年偿付次数；

D——贷款期内每年市场综合贴现率，一般按综合年率10%计算；

G——宽限期，即第一次贷款支付期至第一次还款期之间的间隔；

M——偿还期（以年计算）。

在实际计算时，对于市场的综合贴现率D均应除以每年偿付次数A。

按此公式计算：无息贷款，宽限期10年，偿还期30年，每半年还款1次，其赠予成分是82.65%；年利率3%的贷款，宽限期5年，偿还期20年，每半年还款1次，其赠予成分是46.25%；年利率3.25%的贷款，宽限期3年半，偿还期13年，每半年还款1次，其赠予成分是35.16%；年利率4%的贷款，宽限期3年，偿还期13年，每半年还款1次，其赠予成分是30.32%；年利率5%的贷款，宽限期5年半，偿还期10年，每半年还款1次，该项贷款的赠予成分是25.26%。

政府贷款的赠予成分，均应超过25%或30%或35%，因而属于具有国际经济官方发展援助性质的优惠性贷款，亦可称为软贷款。

鉴于各国出口信贷货币不一，市场利率不同，统一用一个固定的10%的贴现率来计算赠予成分就不尽合理。经济合作与发展组织对于贴现率分两步进行了改革：

第一步：从1987年7月开始，实行区别贴现率（Differentiated Discount Rate——DDR）。计算方法按市场商业参考利率（Commercial Interest Reference Rate—CIRR）和10%的固定贴现率平均作为区别贴率。计算公式为：

$$DDR=\frac{CIRR+10\%}{2}$$

第二步：从1988年7月开始，计算区别贴现利率的方法，改为从固定10%的贴现率减去市场商业参考利率除以4，然后再加上商业参考利率即为区别贴现率。计算公式为：

$$DDR = \frac{10\% - CIRR}{4} + CIRR$$

四、政府贷款的作用

政府贷款具有优惠性质，利率比较低，偿还期限又比较长。在两国政治外交、经济关系良好时期，进行双边之间的政府贷款，容易为双方政府所接受而达成协议。它的作用在于：

（1）扩大提供贷款国家的商品输出。

提供政府贷款的国家，除现汇贷款以外，在支付贷款时，一般都规定必须用以购买提供贷款国家的资本货物、技术和劳务，从而提供扩大贷款国家的产品出口，特别是机电设备等资本货物的输出，有利于其国民经济的复苏与繁荣。

（2）带动提供贷款国家的资本输出。

20世纪80年代的中后期以来，西方发达国家在提供政府贷款的同时，常常结合其发放的出口信贷同时使用，亦即提供政府混合贷款。这样就以官方政府贷款来带动出口信贷的发展，从而为其民间资本寻找生路，扩大该国的资本输出。

（3）促进使用贷款国家的经济发展。

政府贷款是低息、长期的优惠性软贷款，借入成本较低，对于使用贷款国家的资源开发、基础设施建设、生产的发展、工业水平的提高、出口创汇能力的增强、促进整个国民经济的发展，均能起到一定的作用。

（4）增进提供和使用贷款国家双方政府之间的经济贸易技术合作与友好关系的发展。

五、影响政府贷款的因素

政府贷款既然是一国政府利用国库财政资金向外国政府提供的优惠性贷款，必然受到下列各种政治、经济因素的影响与制约。这些因素是：

（一）双方政局是否稳定；两国外交关系是否良好

政局的稳定与外交关系的良好，是提供与使用政府贷款的基础。提供贷款与借入贷款国家的政局基本上处于稳定或者趋于稳定的局面，这是进行政府贷款的前提。如果提供贷款国家的政局不稳定，则很难对外提供政府贷款。

提供贷款与借入贷款两国政府相互之间的政治、外交关系良好，信念准则的异同与差距，也是影响提供与增减政府贷款的重要因素。

（二）提供贷款国政府的财政收支状况

国家财政收支状况良好时，该国政府所能提供的政府贷款可能多一些；而当该国政府财政收支状况恶化时，可能提供的贷款就会少一些。但是，实行赤字财政政策的国家，即使预算赤字很大，也仍然对外提供一定额度的政府贷款。

除财政收支以外，也有的国家按照国民生产总值来确定对外经济援助和官方信贷的规模。

（三）提供贷款国的国际收支情况

一国向外国提供优惠性的政府贷款，就会影响其国际收支状况，因此，当一国的国际收支状况良好，国际收支顺差并拥有相当的外汇储备时，则可能提供的贷款就会多些；反之亦然。

（四）借款国使用政府贷款的社会经济效益

政府贷款虽然属于低息或无息的长期优惠贷款，但是关键仍在于借款国政府对该类贷款的运用是否得当。如果项目选得准，贷款运用得当，项目建设速度快、质量好、管理水平高，社会经济效益明显，促进了国民经济增长，则借款国借入的政府贷款就会有所增加，贷款国也愿意提供贷款。否则，政府贷款不但难于增长，反而会相对缩减。

第2节　政府贷款的机构、种类和条件

一、政府贷款的机构

政府贷款是利用国家财政资金进行的借贷，一般均由政府的财政部或者政府授权的经济部、外交部主管，也有通过主管部由政府设立的专门机构办理。各国情况不同，现在选择几个主要的国家的政府贷款机构分述如下。

（一）美国国际开发署（Agency for International Development—AID）

它是根据美国 1961 年"对外援助法"（The Foreign Assistance Act of 1961）成立的，隶属美国国务院，代表美国政府专门办理对外开发援助和政府贷款的半独立机构。总部设在华盛顿特区。美国国际开发署在 60 多个国家中设有派出机构。

（二）日本海外经济协力基金（Overseas Economic Cooperation Fund—OECF）

它成立于 1961 年，是专门办理日本政府向发展中国家提供开发援助和双边政府贷款的机构，受辖于日本政府经济企划厅，其总裁由内阁总理大臣任命。该组织已在世界 16 个国家的首都设立了代表办事处。

（三）科威特阿拉伯经济发展基金会（Kuwait Fund For Arab Economic Development—KFAED）

它是按照科威特国第 35 号法律，于 1961 年成立的官方金融机构，是当前发展中国家中提供双边政府贷款的主要机构之一。

（四）德国复兴信贷银行（Kreditanstalt Fur Wiederaufbau—KFW）

建于 1948 年，是根据公共法建立的银行，总部设在法兰克福，资本 10 亿马克（合 5.15 亿美元），其中 8 亿马克来自联邦政府，2 亿马克来自州政府。KFW 是一个具有政治和经济双重性质的银行，一方面它通过提供投资贷款和出口信贷及提供担保促进德国经济发展；另一方面它自己贷款或根据政府援助计划赠款给发展中国家。它的官方职能是由德国政府联邦经济合作部授权的。

（五）法国经济财政预算部的国库司和对外经济关系司（Ministere de Economie des Finances et Budget, Direction Du Tresor, Direction Des Relations Economiques Exterieures）

（六）挪威国际开发署（Norwegian Agency for Development Cooperation—NORAD）

它成立于 1968 年，原隶属于挪威发展合作部（Ministry of Development Co-operatin）。自从 1990 年 1 月挪威发展合作部与外交部合并以后，挪威国际开发署遂成为一个独立的机构。

二、政府贷款的种类

政府贷款可以概括为六种：按照是否计算和支付利息可以分为无息贷款与计息贷款；按照贷款使用支付的标的不同义可分为现汇贷款、商品贷款和与项目相结合的贷款；按照政府贷款与出口信贷相结合支付使用则有政府混合贷款。

（一）无息贷款

这是最优惠的贷款，不必计算和支付利息，但要收取一定的手续费，一般不超过1％。

（二）计息贷款

这种贷款必须计算和支付利息。它的利息率都比较低，年利率一般在1％～3％左右。除贷款利息之外，有时也规定借款国须向贷款国政府支付不超过1％的手续费。

（三）现汇贷款

系指贷款国政府向借款国政府提供可以自由兑换的货币的贷款，由借款国根据自己的需要予以使用。还款期内借款国须偿还同种可自由兑换的货币。在支付利息和手续费时，亦使用同种可自由兑换的货币。

（四）商品贷款

是指贷款国政府向借款国政府提供规定品种数量的原材料、机器、设备等商品，计价汇总作为贷款。至于商品贷款是以货物偿还还是以可自由兑换货币偿还，由双方协商确定。

（五）与项目相结合的贷款

是指贷款国政府向借款国政府提供为双方协议的建设项目所需的整套原材料、机器设备、设计技术图、专利许可证和专家指导、人员培训、劳务技术服务等，计价汇总，作为贷款额度。至于该笔贷款是用货物偿还还是用自由兑换货币偿还，两国政府间根据情况有不同的规定。

（六）政府混合贷款

是指政府提供的低息优惠性贷款或者政府提供的无偿赠款与出口信贷相结合使用而组成的一种贷款。它是由于国际贸易市场竞争激烈，西方贸易保护主义盛行，经济合作与发展组织成员国家内部矛盾重重，特别是从1982年起，官方支持的出口信贷利率一再调高，最高时曾达到年利率10.7％，有时其至与国际市场利率形成倒挂的局面，越来越不利于西方国家产品的出口竞争。因此，西欧国家利用经济合作与发展组织君子协定中可以与出口信贷结合提供部分援助或赠予的规定，开始考虑以提供部分赠款或政府贷款与出口信贷结合使用的手段，达到既降低原出口信贷利率，增加产品出口，缓解本身经济困难，又能发展与借款国的财政合作关系。

三、政府贷款的条件

政府贷款的贷款条件主要有以下5项：

（一）政府贷款的标的

政府贷款的标的应该是货币金额，而且常以贷款国的货币表示，有时也以第三国货币表示。它是每笔政府贷款规模的标志。但贷款金额实际使用与支付的标的，又可以不同方式表示，即：可自由兑换货币，明确贷款货币名称与金额；某些种类商品的数额及其计价货币总值；某些建设项目的名称，生产经营规模及其所需资金总额。

（二）政府贷款的利息与利率

政府贷款既可以无息，即不必计算与支付利息；又可以计息，但利率较低，年利率一般在1％～3％左右，当然个别也有高达5％者。按规定政府贷款赠予成分应高于25％，甚至高于35％，因此，它的贷款利息率不宜再高。

（三）政府贷款的费用

政府贷款中的无息贷款或者低息贷款，有时规定应由借款方向贷款方支付一定百分比的管理费，或称手续费，常按贷款总额计算，在规定的时期内一次性支付。管理费率有0.1％、0.4％或0.5％几种，一般不应超过1％。

对于计息的政府贷款，有时还规定应由借款方向贷款方支付一定百分比的承担费。多数国家提供的政府贷款不收取费用。

（四）政府贷款的期限

政府除免付利息或低息等优惠外，贷款的期限较长。政府贷款的期限属于中、长期贷款，一般为10年、20年、30年甚至长达50年。

政府贷款的期限均应在贷款协议中明确规定。贷款期限具体划分如下：

（1）贷款的用款期（Availability Period），或称支款（提款）期（Drawdown Period），即使用贷款的支付期限，一般规定为1～3年，有的长达5年。

（2）贷款的宽限期（Grace Period）亦称恩惠期，即贷款开始使用以后只支付利息而不偿还本金的期限，一般规定5年、7年或者10年。这种定义方法将贷款的用款期包含有宽限期内。另一种定义方法是将贷款的用款期排除在宽限期之外，即最后一次支款或用款期结束之日至第一次还款日之间的间隔时间，一般为5～10年。

（3）贷款的偿还期（Repayment Period），即还款的期限，一般规定从某年开始在10年、20年或者30年之内，每年分2次偿还贷款本金并支付应付利息。

（五）政府贷款的采购限制

政府贷款虽属优惠性质，但它毕竟要为提供贷款国家的政治、外交和经济利益服务。政府贷款中，除很少使用的现汇贷款外，对于商品贷款或与项目相结合的贷款，通常规定采购限制条件。

（1）借款国借入贷款，必须用于购买贷款国的资本货物、技术、商品和劳务，从而带动贷款国的货物和技术劳务的出口。

例如，经济合作与发展组织下属的发展援助委员会共有17个发达国家成员国，1977年提供政府间双边贷款约44亿美元，其中没有任何采购限制的约15亿美元，约占1/3；具有部分采购限制的达11亿美元，仅占1/4；具有全部采购限制的达18亿美元，占2/5强。80年代以来，西方国家对贷款的采购限制逐渐有所放松，美国、英国、德国、日本等国均同意以贷款支付部分当地费用。

（2）要求借入贷款的国家以公开的国际招标方式或者从经济合作与发展组织其他成员国以及发展援助委员会所规定的发展中国家和地区的"合格货源国"进行采购。这是采购限制放松、采购地区扩大、采购方式更具有竞争性的条件。

（3）使用政府贷款时，可以结合使用贷款国一定比例的出口信贷。这样，既可带动贷款国民间金融资本的输出和商品输出，又可获得使用出口信贷时进口国应付的15％～20％的现汇收入。

四、政府贷款的特点

首先，政府贷款是以政府名义进行的双边政府之间的贷款，因此，往往需要经过各自国家的议会通过，完成应具备的法定批准程序。

其次，政府间贷款一般是在两国政治、外交、经济关系良好的情况之下进行，是为一定的政治、外交经济目的服务的。

再次，政府贷款属于中、长期限无息或低息贷款，具有援助性质。

最后，政府贷款一般要受到贷款国的国民生产总值、国家财政收支与国际收支状况的制约。因此，它的规模不会太大。

第 3 节　主要国家的政府贷款和官方发展援助

一、政府贷款与官方发展援助

（一）官方发展援助的由来和内涵

第二次世界大战后，美国为促进原西德和日本的战后经济恢复，曾以马歇尔计划和占领地区救济基金的形式，向这两个国家和欧洲多国提供大量的经济技术援助，以达到其所追求的战略目的。50 年代后，许多新兴的发展中国家建立，他们面对原殖民主义遗留下来的物资匮乏，资金短缺的局面，急需国际官方资金加以支持帮助；而美国以及 50 年代后经济得到恢复，实力得已加强的西方国家，为加强其对发展中国家的政治影响与联系，促进本国对原殖民地区的商品输出与资本输出，以获取这些国家的矿产资源与初级产品，也愿意向这些国家提供促进其经济生产发展的官方援助。但是，在 70 年代以前，各国提供官方援助的概念与内容并非十分明确，条件与标准也不尽统一。直至 1969 年经济合作发展组织下属的发展援助委员会在其"援助财政条件和方式的补充建议"中，才第一次提出官方发展援助（Official Development Assistance，ODA）这一概念。到 1972 年，该委员会通过的援助条件建议中对官方发展援助的内涵作了较明确的三条规定：①包括中央和地方的政府部门及其执行机构向发展中国家和国际金融机构提供的援助，这里所说的国际金融机构包括本书第 7 章将介绍的国际开发协会等全球性和区域性的国际金融机构；②以推动发展中国家的经济和社会发展为主要目的，这就是说向发展中国家提供军火武器之类的援助，不能列入官方发展援助；③赠予成分占 25％以上，这就是说将具有 25％、30％或 35％以上赠予成分的政府贷款也包括在官方发展援助的范畴之内。

根据上述的规定与内涵，可以概括地说：发达国家或高收入的发展中国家向发展中国家或多边国际金融机构提供的赠款，或赠予成分在 25％以上的贷款均应视为官方发展援助或国际发展援助。

这种官方发展援助在联合国的有关会议与文件中对发达国家都做出过规定。如在"联合国第二个发展十年国际发展战略"中规定，发达国家每年应从其国民生产总值中拿出0.7％作为官方发展援助资金，提供给发展中国家。但除极少数发达国家外，多数发达国家，如美国和日本至今仍未达到这一标准。

（二）政府贷款与官方发展援助的关系

综上所述可以看出，政府贷款属于官方发展援助或者国际经济援助的一种贷款类型，但不是全部。两者关系密切，你中有我，我中有你。如具体分析可以看出，他们之间的相同点是，都用国家财政资金向其他国家提供，一般都需经提供贷款国家的议会立法程序批准。两者的不同点是：双边的或通过多边机构发放的，国际官方发展援助或者经济援助，既可以是全部无偿赠予的，也可以是赠予成份高于 25％、30％或 35％的有偿借贷；政府贷款不是全部无偿赠予，而是优惠性的有偿借贷，即本金必须偿还，利息按双方协议的规定既可无息，也可低息。此外政府贷款是以一国政府的名义直接向外国政府提供的贷款，也叫双边的直接贷款；而官方发展援助或国际经济援助可以直接给予一国政府，也可以通过国际金融机构向某一国政府提供。

（三）官方发展援助的形式

官方发展援助或国际经济援助从是否直接提供给受授国的角度来划分则有双边或多边之分。如一国利用财政资金向另一国提供各种援助则为双边援助；如通过多边机构而向某一发展中国家提供的则为多边官方发展援助。如从援助的具体形式来划分则有贷款和赠款两种形式，贷款的具体形式，前节已作说明，不再重复；赠款的具体形式主要有：①技术援助；②粮食援助；③债务减免援助；④紧急援助等。

在上述各种援助形式中的技术援助与国际工程融资的关系最为密切，因为技术援助的主要内容有：向受援国提供项目的考察、勘探和可行性研究；向受援国提供物资设备；为受援国培训各项专门人才、技术人员及接受研究生、留学生等，以及兴建厂矿企业，水利工程、港口、码头等各种示范项目等等，而这些援助内容可以不同程度地满足国际工程项目的准备、执行、监督、管理阶段中的资金需要。

二、美国的政府贷款与官方发展援助

（一）美国对外援助法

美国的对外援助是根据其有关立法进行的，由总统掌握，纳入国家预算。1948 年美国国会通过《对外援助法》，成为对外经济技术援助的法律依据。美国《对外援助法》的实施，除同其它有关立法协调配合外，美国国会还制定一系列派生的立法，作为实施的补充手段。

（二）美国对外援助的种类

美国对外援助是按援助的条件和对受授国的要求进行分类的。基本类别分为：转让援助、信贷援助和其它援助 3 大类。

（1）转让援助。这类援助是在 3 大类中条件最为优惠的，具有一定的赠予性质。但往往也附有一定的条件，而且多半是政治性的条件。转让援助包括军事援助和经济援助。经济技术转让援助，主要是农产品处理的援助（包括有解救饥荒、紧急救济和有关食品的运输费用等）和和平队援助等项。

（2）信贷援助。这类援助多属于政府间低息长期贷款协议项下的经济援助。贷款以美元提供和偿还。接受贷款援助的国家限于较为贫困的发展中国家，并需在一定年限内偿还，通常是有利息的，但比商业信贷优惠。利息率的高低基本上取决于两国政府的关系，相互的需要程度和当时国际金融市场的利率水平等因素。

（3）其它援助。这类援助包括通过国际金融机构的投资贷款；在农产品援助项下对受援国拖欠应偿付的本金、利息或其他开支的延缓支付援助。

（三）美国国际开发署对外提供的贷款与援助种类

（1）开发援助（Development Assistance）。其目的在于促进欠发达国家和地区的经济发展。

（2）安全防务援助（Security Supporting Assistance）。主要是为了促进某些对美国安全具有重要意义的国家和地区的经济和政治稳定。

（3）用于和平项目的食品出口 Food For Peace Program）。旨在扩大和发展美国农产品出口市场并且帮助世界上缺粮地区。

（4）国际灾害援助（International Disaster Assistance）。用以补救外国因自然灾害带来

的损失。

（5）私人和自愿组织项目（Priyate and Voluntary Organization Program）。旨在向从事改善国外人民生活水平的私人和自愿组织提供援助。

（6）住宅担保项目（Housing Guarantee Program）。向美国私人投资者提供担保，促进他们向有益于友好国家低收入家庭的住宅项目提供贷款。

美国国际开发署的开发援助贷款又可分为与项目结合的贷款和非与项目结合的贷款。美国《对外援助法》对国际开发署贷款的基本条件规定为：贷款利率前 10 年最低为 2％，其后则是 3％；贷款期限最长不超过 40 年；宽限期在 10 年以内。政府机构借款，不要求担保；私人机构借款则要求借款国政府提供担保。对于借款国使用贷款的采购限制，货物供应者与劳务提供者的国籍均应是美国。借款国的采购文件、投标人的选择以及最后合同的达成，都必须经国际开发署批准。

三、日本的政府贷款与官方发展援助

（一）日本政府贷款机构

日本政府主管对外经济援助的部门有外务省、大藏省、通商产业省和经济企划厅。对外经济援助的政策和重要项目须在内阁会议上共同协商确定，并作出决策。日本政府对发展中国家进行经济援助的执行机构是成立于 1961 年 3 月 16 日的"海外经济协力基金"（以下简称"基金"），并划归日本政府经济企划厅领导。"基金"成立初期，仅对日本企业提供一般贷款和投资，对发展中国家政府和企业提供延期付款的间接信贷。从 1966 年起，才对发展中国家提供直接贷款。

日本政府规定，自 1975 年 7 月 1 日起，凡贷款的赠予成分超过 25％者，属于"基金"的业务范围；赠予成分在 25％以下的贷款则属日本输出入银行的业务范围。此外，日本国际协力事业团（JICA—JAPANESE INTERNATIONAL COOPERATION ASSOCIATION）也授命执行日本政府双边的对外开发援助，但主要是办理无偿资金援助和技术援助。

（二）日本对外经济援助与合作的形式

日本对发展中国家的经济援助与合作，按其性质可分为 3 类：

第一类是官方发展援助。它必须符合下述 3 个条件：

（1）应通过政府或政府的有关代理机构，提供给发展中国家和国际机构；

（2）主要是为了促进发展中国家的经济发展和福利事业；

（3）必须属于优惠性质，赠予成分不得低于 25％。

第二类是其它官方资金。主要类型有：

（1）赠予成分低于 25％而不够优惠的官方相互交易，或者虽有 25％或以上的赠予成分但主要目的是促进日本的出口；

（2）政府及中央金融机构以国际金融市场条件所取得的由银团发行的债券。

第三类是民间资金。是由民间部门以出口信贷、海外投资等形式所提供的资金。

图 6-1 所示为日本对外经济援助形式与执行机构图

日本对发展中国家经济援助最重要的形式是官方发展援助。它可分为两类：

一类是多边援助，即通过向国际机构（联合国开发组织、世界银行、地区性开发银行）提供这种援助。

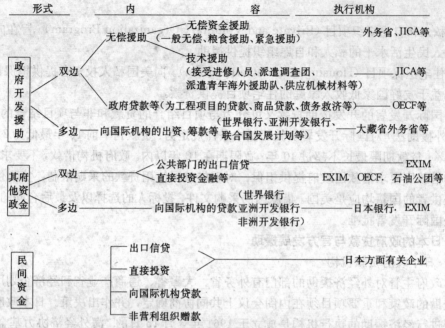

注：EXIM指日本输出入银行，OECF指海外经济协力基金，JICA：指日本国际协力事业团。

图 6-1　日本对外经济援助形式与执行机构图

另一类是双边援助，约占日本官方发展援助总额的 2/3 。双边援助的形式又可分为 3 种：

（1）贷款。由"基金"实施。既可以直接贷给某国政府或政府代理机构，又可以向日本企业提供资金用于在发展中国家的合作项目。

日本对外国政府提供贷款的种类有：

1）与项目结合的贷款。提供给动力、交通、电信、工业、农业、社会公共事业等行业的特定开发项目为采购设备材料、技术服务等必需的资金；

2）设备供应贷款。主要提供国家开发计划中特定部门和地区开发项目为采购设备所需资金；

3）商品贷款。提供为进口各种双方同意的商品所需资金；

4）两步贷款。通过发展中国家的开发金融机构，向某项开发计划提供的资金；

5）技术服务贷款。提供为工程准备阶段咨询服务（包括可行性研究的修改和补充以及采购标书的准备工作）所需的资金。

（2）无偿援助，即赠款。由日本国际协力事业团归口负责。

无偿援助指无偿资金援助。它包括：一般无偿援助，是对发展中国家难于得到贷款的开发项目（如建医院、培训中心、购买卡车或公共汽车等）提供所需资金；粮食援助，即向发展中国家提供为进口食品所需的资金和提供以增产粮食或提高农业生产能力为宗旨的粮食生产援助；紧急援助，指救灾的赠款。

（3）技术援助，亦属于无偿援助，也由日本国际协力事业团归口负责。

技术援助分 4 种：①接受受训人员；②派遣技术人员；③提供设备；④工程项目援助。

四、德国的政府贷款和官方发展援助

（一）德国政府贷款机构

德国政府对发展中国家提供经济援助的主管机构是德国政府经济合作部，该部成立于1961年。在此之前，则由德国政府经济部和外交部兼管对外经济援助工作。经济合作部是主管机关，具体执行机构则为隶属该部的复兴信贷银行或称重建银行和技术合作公司。

（二）德国政府贷款的两种形式

1. 资本援助

资本援助是德国对外经济援助的主要部分，一般是采取提供优惠贷款方式，主要用于受援国的基础设施（如交通、能源、电讯）、农业（如农、林、渔、牧业）、工业（如食品、制糖、纺织、化肥）、社会设施（如供水、学校）等方面。资本援助贷款由"复兴信贷银行"具体提供。贷款货币均使用德国马克。资本援助贷款根据受援国经济发展程度的不同，划分为以下4种类型，分别提供不同条件：

第一类国家是每人平均年国民生产总值低于100美元的最贫穷的发展中国家。从1978年起对这类国家只提供无偿赠款，不再提供贷款。

第二类国家是因1973年石油价格上涨而受影响最大的发展中国家。对这类国家提供最优惠贷款，贷款利率为0.75%，贷款期限为50年（含宽限期10年）。

第三类国家是较发达的发展中国家，对这类国家提供的贷款，利率为4.5%，贷款期为20年（含宽限期5年）。

第四类国家是不属于上述3种类型的其它发展中国家。对这类国家提供的贷款，利率为2%，贷款期为30年（含宽限期10年）。

资本援助贷款一般是根据受援工程项目的进展情况分期支付。原则上，受援国没有使用贷款向德国采购物资设备的义务；但实际上，德国政府提供的经济援助贷款中，有3/4用于从德国采购进口物资设备。

2. 技术援助

一般采用无偿赠予方式。这种援助是帮助受援国掌握某工程项目的技术，以便受援国尽快地得以独立经营。技术援助由技术合作公司具体办理。

（三）德国提供双边经济援助的简要程序

发展中国家先向德国政府提出申请，申请国须提供有关本国经济形势、财政、金融、外贸、国际收支以及外债等方面的情况资料。

申请提出后，德国政府委托复兴信贷银行或技术合作公司进行审查，并实地考察，了解申请国经济结构、发展前景、受援项目对申请国经济的作用等。

审查完毕后，上述机构向政府提出审查报告和具体意见，以便两国政府签订意向书，确定援助项目的具体内容。

德国政府批准援助项目后，复兴信贷银行或技术合作公司即与受援国签订贷款协议或技术援助协议。复兴信贷银行或技术合作公司要对贷款或赠款的专款专用和工程项目的整个进程进行监督。

像下一章所要讲到的国际金融组织发放贷款要经过几个过程一样，德国政府向受援国提供与项目相结合的援助也要经过上述简要过程，一般称为项目周期（Project Cycle）。为加深对各个过程具体业务内容的掌握，现将德国复兴信贷银行的项目周期图如图6-2所示。

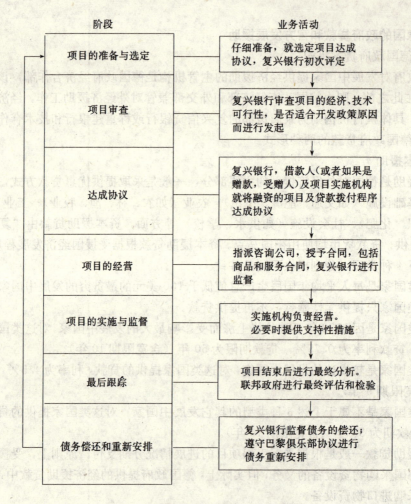

阶段	业务活动
项目的准备与选定	仔细准备，就选定项目达成协议，复兴银行初次评定
项目审查	复兴银行审查项目的经济、技术可行性，是否适合开发政策原因而进行发起
达成协议	复兴银行，借款人（或者如果是赠款，受赠人）及项目实施机构就将融资的项目及贷款拨付程序达成协议
项目的经营	指派咨询公司，授予合同，包括商品和服务合同，复兴银行进行监督
项目的实施与监督	实施机构负责经营。必要时提供支持性措施
最后跟踪	项目结束后进行最终分析。联邦政府进行最终评估和检验
债务偿还和重新安排	复兴银行监督债务的偿还；遵守巴黎俱乐部协议进行债务重新安排

图 6-2　德国复兴信贷银行项目周期

第 4 节　政府贷款实施的一般程序

从事项目开发或建设的发展中国家，根据本国政府与外国，特别是发达国家或高收入的发展中国家政府的外交和国际经济合作情况向外国政府申请政府贷款，以满足项目建设的资金需要。因此，工程项目建设的关系人应对政府贷款的实施程序有所了解，有所掌握，以便与贷款国配合协调，做好每一程序，各个环节应做的工作。政府贷款实施程序一般如下：

（1）由借款国选定贷款项目，并与贷款国进行非正式的会谈。在借款国向贷款国提出项目贷款的请求前，借款国申请项目贷款的单位应与该国的有关主管部门一起共同协商并选定需要贷款的备选项目，备选项目确定后，由借款国政府的有关主管部门与贷款国政府的有关主管部门进行非正式会谈，并将备选项目全部资料送交贷款国，供其研究。双方经过仔细的研究和磋商，开始对双方共同感兴趣的项目进行调查、评估和筛选。

（2）贷款国对双方共同感兴趣的项目进行调查和评估。对备选的贷款项目进行调查和评估是贷款国选定贷款项目的基础。贷款国为确保其所支持的项目有利于促进借款国的经济发展，社会进步，以期贷款能如期收回，就必须对借款国的经济状况和未来的发展前景进行实地调查，并在此基础上进行评估，以了解项目在技术上和经济上的可行性。调查一般可采取两种方式，一种是贷款国对借款国提交的贷款项目可行性研究报告和项目建设的具体实施计划进行调查和研究；另一种方式是贷款国派调查组到借款国进行实地调查，实地调查的内容主要包括借款国的工农业生产、资源、工业基础设施（包括能源、交通运输、电讯等）、管理水平、对外贸易、国际收支、偿债能力、经济政策、有关法规、近期规划和长远发展目标等。贷款国在调查的基础上开始对备选项目进行评估，评估的内容包括从确定项目到提出项目贷款的全部过程，以及项目形成的背景和特点；项目是否符合借款国国民经济发展的计划目标，项目的工程总体规划在技术上的可行性，项目实施计划是否切实可行（包括资金来源、执行机构、施工方式、计划进度、设备原材料的采购方法等）；项目预算（包括土地、设备、原材料、动力与燃料、人工以及其它费用）；项目的贷款计划和支付时间表；项目在财务上的可行性；项目的经济和社会效益；项目对环境的影响等。

（3）借贷双方正式会谈，贷款国通过外交途径对项目贷款进行正式承诺。在调查和评估的基础上借贷双方开始正式会谈，以确定双方共同感兴趣的合作领域或项目、贷款金额、贷款期限和贷款条件等。经过正式会谈并确定上述会谈内容后，贷款国通过外交途径向借款国正式作出提供贷款具体项目、贷款金额、贷款时间、贷款条件等等的承诺。

（4）商谈贷款条件，签署贷款协议。在借贷双方政府间正式会谈中所谈的贷款条件往往是总体的或是原则性的，而不是具体的。有关项目贷款的各项具体的财政条件和实施细则有时在政府间会谈中确定，有时由两国政府委托各自的中央银行或其它有关银行来商谈确定。在贷款国正式作出贷款承诺并确定了具体条件以后，两个政府应正式签署贷款协议。政府贷款协议的签订方法是根据项目建设工期的长短确定的。如果贷款金额不大，建设项目又能在1年左右完成，签订一个贷款协议即可。如果贷款的金额较大，项目建设又需要若干年才能完成，这种贷款协议则有两种签订方法，一种是日本式贷款协议签订方法，即在项目建设工期内，每年签订一个贷款协议，直至项目建成，这就是年度贷款协议签订方法。年度贷款协议的主要内容是根据项目建设的进度来确定本年度的贷款金额，在年度贷款协议签订之前两国政府必须事先换文。另一种是科威特式贷款协议签订法，即不论项目贷款金额大小和项目建设工期的长短，一个项目只签一个贷款协议。如果一笔贷款用于一批项目，而且贷款金额又较大，借贷双方政府一般先签署一个总的《谅解备忘录》，然后再逐项谈判，谈成一个项目，签订一个贷款协议。

思 考 题

1. 试述政府贷款的概念与性质。
2. 何谓优惠贷款？何谓软贷款？
3. 赠予成分的概念和计算公式。
4. 政府贷款的种类有哪些？
5. 试述政府贷款的条件。
6. 试述与国际工程项目开发有关的官方发展援助形式，有哪些内容可以利用这种援助形式？
7. 简述政府贷款的一般程序。

第 7 章　国际金融组织贷款

在国际工程开发与投资业务中,可以进行融资的一条主要渠道就是国际金融组织的贷款。在国际金融组织中有全球性金融组织,如世界银行集团,和区域性金融组织,如亚洲开发银行等。这些组织发放的工程项目贷款均有定型的程序与做法,了解并掌握他们的贷款政策与条件对搞好国际工程开发与投资工作有重大的作用与意义。

第 1 节　世界银行集团及其它国际金融组织的贷款

世界银行(Internaional Bank for Reconstruction and Development—IBRD 或简称 World Bank)及其附属机构,即国际开发协会(International Development Association—IDA)、国际金融公司(International Finance Corporation—IFC)和多边投资担保机构(Multinational Investment Guarantee Agency—MIGA)称为世界银行集团,是重要的全球性国际金融组织。此外,国际农业发展基金组织(International Fund for Agrienltural Development,IFAD)也是一个重要的国际金融组织。

一、世界银行

(一) 成立的背景和宗旨

世界银行成立于 1945 年 12 月 27 日,1949 年 6 月开始营业。

凡参加世界银行的国家必须首先是国际货币基金的会员国。

根据"国际复兴开发银行(世界银行)协定"第 1 条规定,世界银行的宗旨是:

(1) 对用于生产目的的投资提供便利,以协助会员国的复兴与开发,……以及鼓励较不发达国家生产与资源的开发。

(2) 以保证或参加私人贷款和私人投资的方法,促进私人的对外投资。

(3) 用鼓励国际投资以开发会员国生产资源的方法,促进国际贸易的长期平衡发展,并维持国际收支平衡。

(4) 在提供贷款保证时,"应与其它方面的国际贷款配合"。

协定规定的宗旨和任务,概括起来就是担保或供给会员国长期贷款,以促进会员国资源的开发和国民经济的发展,促进国际贸易长期均衡的增长及国际收支平衡的维持。

(二) 组织结构

世界银行的最高权力机构与国际货币基金(IMF)相似,是理事会,由每一会员国委派理事和副理事各 1 人组成。任期 5 年,可以连任。

世界银行的常务机构是执行董事会,由 24 人组成。其中 5 人由持有股金最多的美、英、德、法、日五国指派,其余 19 人由其它成员国按地区分组推选。有的成员拥有股份较多,可单独构成选区,推选执董,如中国。

世界银行行长是执行董事会主席,不得由理事、副理事、执行董事、副执行董事兼任。

历任行长都是美国人。

（三）资金来源

世界银行向会员国发放长期贷款的资金来源有：

1. 会员国缴纳的股本

世界银行成立初期，法定股本为 100 亿美元，以后又多次增加资本，至 1991 年年底法定股本增至 1391 亿美元。认缴股本为 93.93 亿美元。会员国实际缴付的股本大大低于认缴的股本，仅占认缴额的 6.7%。

2. 借款

世界银行通过发行债券的办法、从外国借款的办法来筹集资本。它曾在美国、德国、日本等许多国家发行债券，近年来还向石油输出国组织借款。

3. 债权转让

世界银行为了扩大贷款能力，还把贷出资本的债权转让给私人投资者，主要是美国金融资本，以收回一部分资金，扩大银行贷款资金的周转能力。

4. 利润收入

（四）职能作用

通过组织和发放长期贷款，协助会员国的经济复兴、资源开发，促进和辅助私人对外贷款和投资，以保证会员国经济增长和国际贸易的需要。主要着眼点在于稳定会员国的国内生产，以维持国际经济的正常运行。

（五）世界银行的贷款条件

世界银行的主要业务以其实收资本、公积金和准备金、或者以其从其它会员国金融市场筹措的资金，和其它金融机构一起联合对外发放贷款，或自行发放贷款；也承做对私人投资、贷款给予一部或全部保证的业务。

世界银行的贷款条件是：

（1）限于会员国。如贷款对象为非会员国政府时，则该项贷款须由会员国政府、中央银行或世界银行认可的机构进行担保，保证本金的偿还与利息及其它费用的支付。

（2）申请贷款的国家确实不能以合理的条件从其它方面取得贷款时，世界银行才考虑发放贷款，参加贷款，或提供保证。

（3）申请的贷款必须用于一定的工程项目，有助于该国的生产发展与经济增长。发放贷款的重点工程项目为基础工程项目，如交通（公路、铁路、港口、航空）和公用事业（如电力、电讯、供水、排水等）；发展农村和农业建设项目；以及教育建设事业项目等。只有在特殊情况下，才发放非项目贷款（Nonproject Loan）。

（4）贷款必须专款专用，并接受世界银行的监督。银行的监督不仅在使用款项方面，同时在工程的进度、物资的保管、工程管理等方面也进行监督。世界银行一方面派遣人员进行现场考察，另一方面要求借款国随时提供可能影响工程进行或偿还借款的有关资料，根据资料与实际状况，银行可建议借款国政府对工程项目作政策性的修改。

（5）贷款期限。一般为数年，最长可达 30 年。从 1976 年 7 月起，贷款利率实行浮动利率，随金融市场利率的变化定期调整，并附加一定的加息。与国际资金市场收取承担费相似，世界银行对已订立借款契约，而未提取部分，按年征收 0.75% 手续费。

（6）贷款使用的货币。

贷款使用不同的货币对外发放，对承担贷款项目的承包商或供应商，一般用该承包商、供应商所属国的货币支付。如果由本地承包商供应本地物资，即用借款国货币支付；如本地供应商购买的是进口物资，即用该出口国的货币支付。

世界银行使用会员国以本国货币缴入的股本发放贷款时，要征得该会员国的同意，美国缴入的股本多，一般借款均用美元，这时必须征求美国的意见。

截止1991年财政年度，世界银行发放贷款的总承付额为2031亿美元，向143个成员国提供贷款，其中我国为52.3亿美元。

（六）世界银行的贷款种类：

世界银行的贷款类型有：

（1）项目贷款与非项目贷款。这是世界银行传统的贷款业务，属于世行的一般性贷款。

项目贷款（Project Loan），目前是世界银行最主要的贷款。它是指世界银行对会员国工农业生产、交通、通讯，以及市政、文教卫生等具体项目所提供的贷款的总称。

非项目贷款，是世界银行为支持会员国现有的生产性设施需进口物资、设备所需外汇提供的贷款，或是支持会员国实现一定的计划所提供的贷款的总称。前者如世界银行在建立后初期对西欧国家的复兴贷款，后者如调整贷款和应急性贷款。调整贷款是世界银行在80年代初设立的，支持发展中国家解决国际收支困难而进行的经济调整，以促进它们宏观或部门经济政策的调整和机构改革。应急性贷款是为支持会员国应付各种自然灾害等突发性事件提供的贷款。

（2）"第三窗口"（The Third Window）贷款。是世界银行于1975年12月开办的，在一般性贷款之外的一种中间性贷款，作为世界银行原有贷款的一种补充。所谓"第三窗口"贷款，意即在世界银行原有的两种贷款（世界银行的接近市场利率的一般性贷款和国际开发协会的优惠贷款）之外，再增设一种贷款，其贷款条件宽于世界银行的一般性贷款，但优惠条件不如协会贷款，而介于这两种贷款之间。

（3）技术援助贷款，首先是指在许多贷款项目中用于可行性研究、管理或计划的咨询，以及专门培训方面的资金贷款，其次还包括独立的技术援助贷款，即为完全从事技术援助的项目提供的资金贷款。

（4）联合贷款（Co-financing），是世界银行同其他贷款者一起，共同为借款国的项目融资，以有助于缓和世界银行资金有限与发展中会员国不断增长的资金需求之间的矛盾。它起始于70年代中。联合贷款的一种方式是，世界银行同有关国家政府合作选定贷款项目后，即与其它贷款人签订联合贷款协议。然后，世界银行和其它贷款人按自己通常的贷款条件分别同借款国签订协议，分头提供融资。另一种联合贷款的方式则是，世行同其它贷款者按商定的比例出资，由世界银行按其贷款程序与商品、劳务采购的原则同借款国签订借贷协议。两种方式相比，后一方式更便于借款国管理，世界银行也倾向于采用这种方式。

二、国际开发协会

国际开发协会是专门向低收入发展中国家提供优惠长期贷款的一个国际金融组织。按照规定，凡世界银行会员国均可加入协会，但世界银行的会员国不一定必须参加协会。

（一）宗旨

协会的宗旨是，对欠发达国家提供比世行条件宽厚，期限较长，负担较轻，并可用部分当地货币偿还的贷款，以促进它们经济的发展和居民生活水平的提高，从而补充世界银行的活动，促成世界银行目标的实现。

（二）组织机构

协会会员在法律和会计上是独立的国际金融组织，但在人事管理上却是世界银行的附属机构，故有"第二世界银行"之称。

协会的管理办法和组织结构与世界银行相同，从经理到内部机构的人员均由世界银行相应机构的人员兼任，世界银行的工作人员也即协会的工作人员。因此，它与世界银行实际上是两块牌子，一套机构。

协会会员国投票权的大小同其认缴的股本成正比。成立初期，每个会员国均有500票基本票，每认股5 000美元增加一票；以后在第四次补充资金时，每个会员国有3 850基本票，每认缴25美元再增加一票。

1980年5月，我国恢复了在协会的合法席位。到1990年6月30日，我国共认缴股本3 916.8万美元，有投票权13 895票，占总票数的2.01％。

（三）资金来源

（1）会员国认缴的股本。协会原定法定资本10亿美元，以后由于会员国增加，资本额随之增加。到1990年6月30日，会员国认缴股本总额为546.284亿美元。会员国认缴股本数额，按其在世界银行认购股份的比例确定。协会的会员国分为两组：第一组是工业发达国家和南非、科威特，这些国家认缴的股本需以可兑换货币缴付，所缴股本全部供协会出借；第二组是亚、非、拉发展中国家，这些国家认缴股本的10％需以可兑换货币进行缴付，其余90％用本国货币缴付，而且这些货币在未征得货币所属国同意前，协会不得使用。

（2）会员国提供的补充资金（Replenishments）。由于会员国缴纳的股本有限，远不能满足会员国不断增长的信贷需要。同时，协会又规定，该协会不得依靠在国际金融市场发行债券来筹集资金。因此，协会不得不要求会员国政府不时地提供补充资金，以继续进行其业务活动。提供补充资金的国家，既有第一组会员国，也有第二组少数国家。在1991～1993三个财政年度里，协会完成第9次补充资金，补充资金116.8亿SDRs（合155亿美元）。

（3）世界银行的拨款。即世界银行从其净收入中拨给协会一部分款项，作为协会贷款的资金来源。

（4）协会本身业务经营的净收入。

（四）贷款条件

协会贷款只提供给低收入发展中国家。按最初规定标准，人均GNP在425美元以下，现在的标准则为人均GNP不超过580美元（1987年），均有资格获得协会信贷。协会贷款规定为会员国政府或公私企业，但实际上均向会员国政府发放。

协会贷款的用途与世界银行一样，是对借款国具有优先发展意义的项目或发展计划提供贷款，即贷款主要用于发展农业、工业、电力、交通运输、电讯、城市供水，以及教育设施、计划生育等。

协会贷款的期限为50年，宽限期10年。头10年不必还本。第二个10年，每年还本1％，其余30年每年还本3％。偿还贷款时，可以全部或一部分使用本国货币偿还。贷款只收取0.75％的手续费。

协会的贷款称为信贷（Credit）以区别于世界银行提供的贷款（Loan）。它们之间除贷款对象有所不同之外，主要的区别在于，协会提供的是优惠贷款，被称为软贷款（IDA Credit），而世界银行提供的贷款条件较严，而被称为硬贷款（Hard Loan）。

三、国际金融公司

国际金融公司也是世界银行的一个附属机构。

（一）宗旨

通过对发展中国家尤其是欠发达地区的重点生产性企业提供无需政府担保的贷款与投资，鼓励国际私人资本流向发展中国家，支持当地资金市场的发展，以推动私人企业的成长和成员国经济发展，进一步充实世界银行的业务活动。

（二）组织结构

国际金融公司在法律和财务上虽是独立的国际金融组织，但实际是世界银行的附属机构。它的管理办法和组织结构与世界银行相同。世界银行行行兼任公司总经理，也是公司执行董事会主席。公司的内部机构和人员多数由世界银行相应的机构、人员兼管。按照公司的规定，只有世界银行会员国才能成为公司的会员国。目前，公司约有133个会员国。我国于1980年5月恢复了在公司的合法席位。

（三）资金来源

公司的资金来源是：①会员国认缴的股金，这是公司最主要的资金来源。公司最初的法定资本为1亿美元，分为10万股，每股1 000美元。会员国认缴股金须以黄金或可兑换货币缴付。公司曾进行多次增资，目前的资本总额已达20亿美元；②通过发行国际债券，从国际资本市场筹资；③世界银行与会员国政府提供的贷款；④公司贷款与投资的利润收入。

（四）贷款与投资

公司贷款与投资，只面向发展中国家的私营中小型生产企业，并不要求会员国政府提供担保。公司贷款一般每笔不超过200～400万美元，在特殊情况下最高也不超过2 000万美元。公司贷款与投资的部门，主要是制造业、加工业和采掘业、旅游业，以及开发金融公司，再由后者向当地企业转贷。

国际金融公司贷款的方式为：①直接向私人生产性企业提供贷款；②向私人生产性企业入股投资，分享企业利润，并参与企业的管理；③上述两种方式相结合的投资。公司在进行贷款与投资时，或者是单独进行，尔后再将债权或股票转售给私人投资者，或者是与私人投资者共同对会员国的生产性私人企业进行联合贷款或联合投资，以促进私人资本向发展中国家投资。

国际金融公司贷款的期限一般为7～15年，还款时需用原借入货币进行支付，贷款的利率不统一，视投资对象的风险和预期收益而定，但一般高于世行贷款的利率。对于未提用的贷款资金，公司按年率收取1%的取诺费。

四、多边投资担保机构

多边投资担保机构创立于1988年4月，是世界银行集团最新成员。该机构的宗旨是：减少非商业性投资障碍，鼓励对发展中国家成员国进行股本投资和其它直接投资。为实现这一宗旨该机构主要开展两方面业务：

（1）为外国投资者担保由于非商业风险所造成的损失；

（2）为发展中国家成员国提供咨询服务，协助其建立、改善投资环境和投资信息基础，以鼓励和引导更多的外资流入。

多边投资担保机构对以下 4 类非商业风险提供担保：

（1）由于投资所在国政府对货币兑换和转移的限制而造成的转移风险；

（2）由于投资所在国政府的法律或行政行动而造成投资者丧失其投资的所有权、控制权的风险；

（3）在投资者无法进入主管法庭，或这类法庭不合理的拖延或无法实施这一项已作出的对他有利的判决时，政府撤销与投资者签订的合同而造成的风险；

（4）武装冲突和国内动乱造成的风险。

多边投资担保机构对发展中国家成员国提供的主要咨询业务有：

（1）为设计和执行与外国投资有关的政策、规划和程序提出建议；

（2）就投资问题在国际商业界与有关国家政府之间发起对话。

此外，多边投资机构还与发展中国家成员国的保险机构合作开发，不仅提供更多的担保，而且还为可能无条件享受本国保险的投资者提供担保。

五、国际农业发展基金组织

国际农业发展基金组织是世界银行集团外的一个重要的全球性国际金融组织。它是联合国在经济方面的专门机构之一，成立于 1977 年 12 月，总部设在意大利罗马，现有会员国约 140 个。我国于 1980 年 1 月加入该组织。

（一）宗旨

通过向发展中国家，特别是缺粮的发展中国家提供优惠贷款和赠款，为以粮食生产为主的农业发展项目提供资金支持，从而达到增加粮食生产、消除贫困与营养不良的目标。

（二）组织结构

国际农业发展基金组织的最高权力机构是理事会。理事会由每个会员国委派的理事和候补理事组成，每年开会一次，必要时还可召开特别会议。候补理事只有在理事缺席时才有表决权。负责国际农业发展基金组织日常业务活动的机构是执行委员会，每年开会 3～4 次。执委会共有执委和候补执委各 18 名。这些名额是在发达国家、石油输出国和发展中国家各选 6 名。执委和候补执委任期 3 年，每年改选 1/3。国际农业发展基金组织的法定代表和行政首长是主席，由理事会选举产生，任期 3 年。

国际农业发展基金组织理事会的表决方法，既不同于联合国其他机构实行的一国一票办法，也不同于 IMF、世界银行、协会和国际金融公司的相似于股份公司的表决方法，而是把全部 1 800 票在 3 类会员国中均分：第一类会员国发达国家 600 票，其中 17.5％的票平均分配，其余 82.5％的票按各国认缴捐款的比例进行分配；第二类会员国石油输出国的 600 票，25％平均分配，其余 75％按认缴捐款的比例分配；第三类会员国为其他发展中国家的 600 票，全部平均分配。国际农业发展基金组织执委会的总投票数也是 18 000 票，并在三类会员国中平均分配，但在投票时则是：第一、二类会员国执委的投票权，是推选他的会员国的票；第三类会员国的执委则是每个执委均拥有 100 票的投票权。

（三）资金来源

（1）会员国的捐款。按规定，第一、二类会员国须认缴捐款，并用可兑换货币缴付。第三类会员国虽规定为受援国，但它们也可以用本国货币或可兑换货币捐助一部分资金。捐款可一次缴清，也可以在 3 年内缴清；

（2）非会员国和其它来源的特别捐款；

（3）利息收入。

（四）贷款

1. 贷款资金使用的对象与政策

国际农业发展基金组织的宗旨规定，向最贫穷的、缺粮的发展中国家发放赠款和优惠贷款。为增加借款国的粮食生产，它规定贷款资金可用于：改进和扩大灌溉设施，开发地下水，改良品种，改进耕作技术和土壤管理等能提高产量的短期性项目；新垦荒地、兴修水利工程等长期项目；支持政府实行土改，以及在物价、信贷、销售和补贴等方面需投资的政策措施性项目。在消除贫困方面，贷款资金主要直接用于对经济条件差的小农和无地农民的贷款，而不能将贷款资金用于国营企业或私人资本来发展盈利事业。

2. 贷款资金使用的方式与条件

（1）赠款。按国际农业发展基金组织章程规定，在每个财政年度发放资金总额中，赠款所占比重不得超过12.5％。赠款用于：①对最贫穷缺粮国的援助项目；②以技术援助形式用于项目的可行性研究、人员培训、咨询和项目投资前的其他准备工作。该组织还规定，会员国使用技术援助的项目，如后来获得该组织的贷款，则将赠款改为贷款，并计入贷款总额内。

（2）贷款。国际农业发展基金组织发放的资金大部分属于贷款。贷款分为3种：①特别贷款，条件最为宽厚，免收利息，每年只收取1％的手续费，期限50年，宽限期10年，主要贷给低收入的40多个"粮食优先国家"。该种贷款总额不得超过该组织贷出金额的2/3；②中等期限贷款，年利率4％，期限20年，宽限期5年；③普通贷款，年利率8％，期限15～18年，宽限期3年。在这3种贷款中，特别贷款占多数。

国际农业发展基金组织采用的资金计算单位是SDR_s，即：在向会员国提供赠款或贷款时，按SDS_s折算付给美元或其他可兑换货币；会员国偿付贷款本息和手续费时，按SDS_s折算，用美元或其它可兑换货币进行支付。

国际农业发展基金组织批准贷款项目后，即委托联合国粮农组织，或开发计划署，或世界银行，或亚洲开发银行、非洲开发银行、泛美开发银行等执行贷款业务和监督贷款项目的执行。

国际农业发展基金组织的贷款用于采购设备与劳务，通常采取国际招标办法。

国际农业发展基金组织贷款程序基本同于世行，主要步骤为：确定贷款项目，项目的准备，项目的评估，项目的谈判，审查、批准贷款协议，签署贷款协议，项目的执行等。

第2节　世界银行与国际开发协会贷款的项目周期

如前所述，世界银行与国际开发协会对会员国发放的贷款，绝大部分都是与项目结合的贷款。因此，对项目的管理，便成为世界银行与协会发放贷款中的主要工作。世界银行与协会资助会员国的每个项目都经历以下阶段：项目的选定、准备、评估、谈判、执行与总结评价。每一阶段都导致下一阶段；最后一个阶段又会产生对新项目的设想，进而选定新的项目。这样周而复始，不断循环而形成周期。所谓世界银行与协会贷款的项目周期，就是指它们发放贷款的这些过程，以及在全过程的各个阶段，世界银行、协会都对借款人提出政策要求，要求借款人提供一定的信息类型和应做的组织活动。项目周期的 6 个阶段，经常见诸世界银行的文献，其它区域性金融组织或政府机构的项目贷款也均参照这 6 个阶段的做法与精神在贷款实践中加以操作运用。但从使用世界银行贷款实践来看，尚有一个阶段的工作要做，即立项前的准备阶段工作，本节对此加以补充阐述，以全面理解项目贷款的全过程，配合世界银行和其它金融组织的要求，用好他们的贷款。

一、立项前的准备阶段

世界银行通常在申请贷款的国家正式提出借款要求之前，先同借款国举行非正式会谈，以探讨贷款的可能性和贷款方式。对借款国来说，在非正式会谈前，要成立一个专门与世界银行打交道的机构，并配备有关专家和技术人员，注意阅读和分析世界银行的有关文件资料，了解世界银行的贷款政策、贷款部门和贷款方向，使自己提出的项目符合世界银行的贷款计划要求。在非正式会谈中，借款国应向世界银行提供其所要求的有关资料，并根据本国经济发展的长远规划拟定一个适于列入世界银行贷款计划的长期的贷款项目清单，以争取按清单次序不断得到世界银行贷款。如政府出面借款，则须向世界银行提供其发展总目标，如非政府机构或企业借款，则政府要对其执行贷款计划进行担保。为了促进借款国的经济发展和确保贷款的如期收回，世界银行要派出考察团对借款国的经济结构和发展前景进行实地考察。考察团的任务一方面了解借款国的工农业生产，基础结构、资源状况、管理水平，外贸和国际收支、偿还能力和经济政策等状况；另一方面是帮助借款国分析和制定经济发展计划及有关政策，确定经济发展的优先次序，以原则确定可接受贷款的部门和具体项目的可贷款金额。如果世界银行曾向该国发放过贷款，则不再进行实地考察，可根据其掌握的资料，对借款国近期的经济情况和前景进行分析。在经双方认定贷款的必要性并确定贷款项目优先次序之后，便可进行项目选定阶段的工作。

二、项目的选定

项目的选定（Identification of Project）是世界银行规定的项目周期的第一个阶段。在这个阶段，主要是由申请借款国选定需要优先考虑并符合世界银行贷款原则的项目。发展中国家在利用外资和引进技术时，首先必须服从本国发展国民经济的计划和目标，保障本国的各种权益，减少并防止可能带来与产生的消极影响，尽可能提高投资的效益；其次，申请贷款国在选定项目时，必须收集必要的数据，在外部机构的支持下，从技术上、经济上进行综合分析。

比较系统的项目选定的方法应包括的内容有：①具体列明一国具有投资潜力的欠发达行业；②选定项目在形成国家开发总体计划中的作用；③该具有开发潜力的项目与别国进行比较的优越性；④具有开发潜力的原因在于：a. 对国际与国内具有重大意义的国内自然资源的开采与加工；b. 减少本国进口；c. 扩大本国出口；d. 扩展现有工业体系。⑤进一步可开发项目的系列；⑥编制具体国家开发计划。最后，确定选定的项目。

选定项目后，申请借款国即可着手编制包括项目的目标、项目概要、完成项目的关键性问题、项目的执行时间表等方面内容的"项目选定简报"，送世界银行筛选。世界银行同意后，就将选定项目编入贷款计划，成为拟议中的项目。

按照世界银行的规定，申请借款国在选定项目送交世界银行筛选时，除了提供选定项目有关资料数据外，还需要提供本国的主要经济资料，如生产情况、市场情况、外贸情况、国民收入、平均消费、主要副食品的人均消费量等。

三、项目的准备

申请借款国选定项目并取得世界银行初步同意之后，便进入项目的准备（Preparation of projects）阶段。项目的准备工作仍由借款国在世界银行的密切合作下进行。准备阶段需要的时间长短，取决于项目的性质、借款国项目计划人员的经验和能力。

（一）可行性研究的重要意义与条件

项目准备工作的首要内容，是对选定的项目进行可行性研究。随着近20多年技术、经济和管理科学的发展，可行性研究已成为投资项目决策前进行技术经济论证的科学方法。做好可行性研究，将使项目的决策建立在科学性和可靠性基础上。要做好可行性研究工作，就要准备好初步设计，提出技术方面和组织方面可供选择的方案，比较各种方案的成本和效益，做到选定的方案的最佳，在技术上是先进可行的，在经济上是效益最高，有利可图，并具有在一定期限内偿还贷款的能力。对借款国来说，每一项目都是一项具有长期经济寿命的重大投资，为取得最佳方案和获得世界银行的批准，应该不惜工本，花费大量资金和时间进行可行性研究。

可行性研究一般须由具有一定经验和水平的项目计划人员担任。大多数发展中国家往往缺少这类人员，因而常常需要聘请顾问或咨询人员。世界银行规定，借款国可以自己聘请咨询人员，但咨询工作要由世界银行管理和监督。借款国聘请咨询专家的手续完成以后，世界银行便着手协助借款国的项目计划工作人员进行项目的准备工作，主要进行可行性研究。

（二）可行性研究的一般步骤

准备阶段可行性研究一般经过4个步骤：首先，鉴别投资机会，即通过对项目发展的背景、趋势、基础、条件等方面的研究，寻找有利的投资机会和确定项目完成的设想；其次，项目的初步选择与拟定，即通过对项目方案进行初步的技术和经济分析，作出初步选择；再次，项目的分析与确定，即通过对项目进行深入的经济和技术论证，来确定项目方案的可行性并选定最佳方案，最后，编制项目评价报告，项目评价报告是对项目的可行性作出的评定或结论，亦称项目可行性研究报告。

（三）可行性研究的技术与财政援助

在项目选定与准备阶段，世界银行及其它多国参加的机构可以从业务与资金需要方面进行资助。一般讲，这些机构均设有地区性代表处，主要职能就是进行项目选定和准备阶段的可行性研究工作。有时，世界银行总部也派遣代表团去项目所在国从事项目选定工作。一些联合国机构，如联合国教科文组织（UNESCO）、联合国工发组织（UNIDO）、国际劳工局（ILO）以及粮农组织（FAO）也为项目选定和准备提供专业服务。联合国开发计划署（UNDP）是对项目选定与准备工作提供技术援助资金的重要国际机构，可以满足世界银行贷款从事可行性研究工作的资金需要。

（四）可行性研究的主要内容

可行性研究应包括的内容，因项目不同而异，一般应包括5个方面：

（1）技术可行性。不同的方案，产生不同的效益。技术上最好的方案，不一定是经济效益最好的方案。究竟哪个方案好，需要把达到项目目标的几个方案的成本效益加以比较后，才能作出决定。

（2）财务可行性。从项目的直接收益者的角度考虑，要编制项目建成前后受益者现金收支流量变化的预测；从整个项目的角度考虑，要编制一份项目预计寿命期内的现金流量预测；从政府的角度考虑，要为政府编制一份现金流量表，表明政府给予贷款和补助的必要。

（3）经济可行性。经济可行性，是从宏观出发，从整个国民经济角度来衡量项目投资的经济价值。它应包括对国民生产总值、国民收入、偿债能力、预计投资回收期和盈利的分析等。

（4）组织体制可行性。一个国家的组织机构、人事制度、工资待遇、管理体制等都对项目计划制订和执行有着非常重要的意义与作用。要建立一个完整的项目机构，必须配备具有较高业务水平和一定经验的精干工作人员或专家队伍。显然，组织体制的状况和变革涉及到国家政策和制度，需要在全国范围内采取措施，才能解决。在研究可行性时，要从组织改革上进行研究，才能保证项目工程的完成。

（5）社会可行性。社会可行性，主要考虑项目收益的分配，是用于再投资，还是用于消费。社会可行性考虑的因素很多，包括国家政治体制、经济结构、宗教信仰和传统习俗等。社会可行性研究，主要是对国家从政治制度到经济基础来全面考察实现项目目标的条件。

在完成以上 5 个方面的可行性研究后，可由项目小组编制全面的成本—效益估价的项目报告（Project Report），并送世界银行。

四、项目评估

申请借款国完成了项目的准备工作以后，世界银行还要进行审查，这就是项目的评估（Appraisal of project）阶段。申请借款国提出项目报告后，世界银行即派出工作组进行实地考察，全面、系统地检查项目的各个方面。项目评估阶段是项目周期中的一个重要阶段，因为这一阶段要对各个方面进行全面检查，从而为项目的执行奠定基础。世界银行主要从以下 4 个方面对项目进行评估：

（一）在技术方面

在技术方面，要审查设计是否合理，工程技术的处理是否得当，是否符合一般公认的有关标准（如农业项目，是否符合一般公认的农艺学标准）。此外，世界银行审定小组还要了解可供选择的几种方案及其预期效果。技术评估关心的问题是：项目的规模、布局和位置、使用的工序形式和设备、执行计划的进度是否切实可行、达到预期的产出水平是否可能等。

（二）在组织方面

在组织方面评估的目的，在于保证顺利、有效地执行项目建设。因为资金的转移与物质设施建设的重要性，远不及建立一套合理、可行的组织体系。组织体系不仅包括借款项目本身的组织机构、管理、人员、政策和程序，而且还包括政府对这些机构所实行的政策。世界银行在评估过程中要检查一系列的问题，如：执行单位是否组织得很好；管理效率是否符合要求；为实现项目目标，是否需要改变政策或组织机构。经检查，如发现哪些方面不够标准，世界银行即向申请借款国提出补救措施。

（三）在经济方面

在经济方面的评估，是从整个经济角度来分析项目提供的效益是否大于其成本，从而作出是否进行投资的决策。因此，经济评估是最基本的评估。评估的方法，是把项目拟定的方案进行成本—效益分析，从中选出最能达到国家开发目标的方案。在经济评估中，如不能证明项目对经济发展有利，世界银行是不会提供贷款的。这是因为，世界银行审定每一项目时，都坚持该项目的经济效益，这既符合借款国的利益，也符合世界银行的利益。

（四）在财务方面

在财务方面，首先要审查是否有足够的资金用于支付项目执行的费用。世界银行通常只对项目所需的全部或部分外汇提供贷款。如规定由借款国政府提供部分资金，而该国政府筹资时发生困难，往往需要作出特殊安排。对一些有收入的项目，世界银行则审查项目的收入能否偿还一切债务，包括偿还世界银行贷款的本息。此外，还要审查资产负债表、损益表和现金流量等报表的预测，以对企业的财务情况进行仔细的检查。

在财务审查中，世界银行还要审查该项目能否从受益者收回项目的投资和经营费用，以及项目所需的原材料、电力、劳动力、产品的成本和销售等。

世界银行对项目进行详细评估以后，如果认为符合贷款标准，就提出两份报告书：先提一份可行性研究"绿皮报告书"，后提一份"灰皮报告书"作为同意贷款的通知。

五、项目的谈判

世界银行经过对项目的评估与详细审查，并提出"绿皮报告书"和"灰皮报告书"以后，即邀请申请借款国派出代表团进行项目的谈判（Negotiation of Project）。谈判是前 4 个阶段的继续，是进一步明确应采取措施的阶段，也是世界银行和借款国为保证项目的成功，就双方所采取的共同对策达成协议的阶段。谈判内容包括贷款金额、期限、偿还贷款的方式，更重要的是应包括为保证项目的顺利执行应采取的措施。

谈判的过程是世界银行与借款国在谈判桌上有争有让的过程。世界银行既要保证贷款符合贷款的政策要求，又要使贷款适应借款国提出的预期目标；借款国既要在平等互利、不损害国家权益的基础，利用世界银行的贷款发展本国经济，又要认真考虑世界银行的建议，因为世界银行的建议一般是根据有丰富经验的专家意见提出的。由于双方准备充分，谈判一般都能达成协议。

项目谈判大约需要 10～14 天，在双方签署贷款协议后，还要由借款国财政部代表本国政府签署担保协议，在贷款协议与担保协议经世界银行董事会批准，并报请联合国登记注册后，该项目便可进行执行阶段。

六、项目的执行

在项目的执行（Implementation of Project）阶段，借款国负责项目的执行和经营，世界银行负责对项目的监督。

借款国在贷款项目完成法定批准手续后，除应组织力量，配备技术、经济、管理等专家外，还要制定项目的执行计划和作出时间安排。其中应考虑的主要内容是：项目执行管理机构的建立、技术措施安排、土建计划、拟定招标办法、物资、设备的采购与安装、设备的调试、工作人员的招聘和培训、产品或劳务的销售等。此外，借款国还需组织项目建设的招标工作。世界银行规定投标者除瑞士外，必须是世界银行和国际开发协会的会员国。但投标者如果是借款国的机构，可以给予 10%～15% 的优惠。

在项目执行过程中，世界银行不断派遣各类专家工作组到借款国视察，以监督项目的执行和施工情况，并随时向借款国提出改革意见。

世界银行根据多年的实践总结，在项目的执行阶段还要着重考虑以下 4 方面的问题：

（1）选择项目的实施单位。通过多年实践总结，在项目执行阶段出现一些问题的原因在于执行机构的能力与项目本身规模及技术要求不相称。所以，一些大项目，或分属不同机构共同管理的项目，应当建立一个与项目归属部门相分离的特别项目单位负责项目的实施与执行。该特别项目单位以不同的规则经营项目，有自己的资金使用及职工管理等方面的行政程序。

（2）监督项目的实施。

对每一项目的实施执行，世界银行员工都通过信函及到工程现场考察监督。在授予有关合同前必须用去一定时间对项目单位的招标文件及评标报告进行审议。在拨付贷款前，世界银行还选择一些合同进行再审议。如借款人的授予合同不符合贷款协议的规定，则世界银行不拨付款项，那一部分贷款也会被取消。

世界银行对借款单位的项目实施与执行常起监督作用，但其监督并非取消或代替借款单位所在国对项目执行的监督责任。世界银行强调的监督形式有两种：一种可由同一机构的另一单位来负责监督职能，但这个单位一定在行政管理方面与执行单位相独立；另一种做法是由另一机构或外部顾问来监督项目的实施。

（3）建立协调机制。城市与农村的工程项目，一般多为多项内容组合，多机构、多部门参予项目的实施与执行。因此，必须建立起协调机制，以促进各部门之间的沟通与行动的协调。建立这种协调机制，在规章制度只要做到两点：①明确限定各参加机构的职责；②提供各种奖励措施，以激发所有参予机构为项目圆满完成而做出贡献。此外，在建立这种协调机制的具体形式有3种：①建立一个特别项目单位，总管资金分配，由它通过中央预算，把资金分配给各实施机构；②由特别项目单位指定一个实施机构作为牵头单位，对其它机构进行协调并分配部分资金；③组建一个委员会，授权其协调各实施机构之间的关系，委员会成员必须与项目有密切联系，干实事，不能由挂名的行政首长充当。

（4）项目实施的监测与评估。世界银行经验表明，项目实施的监测与评估可以早日发现潜在的问题，以便及时采取措施，以求项目工程按计划目标顺利执行。现行项目评估是对项目标及为取得目标而采用的方法进行再次评价，由于有些项目执行时间历时数年，在这一过程中客观条件发生许多变化，原来可行性研究中的条件可能与实际不尽符合。因此，项目实施单位在项目执行过程中必需积累提供各种信息和资料，特别提供围绕项目实施过程中所出现难题而必须加以克服的有关资料与信息。利用这些资料进行再评估，以求项目的顺利完成。

七、项目总评价

世界银行在项目贷款全部发放完毕后1年左右，对其资助的项目所要达到的目标、效益和存在的问题要进行全面总结，这称为项目的总评价（Evaluation of Project）阶段。在这个阶段先由该项目的世界银行主管人员准备一份"项目完成报告"（Completion Report），报告中主要指明下述问题：①最初确定的目标是否得当，是否已经达到；②做出的技术选择是否合适；③采用的采购程序是否合理；④项目的目标是否正确；⑤当地条件是否得到正确识别；⑥是否存在费用过度超支的情况；⑦项目体制机制是否运转正常并得到加强。然后由世界银行执行董事会主席指定由专职董事负责的经营评估部（Operation Evaluation Department. OED）对项目成果进行比较全面的总结评价，审查世界银行项目人员、专家提出的"项目完成报告"，必要时该部还派人实地调查，写出项目的"审核报告"（Audit

Report）。需要指出，经营评估部提交的"审核报告"和项目主管人员提出的"项目完成报告"，难免有不一致之处。通过讨论大部分不一致之处可以得到澄清。当然，经营评估部的最终"审核报告""对所有未解决的分歧之处均应注明。这一评估过程也包括借款人。按世界银行贷款协议规定，除承担其它报告义务外，借款人必须提交项目竣工报告。最后，由经营评估部提出的"审核报告"送交世界银行执行董事会主席。

在整个项目周期的各个阶段中，选定和准备这两个阶段至关重要，从某种意义讲，它是项目成败的关键。

世界银行与协会贷款的项目周期，其程序与手续似显繁琐，但却体现了这两个机构贷款的严密性和科学性，因而能保证项目获得较好的经济效益。

第 3 节 区域性国际金融组织贷款

从世界范围看，区域性国际金融组织繁多，本节仅就与我国开展国际工程投资开发关系较为密切的区域性国际金融组织加以分析介绍。

一、亚洲开发银行

亚洲开发银行是个类似世界银行，但只面向亚太地区的区域性政府间金融开发机构。它于 1966 年 11 月正式建立，并于同年 12 月开始营业，总部设在菲律宾首都马尼拉。

（一）宗旨

亚洲开发银行的宗旨是，向其成员国或地区成员（以下简称成员）提供贷款与技术援助，帮助协调成员在经济、贸易和发展方面的政策，同联合国及其专门机构进行合作，以促进亚太地区的经济发展。它的具体任务是：为亚太地区发展中成员的经济发展筹集与提供资金；促进公、私资本对本地区各成员的投资；帮助本地区各成员协调经济发展政策，以更好地利用自己的资源和在经济上取长补短，并促进其对外贸易的发展；为成员拟定和执行发展项目与规划提供技术援助；以亚洲开发银行认为适当的方式，同联合国及其所属机构，向本地区发展基金投资的国际公益组织，以及其它国际机构、各国公营和私营实体进行合作，并向它们展示投资与援助的机会。

（二）组织机构

理事会，由亚洲开发银行成员各指派一名理事组成，是亚洲开发银行的最高权力与决策机构。理事会通常每年举行一次会议，即亚洲开发银行理事会年会。理事会表决生效需不少于总投票权 3/4 的理事参加，且需其中 2/3 以上的理事投赞成票。关于亚洲开发银行成员的投票权，每个成员均有 778 票基本投票权，再加上认股额每 1 万美元增加 1 票，构成该成员的总投票权。董事会负责领导亚洲开发银行的业务经营，既行使亚洲开发银行章程赋予的权力，也行使理事会授予的权力。董事会由理事选举产生，本地区成员选举 8 名董事，非本地区成员选举 4 名董事。

行长由理事会选举产生。行长应是本地区成员的国民，自亚洲开发银行建立以来一直由日本人出任。行长任董事会主席，是亚洲开发银行合法代表、亚洲开发银行最高行政负责人，在董事会指导下处理亚洲开发银行日常业务并负责亚洲开发银行官员和工作人员的任命与辞退。

亚洲开发银行总部是亚洲开发银行的执行机构，负责亚洲开发银行的业务经营。

（三）资金来源

1. 普通资金

普通资金（Ordinary Capital Resources）用于亚洲开发银行的硬贷款业务。它是亚洲开发银行进行业务活动的最主要资金来源。普通资金由以下部分构成：

（1）股本。亚洲开发银行建立时法定股本为10亿美元，分为10万股，每股面值1万美元。每个成员均需认购股本。首批股本分为实缴股本和待缴股本，两者各占一半。亚洲开发银行股本必要时可以增加。到1987年年底，亚洲开发银行的法定股本为229.869亿美元，其中待缴股本为200.17亿美元，实缴股本为27.52亿美元。

日本和美国是最大的出资者，认缴股本分别占亚洲开发银行总股本的15.0%和14.8%。我国占第三位，在认缴总股本中占7.1%。

（2）借款。在建行初期，亚洲开发银行的自有资本是它进行贷款的主要资金来源。从1969年起，亚洲开发银行开始从国际金融市场借款。通常，亚洲开发银行多在主要国际资本市场以发行债券形式借款，但也同有关国家政府、中央银行及其它金融机构直接安排债券销售，有时还直接从商业银行借款。

（3）普通储备金。按章程规定，亚洲开发银行理事会把亚洲开发银行净收益的一部分划作普通储备金。

（4）特别储备金。对1984年3月28日以前发放的贷款，亚洲开发银行除收取利息和承诺费外，还收取一定数量的佣金以留作特别储备基金。

（5）净收益。由提供贷款收取的利息与承诺费形成。

（6）预交股本。亚洲开发银行成员认缴的股本采取分期交纳办法，在法定认缴日期之前交纳的股本即为预交股本。

2. 亚洲开发基金

亚洲开发基金主要由亚洲开发银行发达成员捐赠，用于向亚太地区贫困成员发放优惠贷款，亚洲开发银行理事会按章程规定，还从各成员缴纳的未核销实缴股本中拨出10%作为该基金的一部分。此外，亚洲开发银行还从其他渠道获得一定的捐赠。

3. 技术援助特别基金

亚洲开发银行认为，除向成员提供贷款或投资之外，还需要提高发展中成员的人力资源素质和加强执行机构的建设。为此，特设技术援助基金。该项基金的来源为：①捐资；②根据亚行理事会1986年10月1日会议决议，在为亚洲开发基金增资36亿美元时，将其中的2%（0.72亿美元）拨给技术援助特别基金。

4. 日本特别基金

在1987年举行的亚洲开发银行第20届年会上，日本政府表示，愿出资建立一个特别基金。用于：①以赠款形式资助在成员的公营、私营部门中进行的技术援助活动；②通过单独或联合的股本投资支持私营部门的开发项目；③以单独或联合赠款的形式，对亚洲开发银行向公营部门开发项目进行贷款的技术援助部分给予资助。

（四）贷款的条件与形式

1. 贷款条件

亚洲开发银行根据1990年人均国民生产总值的不同，将发展中成员划分为A、B、C 3类。对不同类的国家或地区采用不同的贷款或赠款条件。凡人均国民生产总值为851美元或不足 851 美元的发展中成员属 A 类，其中包括阿富汗、孟加拉、不丹、柬埔寨、中华人民共和国、库克群岛、印度、基里巴斯、老挝、马尔代夫、马绍尔群岛、密克罗尼西亚、蒙古、缅甸、尼泊尔、巴基斯坦、所罗门群岛、斯里兰卡、汤加、瓦努阿图、越南和西萨摩亚。属于 B 类的有：印度尼西亚、巴布亚新几内亚、菲律宾和泰国。属于 C 类的有：斐济、香港、韩国、马来西亚、新加坡和中国台北。

亚洲开发银行发放贷款的重点领域是：农业、农产品加工、能源、工业、非燃料矿业、财务部门、交通、通讯、供水、卫生、城市发展、保健和人口等。

2. 贷款类型

按贷款条件划分，亚洲开发银行的贷款可分为硬贷款、软贷款和赠款 3 类。硬贷款的贷款利率为浮动利率，每半年调整一次。贷款期限为 10～30 年（含 2～7 年的宽限期）。软贷款，即优惠贷款，仅提供给 A 类成员，贷款期限为 40 年（含 10 年宽限期），不收利息，仅收 1% 的手续费。属于 B 类成员有可能获得软贷款，但与普通资金混合使用。至于赠款则用于技术援助，资金由特别基金提供，但赠款金额有限制。

3. 贷款的具体形式

按贷款具体形式划分，亚洲开发银行的贷款可分为：

（1）项目贷款，即为某一成员发展规划的具体项目提供贷款，这些项目需具备经济效益好，有利于借款成员的经济发展和借款成员有较好的资信等 3 个条件。与世界银行发放贷款程序极其相似，亚洲开发银行发放项目贷款也要经过下述一系列工作环节：项目确定、可行性研究、实地考察和预评估、评估、准备贷款文件、贷款谈判、董事会审核、签署贷款协定、贷款生效、项目执行、提款、终止贷款帐户、项目完成报告和项目完成后的评价等。这些程序已在本章第 2 节做了详尽的分析，不再重复，此处仅将其项目周期的简要过程及每一过程的业务内容如图 7-1 所示。

亚洲开发银行与世界银行贷款虽有许多相似之处，但加以比较，有两个突出特点：第一，亚洲开发银行发放项目贷款的具体金额将参照成员的经济类型来确定，即对 A 类成员的项目贷款占项目投资总额的 80%；B 类占 60%；C 类占 40%，如情况特殊，也会灵活掌握。第二，亚洲开发银行近年发放项目贷款非常注意该项目完工对环境的影响，具体表现在亚洲开发银行董事会讨论成员项目贷款前 120 天，申请国必须向董事会递交该项目对环境影响的评价报告。

项目贷款是亚洲开发银行传统的与最主要的贷款形式。

（2）规划贷款，是对某成员某个需要优先发展的部门或其所属部门提供资金，以便通过进口生产原料、设备和零部件，扩大现有生产能力，使其结构更趋合理化和现代化。亚洲开发银行为便于监督规划的进程，规划贷款应分期执行，每一期贷款要同执行整个规划贷款的进程联系在一起。

（3）部门贷款，是对某成员的同项目有关的投资进行援助的一种形式。这项贷款是为提高所选择的部门或其分部门执行机构的技术与管理能力而提供的。

（4）开发金融机构贷款，是通过成员的开发性金融机构进行的间接贷款，因而也称中间转贷。我国接受亚洲开发银行的第一笔贷款，就是这种贷款：1987 年 11 月 9 日签约，金额为 1 亿美元，由中国投资银行承办，主要用于中小企业技术改造。

（5）综合项目贷款，是对较小的借款成员（如南太平洋的一些岛国）的一种贷款方式，由于这些国家的项目规模均较小，借款数额也不大，为便于管理，便把一些小项目捆在一起作为一个综合项目来办理贷款手续。

（6）特别项目执行援助贷款。这是亚洲开发银行提供贷款的项目，为在执行过程中避免由于缺乏配套资金等未曾预料到的困难，而使项目继续执行受阻，所提供的贷款。

（7）私营部门贷款。它分为直接贷款和间接贷款两种形式。直接贷款是指有政府担保的贷款，或是没有政府担保的股本投资，以及为项目的准备等提供的技术援助。间接贷款主要是指通过开发性金融机构的限额转贷和对开发性金融机构进行的股本投资。

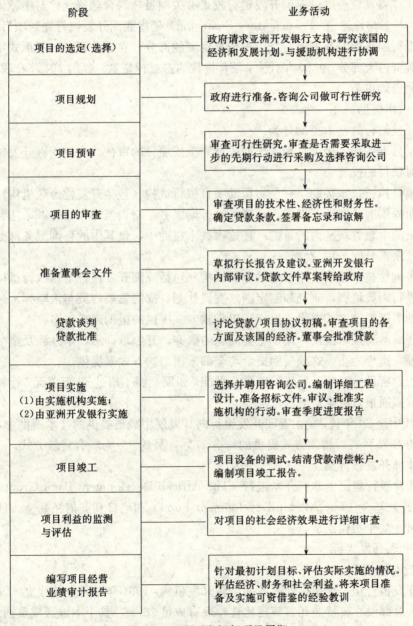

阶段	业务活动
项目的选定（选择）	政府请求亚洲开发银行支持。研究该国的经济和发展计划。与援助机构进行协调
项目规划	政府进行准备。咨询公司做可行性研究
项目预审	审查可行性研究。审查是否需要采取进一步的先期行动进行采购及选择咨询公司
项目的审查	审查项目的技术性、经济性和财务性。确定贷款条款。签署备忘录和谅解
准备董事会文件	草拟行长报告及建议。亚洲开发银行内部审议。贷款文件草案转给政府
贷款谈判 贷款批准	讨论贷款/项目协议初稿。审查项目的各方面及该国的经济。董事会批准贷款
项目实施 (1)由实施机构实施； (2)由亚洲开发银行实施	选择并聘用咨询公司。编制详细工程设计。准备招标文件。审议、批准实施机构的行动。审查季度进度报告
项目竣工	项目设备的调试。结清贷款清偿帐户。编制项目竣工报告。
项目利益的监测 与评估	对项目的社会经济效果进行详细审查
编写项目经营 业绩审计报告	针对最初计划目标、评估实际实施的情况。评估经济、财务和社会利益。将来项目准备及实施可资借鉴的经验教训

图 7-1　亚洲开发银行项目周期

（8）联合贷款。是指1个或1个以上的区外经济实体（官方机构与私人投资者）与亚洲开发银行共同为成员某一开发项目融资，它主要有以下5种类型：①平行融资（Parallel financing），是指将项目分成若干具体的、独立的部分，以供亚洲开发银行及其他融资伙伴分别融资；②共同融资（Joint financing），是指亚洲开发银行与其它融资伙伴按商定的比例，对某成员的某一项目进行融资的方式；③伞形融资或后备融资（Umbrella or Standby Financing）。这类融资在开始时由亚洲开发银行负责项目的全部外汇费用，但只要找到联合融资伙伴，亚洲开发银行贷款中的相应部分即取消；④窗口融资（Channel Financing），是指联合融资伙伴将其资金通过亚洲开发银行投入有关项目，联合融资伙伴与借款人之间并不发生关系；⑤参与性融资（Participatory Financing）是指亚洲开发银行先对项目进行贷款，然后商业银行购买亚洲开发银行贷款中较早到期的部分。在这些联合融资形式中，平行融资和共同融资占大部分。在80年代末，联合贷款约占亚行贷款总额的30%；在联合贷款中，官方机构融资约占70%。

（五）技术援助

亚洲开发银行的技术援助分为：

（1）项目准备技术援助。用于帮助成员立项或项目的审核，以便亚洲开发银行或其它金融机构对项目的投资。

（2）项目执行技术援助。它是为帮助项目执行机构（包括开发性金融机构）提高金融管理能力而提供的。亚洲开发银行一般通过咨询服务、培训当地人员等，来达到提高项目所在地成员的金融管理能力的目的。在这项技术援助中，仅其中的咨询服务部分采用赠款形式，而其余部分则采用贷款形式。

（3）咨询性技术援助。用于帮助有关机构（包括亚洲开发银行贷款执行机构）的建立或加强，进行人员培训，研究和制定国家发展计划，部门发展政策与策略等。过去，咨询性技术援助多以赠款方式提供，近年来以贷款方式提供的援助越来越多。

（4）区域活动技术援助，用于重要问题的研究，开办培训班，举办涉及整个区域发展的研讨会等。迄今为止，这项援助资金均全部采用赠款方式来提供。

技术援助项目由亚洲开发银行董事会批准；如果金额不超过35万美元，行长也可以批准，但事后需通报董事会。

60年代中至80年代末，在亚洲开发银行向其发展中成员提供的技术援助中，以贷款方式提供的约占75%，以赠款方式提供的约占17%，另约8%为联合贷款方式。

二、非洲开发银行集团

非洲开发银行集团由非洲开发银行（The African Development Bank Group）（简称非行）、非洲开发基金（The African Development Fund）和尼日利亚信托基金（The Nigeria Trust Fund）3个机构组成。

（一）非洲开发银行

1. 宗旨与组织

非洲开发银行是一个地区性政府间金融开发机构，1964年9月正式成立，1966年7月开始营业，总部设在科特迪瓦首都阿比让，现有成员76个，其中本地区成员国51个，非本地区成员国25个。该行宗旨是向本地区成员国提供优惠贷款和技术援助，推动非洲国家经济发展与社会进步，促进成员国间的经济合作，提高人民的生活水平。

非洲开发银行组织机构分 3 个层次。理事会是最高权力机构，每个成员都有 1 名理事和 1 名副理事。董事会是第二个管理层次，董事由理事会选举产生，董事会由 18 个选区组成，其中本地区 12 个，非本地区 6 个。董事会负责非洲开发银行的日常业务。行长也是董事会主席，是第三个管理层次。行长是非洲开发银行业务工作的首席执行官，应为本地区成员的国民，由理事会选举产生，行长在董事会领导下，负责非洲开发银行日常工作。

2. 股本及资金来源

非洲开发银行股本由各成员国交纳。最初法定股本为 2.5 亿美元，1987 年进行第 4 次普遍增资后，法定股本已达 230.50 亿美元。

非洲开发银行普通资金来自：①各成员国认缴的法定股本（其中待缴部分作为非洲开发银行向外筹资的担保）。②到期偿还的贷款本息；③由国际资本市场筹措的资金；④贷款收益；⑤投资收益和其它收入。

3. 贷款的条件与形式

非洲开发银行贷款主要投向工业、农业、公共设施、综合部门、交通文教卫生等部门。贷款采取浮动利率，一般每半年调整利率一次；贷款期限一般为 10～20 年，含宽限期 3～5 年。

非洲开发银行贷款的主要形式有项目贷款和规划贷款。项目贷款包括银行信贷、部门贷款和政策性贷款（即部门贷款和结构调整贷款）。项目贷款的程序与世界银行的贷款周期相似，对项目的申请、评估、审批、执行、监督等环节，均参照世界银行的做法来执行。

（二）非洲开发基金

1. 宗旨与组织

非洲开发银行自 1972 年 11 月 29 日开始接受非本地区成员，同时建立了非洲开发基金。非洲开发基金的宗旨是向本地区最贫困成员提供长期无息贷款和技术援助赠款以减轻非洲国家的贫困并促进其经济发展。

非洲开发基金现有 27 个成员，均为非本地区国家，包括亚行、中国、法国、美国等国家。非洲开发基金也设有理事会、董事会，并设有基金总裁。董事会有 12 名董事，其中 6 名由理事会选举产生，一般由非洲开发银行非本地区董事兼任，另外 6 名从非洲开发银行本地区董事中推选。非洲开发银行行长是基金的当然总裁，主持董事会会议。非洲开发基金没有专门机构，日常工作由非洲开发银行代为处理。

2. 资金来源

非洲开发基金的资金由非洲开发银行集团非本地区成员认捐，并以此作为非本地区国家加入非洲开发银行的先决条件，捐款最多的国家依次为日本、美国、加拿大、德国、意大利和法国。另外，非洲开发基金每隔 3 年向其成员募集一次资金，截止到 1994 年已募集 6 次，第 6 次募集资金额为 24.2 亿美元，用于向其成员贷款或赠款。

3. 贷款条件与形式

非洲开发基金根据本地区成员的经济发展程度不同划分为 3 类国家，不同类型的国家在贷款或援助时，有不同的规定条件。A 类国家有两部分，一部分人均国民生产总值低于 350 美元的成员，有乌干达、卢旺达等 30 多个国家；A 类国家另一部分为人均国民生产总值在 350～510 美元之间的成员，有佛得角、加纳等 7 个国家。B 类国家为人均国民生产总值在 510～990 美元之间的成员，有安哥拉、埃及等 8 个国家。C 类国家为人均国民生产总值高于 990 美元以上的成员，有阿尔及利亚、突尼斯、加蓬等 8 个国家。

非洲开发基金的贷款只收取 1％的手续费，不收利息，贷款期限为 40～50 年，含宽限期 10 年。

非洲开发基金的贷款形式有 3 大类别：①项目贷款、发展银行的限额信贷、部门投资、项目重建和自然灾害损失贷款等。这类贷款占发展基金集资总额的 67.6％，是发展基金的传统贷款业务。其中 90％向 A 类国家，10％向 B 类国家发放。②政策性贷款。这种贷款占其集资总额的 22.5％，主要用于支持 A 类和 B 类国家进行以结构调整和部门调整为中心的经济政策改革。③技术援助。技术援助占发展基金集资总额的 10％。技术援助资金主要用于与工程项目相联系的项目准备与项目执行的资金需要；其次用于加强机构建设和环境保护等资金需要。技术援助资金以赠款方式向 A 类国家和 B 类国家提供，以贷款方式向 C 类国家提供。

（三）尼日利亚信托基金

尼日利亚信托基金是于 1976 年 4 月建立的，由尼日利亚政府投资由非行管理的一个机构。该基金通过与其他信贷机构合作，为非行成员国中较贫穷国家的发展项目提供援助资金，以促进非洲经济增长。它贷款的偿付期限 25 年，宽限期最长可达 5 年，收取较低的利息。贷款的领域主要是公用事业、交通运输和社会部门。

此外，非洲开发银行集团还附设一金融机构——非洲再保险公司。该公司 1977 年成立，1978 年开始营业。它是发展中国家建立的第一家政府间再保险公司。该公司的宗旨是，促进非洲国家保险与再保险事业的发展；通过投资与提供有关保险与再保险的技术援助，来促进非洲国家的经济独立和加强区域性合作。公司的最高权力机构是由各成员国代表组成的大会。按规定，每个成员国至少要把在其境内再保险合同的 5％投保于该公司。自营业以来至现在，该公司已控制了非洲再保险营业额的 80％左右，大大减少了非洲再保险费用的外流，并以其收益投资于非洲的经济建设。

三、泛美开发银行

泛美开发银行（Inter-American Development Bank）成立于 1959 年 12 月，总部设在美国首都华盛顿。

（一）宗旨与组织

泛美开发银行的宗旨是为成员国及其附属或代理机构的经济与社会发展项目，以及为成员国国内私人企业，提供贷款、担保和技术援助，以促进拉美国家的经济发展与经济合作。

泛美开发银行现有成员 44 个，其中 27 个为本地区成员，17 个为非本地区成员。泛美行的组织机构由理事会、董事会和总部组成。理事由各国财政部长或中央银行行长担任。董事会负责银行的日常业务工作。董事会有 12 名执行董事和 12 名副执行董事，除美国执行董事由美国政府任命以外，其余由本地区成员组成 10 个选区，由非本地区成员组成两个选区选举产生。泛美开发银行总部由行长、副行长及下设的各业务局组成。

（二）资金来源

泛美开发银行的资金来源有：①法定资本：其中包括有拉美成员国认缴的普通资本；拉美以外成员国认缴的区际资本；以及由各成员国认缴的特种业务基金。②其它基金：由几个成员国存放于该行并由其管理的"社会进步信托基金。"③通过在国际金融市场发行债券所筹集的资金。④世界银行、联合国国际农业发展基金组织、欧洲经济共同体和石油输出国组织等提供的资金。

（三）贷款形式与条件

1．普通业务贷款

主要向成员国政府和公私机构的特定经济项目发放；贷款期限一般为10～25年，按市场利率贷放，以借贷的货币偿还。

2．特种业务基金贷款

向成员国需要特别对待的经济与社会项目提供贷款，贷款期限为10～30年。利率较低，可全部或部分用本国货币偿还。

3．社会进步信托基金贷款

此项贷款需经提供基金的国家同意才能发放，主要用于资助拉美成员国的社会发展和低收入地区的住房建设、卫生设施、土地整治、农村开发、高等教育和训练等方面的资金需要。

4．其它基金的贷款

各项基金贷款各有侧重，主要在能源、采矿、农渔、交通运输、环境保护、公共卫生、科教技术和城市发展方面的贷款，其中能源开发、采矿和农渔发展方面的贷款占主要地位。

思 考 题

1．试述世界银行的宗旨和贷款条件。
2．试述国际开发协会的贷款条件。
3．试述世界银行与国际开发协会的项目周期及其对国际工程界的现实意义。
4．试述亚洲开发银行的贷款条件和类型。
5．试述亚洲开发银行贷款的具体形式。
6．亚洲开发银行的联合贷款的类型和内容。
7．试述非洲开发银行的贷款条件与形式。
8．试述硬贷款、软贷款和与援助之间的联系与区别。

第8章 项目贷款与BOT

70年代以后，国际金融市场推出一种新型的借贷方式——项目贷款（Project Financing）。它是大型工程项目筹措资金的一种新形式。著名的英国北海油田和我国在80年代兴建平朔煤矿都是利用这种形式在国际范围内筹措资金的。一般中小型工程项目也可利用这种形式进行筹资。研究这种借贷形式的特点、内容及各种风险的担保问题，对搞好国际工程融资和在我国开展BOT有很大的现实意义。

第1节 项目贷款的产生、概念及参与人

一国政府或一个部门为兴建工程项目除可向世界银行申请贷款外，一般还可利用政府贷款、商业贷款等方式筹措所需资金。贷款人主要根据工程主办单位（Sponsor）的信誉和资产状况，附之以有关单位（如中央银行）的担保而发放贷款。但是，随着国际上的自然资源的大力开发，交通、运输工程的兴建扩展，所需资金的数额非常巨大，单靠工程的主办单位的自身力量很难从国际资本市场筹得资金，同时单靠一种借款方式也很难满足项目本身的资金需要。大型工程项目的发展要求一种新的贷款方式出现。这种贷款方式的特点是：

（1）贷款人不是凭主办单位的资产与信誉作为发放贷款的考虑原则，而是根据为营建某一工程项目而组成的承办单位（Project Entity）的资产状况及该项目完工后所创造出来的经济收益作为发放贷款的考虑原则；因为项目所创造的经济收益是偿还贷款的基础。传统的贷款方式是向主办单位发放贷款，而这种贷款是向承办单位发放贷款。两种方式如图8-1所示。

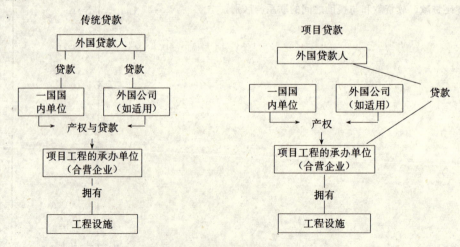

图8-1 传统贷款与项目贷款运作图

（2）不是一两个单位对该项贷款进行担保，而是与工程项目有利害关系的更多单位对

118

贷款可能发生的风险进行担保，以保证该工程按计划完工、营运，有足够的资金偿还贷款。

（3）工程所需的资金来源多样化，除从上述来源取得贷款外，还要求外国政府、国际组织给予援助，参与资金融通。

70年代以后，这种新的贷款方式——项目贷款在实践中产生了。它在促进具有较大国际影响的，像英国北海油田，美国阿拉斯加天然气输送管道，香港九龙海底隧道等大型项目的建成中起着重大作用。

什么是项目贷款呢？项目贷款是为某一特定工程项目而发放的贷款，它是国际中长期贷款的一种形式。发放项目贷款的主要担保是该工程项目的预期的经济收益和其它参与人对工程停建、不能营运、收益不足以还债等风险所承担的义务；而主办单位的财力与信誉并不是贷款的主要担保对象。

项目贷款具有多方面的参与人，参与人的有关担保，对贷款的取得和项目的完工起着关键作用。项目贷款的参与人和他们的职责与作用是：

（一）主办单位

主办单位即项目的主管单位和部门，它从组织上负有督导该项目计划落实的责任。贷款虽非根据主办单位的保证而发放，但如发生意外的情况，导致项目所创造的收入不足以偿付债务时，主办单位在法律上负有拿出差额资金，用以偿债的责任。所以，贷款人发放贷款时，对主办单位的资信情况也十分关注。

（二）承办单位

承办单位也称项目单位，是为工程项目筹措资金并经营该工程的独立组织。承办单位有独资的，也有与外商合资的，其职责的重要性已如前述。

（三）外国合伙人

承办单位选择一个资力雄厚、信用卓著、经营能力强的外国合伙人的好处在于：①可利用其入股的产权基金（Equity）；②他有可能对该项目另外提供贷款；③他可协助该工程项目从国外市场融通资金。外国合伙人的资信状况是贷款人提供贷款的重要考虑因素。

（四）贷款人

根据工程项目的具体情况，国内外的信贷机构、各国政府和国际金融组织均可成为工程项目的贷款人。

（五）设备供应人

项目设备的供应人在保证项目按时竣工中起着重要作用。贷款人关心运输机械设备、电力、原材料等供应商的资信与经营作风，这是他们考虑是否发放贷款的因素之一。争取以延期付款方式向供应商支付货款，是承办单位获得信贷资金的一条渠道。

（六）工程产品的购买人或工程设施的用户

偿还项目贷款的资金来源主要依靠项目产品销售或设施供人使用后的收入。因此，购买人（或用户）承担的购买产品（或使用设施）的合同义务，为贷款的偿还提供了可靠的保证。购买人（或设施用户）有时是一个，有时是几个，他们的资信状况是能否取得贷款的最重要因素。

（七）工程师和承包公司

工程师和承包公司是工程技术成败的关键因素，他们的技术水平和声誉是能否取得贷款的因素之一。

（八）外国政府官方保险机构

银行等私人信贷机构向工程项目提供贷款，常常以能否取得外国政府官方信贷保险机构的信贷保险为先决条件，这些机构也是项目贷款的主要参与人。著名的外国政府信贷保险机构有美国的海外私人投资公司，英国的出口信贷担保局，法国的对外贸易保险公司，德国的赫尔默斯信贷保险公司等。

（九）托管人（Trustee）

在国际大型工程项目的资金筹措中，往往有托管人介入。他的主要职责是直接保管从工程产品购买人（或设施用户）处所收取的款项，用以偿还对贷款人的欠款。托管人保证在贷款债务未清偿前，承办单位不得提取或动用该笔款项。

第2节　项目贷款的类型与工程规划

一、项目贷款的主要类型

项目贷款主要有两种类型

（一）无追索权项目贷款

无追索权项目贷款是指贷款机构对项目的主办单位没有任何追索权，只能依靠项目所产生的收益作为还本付息的来源，并可在该项目的资产上设立担保权益。此外，项目主办单位不再提供任何信用担保。如果该项目中途停建或经营失败，其资产或收益不足以清偿全部贷款，贷款人也无权向主办单位追偿。这种类型的项目贷款对贷款人的风险很大，一般很少采用。

（二）有限追索权的项目贷款

这是目前国际上普遍采用的一种项目贷款形式。在这种形式下，贷款人除依赖项目收益作为偿债来源，并可在项目单位的资产上设定担保物权外，还要求与项目完工有利害关系的第三方当事人提供各种担保。第三方当事人包括设备供应人、项目产品的买主或设施的用户、承包商等。当项目不能完工或经营失败，从而项目本身资产或收益不足以清偿债务时，贷款机构有权向上述各担保人追索。但各担保人对项目债务所负的责任，仅以各自所提供的担保金额或按有关协议所承担的义务为限。通常所说的项目贷款，均指这种有限追索权的项目贷款。

二、可行性研究与工程规划

工程项目的上马应建立在周密、审慎、健全的可行性研究（Feasibility Study）与规划的基础上。它是提出兴建工程项目的先决条件。承办单位要聘请各方面的专家进行高质量的可行性研究，制订出确保工程完工并对其存在的问题提出解决办法的全面规划；按规划进行施工、管理、组织、筹资、营运。贷款人在决定对项目提供贷款前都审慎的研究该项目的可行性与规划，以确保贷款的安全。在规划中一般包括以下几方面的主要问题：

（一）经济可行性（Economic Viability）

在经济可行性研究中：第一，要根据大量数据，衡量该工程项目总的效益与全面合理性。第二，根据该国经济发展战略要求，衡量该项目与国家的各项计划相衔接的程度。第三，对该项目的潜在市场进行充分详尽的分析。根据市场信息与条件，核算项目的成本与费用，并对世界市场的价格趋势作出科学的预测与分析。通过分析说明该工程所生产的产品（或设施提供的劳务）在国内外市场与其他供应者相比，具有不可抗拒的竞争性。只有销售市场得以保证，才能确保项目的收入和贷款的偿还。这是经济可行性研究中的最主要一项。

（二）财务效益的可行性

在财务效益分析中，首先应对投资成本、项目建设期内投资支出及其来源，销售收入，税金和产品成本（包括固定成本和可变成本），利润，贷款的还本付息（即按规定利润和折旧费等资金归还项目贷款本息）等五个主要方面进行预测。再以预测出的数据为依据，以静态法和现值法分析项目的财务效益，从而判断项目的盈利能力，说明项目的财务效益是可行的，反映财务效益的主要指标有正常年度利润、贷款偿还期、整个项目寿命期的收益额和收益率以及影响收益额和收益率的有关因素等。

（三）销售安排

销售安排（Marketing Arrangement）中要确定推销该工程产品的方法，如产品向为数不多的顾客出售，则应随着工程的完工和投产而安排好预销合同。由于产品销售具有合同保证，减缓了贷款到期不能归还的风险。这对贷款的人的资金安全，便于承办单位对外筹资都有重要作用。

（四）原材料和基础设备的安排

原材料供应要可靠，要有计划，并且制定长期供应合同，合同条件要与该工程的经济要求相适应。如果项目属于能源开发，就必须使贷款人确信项目资源储藏量是足够整个贷款期内开发的。

对于运输、水电、排水等基础辅助设施必须作出安排，其建设进度与所需资金应与工程本身的规划协调一致。基础工程的材料供应条件也要做好安排。

（五）费用估计

对于工程项目费用的正确估计是十分重要的。它对工程项目经济效益的发挥，产品销售的竞争力，以及工程本身的财务状况与还债能力都具有重大的影响。对工程费用的估计要实事求是，尽可能精确，要考虑到建设期间的利息和投资后的流动资金需求，偶然事件和超支问题，并应充分考虑通货膨胀的发展趋势对费用的影响。

估算费用开支时，应安排一定数额的不可预见费用和应急资金，用以弥补由于意外原因而造成的延期竣工，超预计的通货膨胀率以及受其他突发事件影响而增加的费用开支。

（六）环境规划

选定项目建设的地域，要适应项目本身的发展，项目对周围环境的影响要为该地区所容许。如考虑不周，或违反环境保护法，常常导致工程建设时间的推迟，甚至废弃。

（七）货币规划

工程项目在建造与营运阶段的各个环节均发生货币收支，规划中要安排好不同货币之间的衔接，最大限度地防止汇率风险。如以硬币筹资，而产品销售均为软币，在偿还贷款时就要蒙受汇率损失，收支脱节的不衔接情况更应极力避免。

（八）财务规划

根据工程的设计要求和规模，确定总的筹资总额；根据工程项目的结构特点与性质，确定筹措资金的来源与渠道；根据工程建设时间的长短，确定建设阶段与营运阶段分别筹资的安排；根据主办单位与合伙人的资财情况，确定以产权和借款方式筹措资金的总额；并对各具体筹资渠道、借款期限与条件等提出建议。

第 3 节 项目贷款的担保

做好项目规划与可行性研究是取得项目贷款的前提，但更重要的是项目单位要向贷款人提供各种担保：如项目单位按期还本付息的担保；或在项目营建的过程中由于不可预计的原因，费用超支，如无人垫付这部分超支费用，项目就不能及时完工，从而影响贷款偿还，对此也可提出担保；又如项目虽可按时完工，但由于种种原因，完工后开工不足；收益不足，从而影响贷款的偿还，对此也要提出担保。只有通过各种担保形式，将贷款不能偿还的各种风险消除了，项目单位取得项目融资才能实现。工程项目融资中，要向贷款人提供的担保主要有 5 种类型，而具体的担保形式又多种多样，兹逐一介绍分析如下：

一、直接担保

直接担保即担保人为项目单位（借款人）按期还本付息而向贷款人提供的直接保证，其具体形式有：

（一）责任担保

在项目贷款中常常由主办单位提供直接担保，一旦借款人（即项目单位）违约，则担保人承担连带责任。

（二）银行和其它金融机构的担保

担保人的主要义务是："如借款人未按期还本付息，则由担保人承担支付义务。"担保书中其它内容大都是保护贷款人利益的保护性条款。

（三）购买协议

即主办单位与贷款人之间的协议，协议一般约定："如项目不能按期完工，从而影响项目贷款的偿还，则由主办单位买下所有贷款款项"。

二、间接担保

间接担保指担保人为贷款本息的偿还而向贷款人提供的间接保证。间接保证的主要形式有以下 4 种：

（一）货物是否收取均须付款合同

1. 贷物是否收取均须付款合同（Take Or Pay Contract）的概念

买方（常为主办单位）和卖方（项目单位）达成协议，买方承担按期根据规定的价格向卖方支付最低数量项目产品贷款金额的义务，而不向事实上买方是否收到合同项下的产品。

2. 货物是否收取均须付款合同的特点

（1）买方必须定期支付；

（2）买方的每次支付不得少于某一固定的最低金额，这一固定金额一般与项目单位分期偿还贷款的金额相衔接；

（3）买方在合同项下的支付义务是无条件的和不可撤销的，即使买方未收到合同项下的产品，仍须履行支付义务。这就为项目单位分期偿还贷款，奠定了金融基础。

3. 货物是否收取均须付款合同的性质

项目单位作为项目产品的卖方与买方签订的这项合同实质上为贷款人收回项目贷款提

供了间接保证。

4. 货物是否收取均须付款合同的支付方式

根据贷款人的要求，买方的支付一般交予信托人，由信托人以买方交付的资金分期清偿项目贷款项下的本息。设置信托人的目的，在于避免买方应付金额直接支付卖方，如卖方丧失清偿能力或破产，该笔付款无法为贷款人所得。

5. 货物是否收取均须付款合同对主办单位的好处

（1）如主办单位无力或不愿意提供直接担保，货物是否收取均须付款合同是国际银团可以接受的一种担保方式；

（2）主办单位作为买方，在货物是否收取均须付款合同项下的义务不直接反映在该单位的资产负债表上，不影响其资信及继续融资的能力。

（二）设施（或劳务）是否使用均须付款合同

设施（或劳务）是否使用均须付款合同（Through-Put contract 或 Tolling Agreement）的概念

项目设施的用户对项目设施的使用量是否达到合同预定的标准，都必须无条件地支付某一固定最低金额的使用费。设施（或劳务）是否使用均须付款合同为基础设施项目提供了有保证的收入来源，从而为取得项目贷款奠定了基础。

（三）取得货物付款合同

取得货物付款合同（Take and Pay eoutract）与货物是否收取均须付款合同的共同点是：买方根据合同规定按固定价格，定期支付某一最低数量的产品或劳务的价金；而不同点在于取得货物付款合同项下的支付义务是有条件的，即只有在项目产品交付，或劳务实际提供的情况下，买方才有支付义务。

由于取得货物付款合同的有条件性，所以这种合同银团贷款不愿接受。但是，此种间接担保合同与强有力的项目经营人的其它保证，和项目经营人各种经营，风险防范措施的落实，在一定情况下也可从贷款人处取得贷款。

（四）按固定价格与数量供应原材料合同

按固定价格与数量供应原材料合同（Put or Pay Contract 或称 Supdty or Pay Contract）是项目单位与原材料供应商之间签订的一种间接担保合同。合同规定：供应商在规定时间按约定的数量、规格并以固定的价格向项目单位提供原材料；如供应商未能按合同规定提供该项原材料，则由项目单位自行从其它渠道采购，但供应商承担由此而引起的价格损失。

按固定价格与数量供应原材料合同的签订，防止项目完工前或完工后原材料价格的波动，会增加项目成本，降低项目单位的经济效益，从而削弱项目单位向贷款人偿还贷款的基础。合同的签订与执行，也视为项目单位向贷款人提供的一种间接担保。

三、有限担保

有限担保（Limited Guarantee）指担保人在时间上、金额上，或同时在时间和金额上提供的有限担保。在项目贷款的担保中一般均为有限担保。

（一）在金额上和时间上的有限担保

在项目贷款中，在金额上和时间上有限担保主要可分为完工前费用超支的风险担保和完工后收益不足的风险担保。

1. 完工前费用超支风险及其担保形式

由于建造、通货膨胀、环境和技术方面产生的问题，或由于政府的新规定或币值波动，工程建造的实际费用超出原来的估计数字，如不解决超支资金的来源，工程项目会因资金缺乏，半途而废，贷款的归还，也要落空。

为了解除贷款人的后顾之忧，对可能发生超支所需的资金，必须通过预订合同的方式予以担保：①由发起人担保提供超支资金，并签订不规定限额的承担超支资金协定；②由贷款人提供一定数额的超支资金；③由国家银行提供一定金额的备用信贷；④由项目产品的购买者（或设施用户）提供；⑤由希望工程完工的政府提供。

上述担保提供费用超支资金的合同，限定在完工前的营造阶段，限定在超支的具体金额上。所以是在时间上与金额上是有限的担保。

2. 完工后收益不足及其担保形式

如前所述，与其他贷款形式不同，项目贷款的最大特点是以项目产品（劳务提供）的收益作为贷款的担保，即由产品购买人（或设施用户）通过合同义务以购买产品（使用设施）所应支付的款项来偿付贷款。充分利用产品购买人（或设施用户）的信誉与资财实力以偿付贷款是项目贷款的最大优点。但是，在营运阶段，由于不可预计的原因，如出现工程停工或开工不足，则会导致项目停产或产品不足，无法按合同向产品购买人（或设施用户）提供产品和服务，后者当然不支付或少支付货款，从而使偿还贷款的资金来源中断或不足，贷款人蒙受损失。为防止贷款人因工程停止或开工不足而蒙受上述风险，一般尚要签订下述担保合同加以保证：

（1）货物取得与否均须付款合同。

（2）差额支付协议（Defieiency Payment Agreement）即由工程项目的东道国、中央银行或跨国公司参与对贷款偿付的担保。他们与承办单位签订差额支付协议，对工程所得的收益与债务偿还额之间的不足部分，承担支付义务。因为他们常与工程项目的完成有着共同的利害关系。差额支付协议当事人之间的关系如图 8-2 所示。

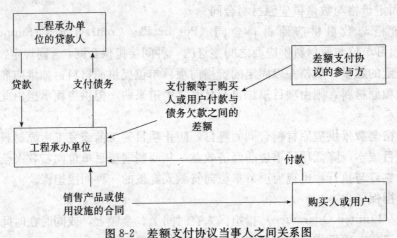

图 8-2　差额支付协议当事人之间关系图

（二）在时间上的有限担保

担保人把担保限定在一特定时间，如限定按期完工担保（Completion Guarantee），完工后担保解除。为满足贷款人的要求，项目单位常把完工担保条件纳入承包商的承建合同中。

四、抵押担保

即项目单位将设于东道国的项目设施及其它财产抵押给贷款人，以此作为担保。在项目贷款的实践中，有时贷款人还要求项目单位向其转让项目合同项下的权利和权益，如货物是否收取均须付款合同项下的收益，保险赔偿金的收益和承建合同项下的索赔收益等等，以免与项目有关的收益为它人所得，从而为贷款人收回本息提供一定的保证。

五、默示担保

默示担保（Tacit Decla Tation Guarantee）即由项目主办单位或当地政府，根据贷款人或项目单位的要求而签发的一种表示对项目支持的信函，在我国也叫见证书（Letter of Witness）。

这种默示担保仅是一种道义承诺，无法律后果。有些单位不愿对项目单位承担直接或间接担保责任而采取的一种变通办法。

默示担保的主要内容有：①发信人已知该项目交易情况；②发信人承诺并监督项目单位或项目单位的管理情况；③发信人支持该项目或项目单位。

如果默示担保的信函由项目可在地政府发出，这种信函虽无法律约束力，但有道义责任；国际银团认为当地政府既认可批准该项目，就可避免日后当地政府放弃该项目的情况发生。

第4节 项目贷款的筹资来源

可行性研究与规划的制定，各种项目担保合同的落实，为项目资金的筹措奠定了有力的基础。一个大的项目所需的资金是从何处获得的呢？兴建工程项目的资金来源有两条大的渠道，一为股本投资，一为举借贷款。股本投资是由工程项目的主办单位（或东道国政府）和外国合伙人（如采取合资经营方式）以现金（外汇或本币）或实物投入。主办单位和东道国政府常以承担可行性研究、初步工程、提供水的使用权、矿产开采特权或其他实质性资产作为实物投资；外国合伙商则以提供专利、先进技术、设备和 know—how 等形式作为实物投资。工程项目取得资金来源的另一条主要渠道则为借款。在现代国际工程项目筹资中，借款所占的比重要大大高于股本投资。一个大的工程项目可以从哪些方面取得借款呢？各方面的借款优缺点又如何呢？

一、政府间双边贷款

政府间双边贷款是工程筹资的一个来源。如前所述政府贷款分为两种形式，一种为无偿赠予；另一种为低息长期贷款。

政府贷款的优点是：低息或无息，并且费用低。缺点是：①贷款的政治性强，受两国外交关系及贷款国预算与国内政策的影响大，一旦政治气候变化，贷款常会中断；②所得贷款或援助限于从发放贷款与援助的国家购买商品或劳务，承办单位不能利用投标竞争或就地生产，以降低工程成本。

二、出口信贷

从发达国家的出口信贷机构取得出口信贷也是工程项目筹资的主要来源。它的优点是：①利率固定；②利率水平低于市场利率；③所得贷款可用于资本货物的购买；④出口国竞争剧烈，承办单位可选择一最有利的出口信贷方案。它的缺点是：①货价与低利因素抵销后，因所得贷款限于在贷款国使用，购进设备的质量不一定是最好的，并且价格可能高于直接从第三国购买或招标；②出口信贷的利率不因借款货币软硬的不同而变化；增加承办单位对币种变换因素的考虑；③出口信贷通常为中期而非长期，并不能用于支付全部工程费用。

三、世界银行及其附属机构——国际开发协会的贷款

这部分贷款是项目筹资的主要来源，用于项目有关的基础工程建设及其他项目内容。它的优点是：①利率固定，低于市场利率，并根据工程项目的需要定出较为有利的宽限期与偿还办法；②世界银行与国际开发协会对工程项目所提供的贷款要在广泛的国际厂商中进行竞争性的招标。这样就可最大限度地压低项目建设成本，保证项目建设的技术最为先进；③该组织以资金支持的项目其基础是扎实的，工程都能按计划完成；④该组织提供资金支持的项目带有一定的技术援助成分。缺点是：①手续繁杂，项目从设计到投产所需时间较长；②贷款资金的取得在较大程度上取决于该组织对项目的评价；③该组织所坚持的项目实施条件，如：项目收费标准与构成，项目的管理方法，项目的组织机构等，与东道国传统的做法不一致，东道国有时要被迫接受；④该组织对工程项目发放的贷款，直接给予工程项目中标的外国厂商，借款国在取得贷款时，无法知道这一贷款对其本国贷币或项目的核算货币所带来的影响，不易事先进行费用的核算比较。

四、世界银行与其他信贷机构的混合贷款

从世界银行与私人资本市场共筹资金，取得混合贷款，供同一工程项目使用。混合贷款的优点是：①世界银行为国际金融机构，商业银行和其他信贷机构参与筹资，其风险自然减少，否则私人银行不敢贸然向一工程项目贷款；②由于有世界银行的参与，资金安全有保证，私人贷款的利率可望较低。缺点是：混合贷款谈判所需时间更长，手续更复杂。

五、联合国有关组织的捐赠与援助

联合国开发计划署（United Nations Developement Program）、联合国天然资源开发循环基金（United Nations Revolving Fund for Natural Resources Exploration）对工程项目提供用于可行性研究的资金，并提供技术援助。从这些来源取得资金既可用于可行性研究，也可用于工程准备工作。但是取得这种资金的手续比较复杂，并须归还。

六、商业银行贷款

可从国内和国外商业银行为工程项目取得贷款。它的优点是：①与上述各种形式相比，从商业银行取得贷款易于谈判，手续简单，需时短；②商业银行贷款无须经该国政府或国会批准，并可随时取现；③使用商业银行贷款没有任何限制，可用于向第三国购买资本货物、商品、劳务。工程承办单位可以在国际间招标购买工程设备，降低工程成本；④与上述贷款形式相比，商业银行的贷款协定条款，对工程施工与工程收益的使用，限制较少。⑤从商业银行贷款，可以借取各种货币，便于事先估计货币风险，加强工程成本核算。它的缺点是：①贷款按市场利率收取，高于上述各种形式的利率；②多数采用浮动利率，难于精确计算工程成本；③除收取利息外，还收取其他费用，如承担费、管理费、安排费、代理费、杂费等，并规定在该行保有最低存款额等，从而提高了总的借款费用；④商业银行提供资金虽无一定限额，但有时出于对国际及借款国家总的政治风险的估计，也会限制其发放贷款的额度。

七、发行债券

在国外市场发行债券也是工程筹资的一种形式。发行债券利率固定，期限长，并且由于债券投资人分散、广泛，资金使用不受其控制。但是，受市场利率与供求关系的影响，债券发行是否能筹集到预计数额的资金，并无准确把握；而且发行债券的利率比世界银行的利率高，贷款期限也较前者短。债券发行后还要设立专门机构，配备专门人员，注视该债券在市场的动态并进行管理。

八、供应商提供的信贷

工程项目的大供应商所提供的金额较大的设备，允许承办单位以延期付款的方式支付货款。这实际上是向工程项目提供了资金。采用这种方式，供应商会抬高设备的货价，增大项目的成本，实质上是高价筹资。

可见，项目筹资的渠道较多，形式多样。根据工程结构的不同，主体工程、附属工程完工期限长短的不同，项目各组成部分对资金要求的特点不同，承办单位可以从上述各个渠道筹措资金，将不同来源的资金，组成一个综合整体，以发挥资金的最大经济效益，降低项目的造价。由于筹资工作手续复杂，接触面广，专业知识强，承办单位常委托财务代理人负责筹资和管理。

制定筹措资金规划谈判中，尚应考虑贷款的利率、其它费用负担、币种、汇率变化、贷款期限、偿付方法诸问题，从总体上考虑多元筹资方式的利害得失，并要做到贷款借入和偿还期限与工程本身建造和营运阶段的财务状况相一致。

现将通过多元融资后，项目贷款各方面参与人的复杂关系和内在联系用图 8-3 表示。

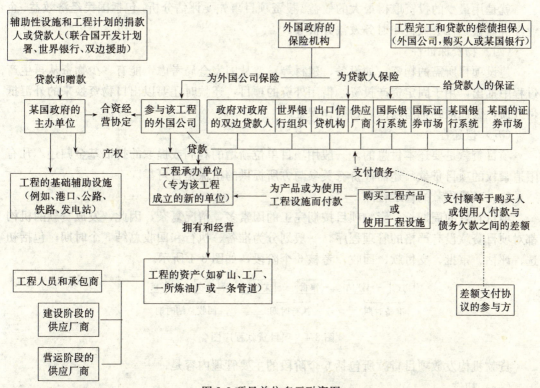

图 8-3 项目单位多元融资图

第 5 节　项目贷款的管理原则与内容

商业银行、国际金融组织和政府机构等，在向项目单位发放项目贷款时，都进行较为严格的审查评估管理和监督，以期贷款发挥预期效果，保证贷款按时收回。各贷款机构的贷款原则，管理程序和监督内容可能不尽相同，但其总的做法与精神是一致的。这里将世界银行和作为世界银行的转贷银行中国投资银行对项目贷款的管理原则和内容，概要加以说明。

一、项目贷款的原则

项目贷款的原则，也即发放项目贷款的基本要求，主要包括：

（一）计划性

项目贷款属固定资产投资，借用单位的固定资产投资计划必须经国家批准并纳入国家计划。除此，根据借用外汇资金的来源和还款方式的不同，其外汇收付要列入国家的利用外资计划和外汇收支计划；项目单位的人民币配套资金，一定要列入国家的人民币信贷计划。

（二）有效性

投资项目所生产的产品必须是市场适销的、国民经济所需要的。有的项目虽不增加产量，但其目的在于提高质量、更新技术、节约原材料或消除污染等，对国民经济也是有贡献的。

（三）效益性

就是用最少的投资取得最大的效益。投资项目事先要评估分析，包括国民经济效益、企业经济效益、社会效益和财务效益分析等。

（四）物资保证性

建设项目所需的物资，如设备、建材等，要从国家全局考虑，能有多少物资从再生产过程中抽出，用于固定资产投资。借用外资的项目，还款时还要以出口物资换来的外汇抵付外债，因此最终仍需以国内物资作保证。

（五）偿还性

项目贷款是要还本付息的。一般用项目单位新增的利润或提取的折旧基金归还。凡有限追索权的项目贷款，还需评价有关参与方所提供的担保是否可靠。

二、项目贷款的管理程序

项目贷款的周期长，影响项目按期完工的因素多，情况复杂，因此，发放贷款的机构都对项目贷款设有严格的管理程序。一般划分为准备、执行和回收总结 3 个时期；包括初选、评估、审批、支付款、回收、考核 6 个阶段，如图 8-4 所示。

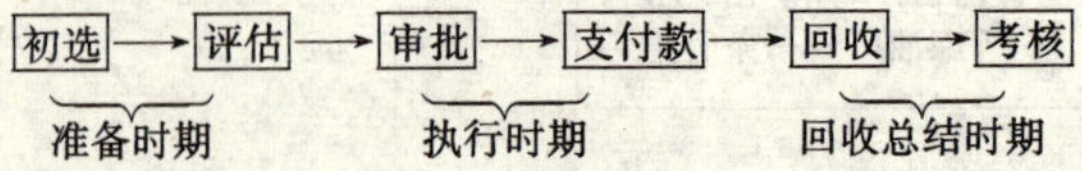

初选 → 评估 → 审批 → 支付款 → 回收 → 考核

准备时期　　　执行时期　　　回收总结时期

图 8-4　项目贷款程序图

贷款机构发放项目贷款所包括 6 个阶段的主要管理内容是：

（一）初选

贷款机构根据放款计划和项目单位所在国家的产业政策，经初步调查协商，从有关项目单位呈交的规划中初选一批符合上述条件的项目，作为备选项目。

初选时主要依据项目单位呈交的项目建议书和项目规划进行审查，着重研究项目完工对所在国国民经济的作用和建设的必要性，并初步研究项目的可行性。

（二）评估

就是对项目可行性研究报告进行各方面的审查评估，贷款单位在项目可行性研究过程中，要搜集有关资料，细致分析。因为从国家有关部门批准可行性研究报告，到银行考虑是否发放贷款，其间有一个过程，在此过程中原来的数据或情况可能有所变化，故贷款银行应细致分析。初选阶段审查重点是项目建设的必要性，评估阶段审查重点是项目的可行性。

（三）审批

银行内部进行最后审查，批准贷款条件、贷款程序、提款办法等，并签署贷款合同。

（四）支付款

根据贷款协议、年度投资计划和年度贷款计划，按照采购合同、施工合同和建设进度，及时供应资金，并监督资金合理使用，以保证项目顺利完成，及时发挥投资效益。

（五）回收

贷款项目投产后，要按照年度还本付息计划，审查企业财务报表，核实新增利润和折旧以及外汇收入，督促企业按期还本付息。

（六）考核

在项目建成投产后，还款期结束前后，银行要对贷款项目进行全面总结，考核效益情况，检查银行工作质量，从中总结经验，吸取教训，改进今后工作。

三、项目贷款监督与管理的主要内容

在项目贷款程序的管理工作中，发放贷款的机构还须进行一定的监督，只有在监督中发现问题，才能及时督促帮助项目单位加以解决，从而达到管理的目的。监督的内容很多，现主要对项目准备时期、项目执行时期和项目投产时期的监督内容加以说明。

（一）项目准备时期

自列为备选项目起到签订贷款合同止的时期内，监督管理的主要内容有：

（1）帮助建立和调整项目管理机构。健全的管理是执行好项目的重要前提。同时，还应按不同的施工方式落实项目的施工机构。这是进入项目执行期前必须完成的准备工作。

（2）对技术设备采购的督促检查。重点是对引进技术和设备前期工作的督促和帮助。督促企业及时向国外询价、考察，做好招标、比价的准备工作，以便合同签订后，引进和采购工作能尽快进行。对国内设备的采购也应开始订货，落实生产厂家。

（3）对初步设计和概算的审查分析。项目正式批准后，督促企业做好项目初步设计，并进行审查，同时审查概算，防止超过原批准投资总额。

（4）对贷款合同的监督审查。督促项目单位与贷款机构签订贷款合同，并审查贷款合同生效的先决条件是否具备、还款资金是否有来源、担保文书是否落实等。

（二）项目执行时期

即项目建设期，自签订贷款合同起至项目建成投产止。这是对项目进行监督的最主要时期。主要内容有：

（1）对贷款合同中规定的支款前提条件是否已经满足进行审查，否则不能支款。

（2）对技术设备及其价款结算和支付的监督。重点是对引进技术和进口设备的监督。一是督促帮助项目单位及时做好各项采购工作，取得符合技术要求、价格适宜的设备；二是对技术设备价款的结算和支付进行事前检查，促使项目单位按计划采购并节约资金。

（3）对工程施工及价款结算和支付的监督。一是督促项目单位组织好建筑安装工程施工，并帮助解决存在的问题；二是对工程价款和其他费用的结算和支付进行事前检查，促使其按计划、进度节约用款。

（4）对项目执行和资金使用等情况的检查和问题的处理。

（5）在竣工验收时的检查监督。主要在工程接近完工阶段，对设备试车情况和工程收尾情况进行检查，帮助解决影响工程收尾的问题，以促使工程竣工投产。

（三）项目投产期

指从项目投产起至还清全部贷款本息止。这一时期内监督管理的主要内容有：

（1）对生产经营情况的检查。主要通过报表分析和现场检查，了解项目投产后能否达到设计生产能力；经营是否盈利；是否完成出口创汇计划等。如存在问题，应帮助分析原因，督促改进。

（2）对还本付息情况的检查。主要检查是否按计划、按合同规定还本付息。发现问题，要督促借款人尽早设法偿还。

（3）项目结束后的事后评价，这是对项目建设、投产工作和贷款管理工作的全面总结，由企业和贷款机构从不同角度进行。既总结项目的经验教训，又分析贷款机构工作的得失，通过反馈，改进贷款机构的信贷工作。

第6节　项目贷款的作用

综上所述，可以看出，本章所论述的项目贷款与世界银行所发放的"与项目相结合的贷款"（Tied Loan）是不同的，其区别主要表现在 3 个方面：

（1）根据不同。发放项目贷款所依据的项目一定保证要有盈利，项目完成后其产品有人买，有人使用，收入多；而发放与项目相结合的贷款所依据的项目，不一定有盈利，如世界银行向我国提供的两亿美元的教育贷款，项目本身无盈利收入。

（2）对象不同。项目贷款贷给为经营某项目而成立的承办单位；与项目相结合的贷款，则一般都贷给项目的主办单位。

（3）保证不同。项目贷款根据项目的经济效益可行性、项目有关方面的直接或间接的信誉以及通过它们的契约责任（Contract Obligation）来保证；与项目相结合的贷款则以借款人的直接信誉，借款人从它们今后项目投资的收益中，也可以从其他收入来源来偿还。

利用多元融资的项目贷款对一国的好处是：

（1）项目贷款不以主办单位，如一国政府或某部门为考虑因素，而是以项目的预期收益作为主要考虑因素来发放的。项目本身的收入是偿还贷款的资金来源；贷款是贷给为项目而组成的经济实体，也即承办单位。这个承办单位可能是地方机构组建的，也可能是与外国资本合营的。这样就会减轻我国政府的直接对外负债，提高对外融通资金的能力。

（2）将来偿还项目贷款的外汇，无须动用国家的财政资金或国家的外汇储备，而来源于产品承购（或设施用户）的公司。

（3）国家或政府只负完工保证的义务（也可由国内有关单位进行保证），一旦工程竣工，保证责任也就解除。

（4）精确的可行性研究与规划是取得项目贷款的前提，各种计划都经过专家与高级技术人员的精密计算与核比，从而保证项目的经济效益，降低项目的建设成本。

（5）承办单位一般可与外商合营，共事中便于学习国外先进管理经验，便于培养与训练干部，提高企业的经营管理水平。

（6）工程贷款所取得的资金在运用过程中，有一部分可采取竞争性的招标方式，与延期付款和补偿贸易方式相比，设备的货价或工程的造价可望便宜。

（7）有助于一国合理地、多样化地利用外资。

但是，使用项目贷款对一国来讲也有一些不利之处，主要有：

（1）要向有关方面提供一国国民经济基本情况的各种数据。

（2）承办单位的成员及组成情况，要征得参加项目贷款有关方面的通过。

（3）各种保证要通过各方贷款人的审查。

（4）手续复杂，联系面广，从项目的初议、各种保证及贷款协议的签定，至最后借到资金着手兴建，往往需几年的时间。

（5）贷款成本较高并且部分贷款的使用范围受到一定的限制。

第7节　项目贷款的国际案例

一、博茨瓦纳的采矿工程项目贷款

70年代初，博茨瓦纳政府决定利用项目贷款开采位于该国一偏僻地区的铜镍矿。毫无疑问，该工程的开发，不仅需要建设采矿设施，并需建造水、电、运输交通等基础工程。兹将其参与者、基础工程设施的筹资计划、采矿设施的筹资计划、筹资的特点与优点介绍如下，作为我们使用项目贷款的参考。

（一）参与者

该工程的主办单位为博茨瓦纳政府和两家大的国际矿业公司——美国的阿迈克斯公司（Amax of the United States）和南非的英美公司（Anglo America of South Africa）。前联邦德国的一家大公司——金属公司（Metallegesellschaft）是产品的主要购买人。向该工程提供贷款的主要贷款人有：世界银行，美国、加拿大的援外机构，南非的出口信贷署和前联邦德国复兴信贷公司（Kreditanstalt fur wiederaufbau）。

（二）基础工程设施的筹资计划

贷款人	使用方向	贷款期限	贷款金额 （百万美元）
世界银行	公路、铁路、住房和一部分供水工程	20年	32
加拿大的双边援助	发电站	50年	29
美国的双边援助	输水管道	30年	15
国际开发协会	初步设计和工程	50年	3
英国的双边援助	初期的供水工程		1.5

（三）采矿设施的筹资计划

采矿设施筹资来源及金额如下：

（1）产权和主办单位的预付款项（博茨瓦纳政府拥有15%的产权，它以提供土地、矿权折为产权，不提供现金）：4660万美元；

（2）南非提供的出口信贷：1800万美元；

（3）复兴信贷公司的贷款：6800万美元。

（四）筹资的特点和优点

最大的特点为以共同的义务作业贷款的担保，如美国阿迈克斯公司和南非的英美公司和德国的金属公司对世界银行提供的贷款进行担保。阿迈克斯公司和英美公司还承担完工保证，保证如费用超支，它们对超出部分提供资金。德国政府的一个机构和南非政府的一个保险机构提供保险。

德国金属公司与该工程签订一个为期10年的购买铜镍产品合同，虽然该公司未承担最低支付额条款，但也有利于该工程从各方贷款人处取得贷款。此外，一些与该工程有关的公司还同意承担供水、供电和市政设施的最低支付额，为世界银行向基础设施提供贷款作出担保。可见，这一大型工程主要是通过有关方面的合同义务与风险担保而取得各种贷款的。

二、英国开发北海油田项目融资案例

（一）概况

1977年，据专家勘测估计，属于英国领海范围内的北海油田储油量为30到40亿吨，约等于220亿至340亿桶（美制）。英国政府为了控制石油的开发与生产，专门成立了开发北海油田的承办单位——英国国家石油公司（British National Oil Corporation BNOC）。由于开发费用过大，并且开采技术需要国际石油钻探部门的多方支持，所以英国国家石油公司联合私营石油公司共同开发。英国国家石油公司为保证北海油田的石油产品能在本国提炼，并供应本国市场，同意按国际市场价格购买开采出的51%的石油产品。从这个角度讲，英国国家石油公司既是承办单位的一方，同时又是购买者。

（二）筹集资金的数额、来源和条件

英国政府提供英国国家石油公司早期所需的一部分资金。在未经证实的地区进行勘探的费用，是英国国家石油公司的主要开支，按与私营公司的入股比例，它承担其应负的份额。在勘探与开发阶段所需的主要开支均须从外部筹措。英国国家石油公司从美国、英国的12家商业银行借款8.25亿美元，贷款期限为8年，宽限期为4年。宽限期毋需偿还本金，因在头4年中尚处于勘探开发阶段，储量不明；后4年为偿还期，这时油田处于生产阶段，分8次偿还贷款本金，每半年偿还本金的1/8。这笔贷款的取得既无英国财政部的担保，也不以英国国家石油公司的股权作为抵押。

在8.25亿美元贷款总额中，6.75亿美元由在美国的一些美国和英国银行安排提供；其余的1.5亿美元在英国安排提供。美国提供的贷款利率最初定为优惠利率的113%；在英国提供的贷款利率比伦敦银行同业优惠放款利率高1‰。此外，美国提供的贷款包括一项2.25亿美元的信用限额，英国国家石油公司可利用此项限额在限额内签发商业票据。利用限额除利息外尚须交0.5%～1%的承担费。

（三）意义及特点

英国国家石油公司不是以政府的名义，也不是通过政府的担保借得资金，而是以自己的名义借得主要资金开发油田。融资人发放贷款，虽然考虑了英国国家石油公司的股权，但不要求该公司的股权作为担保。从这一点说，贷款人承担了一定的石油储量不足的风险。

贷款期限8年，宽限期4年的规定，使英国国家石油公司于第5年才开始偿还贷款，与油田预期产生收益的时间相适应，有利于其资金周转。

银行给予英国国家石油公司签发商业票据的信用限额，使该公司可在短期基础上，灵活地利用这部分贷款，费用低廉。

与英国采用上述项目融资形式开发北海油田不同，挪威政府与此同时为开采其所属的北海油田也成立了国油公司（Statoil），该公司不是以自己的名义借款，用以支付开发费用；而是由政府以"挪威王国"的名义，通过财政部筹集资金，然后把筹集到的资金转交国油公司，用于勘探和开发支出。显然，这种筹资方式不属于项目融资的内涵。

此外，像美国宾夕法尼亚石油公司（Pennz-Oil Corporation）在开发勘探其近海石油作业中，则采用了项目融资的另一种形式。

为满足勘探开发需要，宾夕法尼亚石油公司组成一家独立的子公司。宾夕法尼亚石油公司则作为主办单位，在该子公司投资股本80％，享有80％的表决权。

这家子公司通过向美国公众出售股票和长期债券，为勘探开发筹集到资金1.3亿美元，其余所需资金，待探测确实石油储量后，在开发阶段中，通过销售产品支付协议再取得补充营运资金。

第 8 节 项目贷款与 BOT

在80年代中期以前，绝大多数国家基础设施投资全部由国库出资，政府主办。然而，随着经济的发展，对基础设施建设的资金需要量越来越大，许多国家政府和公用事业部门为筹建基础设施工程的债务负担与日俱增，并且对项目的设计、建造、经营管理等方面物质力量已不能适应发展的需要。在这种背景下，某些基础设施项目开始转向民营，一种新型的基础设施项目兴建方式——BOT方式于80年代中期迅速发展起来。

一、BOT 的概念及其发展

BOT 是对英文 BUILD-OPERATE-TRANSFER（建设-经营-转让）的缩写，指政府同私营部门（可以是外商或外国与本国或联合的财团）签定合同，授予其参与某些基础设施建设的特许权，由该私营部门独自或联合该政府组织项目公司或开发公司，负责筹资、设计、承建该项目。项目建成后由私营部门（或联合项目公司或开发公司）负责一定时间的运营管理，待其收回筹资的本息并获取一定利润后，再把整个项目无偿移交给政府部门。

早在19世纪末20世纪初，法国和世界其它地区就出现了"特许"（Concessions）的方式，著名的苏伊士运河就是由私人投资以特许的方式修建的。但这并非真正意义上的BOT方式。70年代，在油气勘探和开采领域出现了为私人拥有的项目提供无追索权的项目贷款方式。70年代末80年代初，一些国际承包公司和某些发展中国家开始探索通过无追索权贷款以特许的方式促进私人拥有和经营基础设施项目。这种国营项目民营化，政府给予财团以特许权的操作模式开始发展流行，并日趋系统规范，BOT 则成为这种操作模式的国际通用术语。

BOT 被用于发展收费公路、电站、铁路、隧道、废水处理和城市地铁等。80 年代以后，英国、菲律宾、泰国、马来西亚、香港等国家和地区的许多大型基础设施项目都是通过这种方式建成的。

二、BOT 的具体形式

根据世界银行《1994 年世界发展报告》中报导，通常所说的 BOT 至少有 3 种具体形式，即 BOT (Build-Operate-Transfer，建设-经营-转让)，BOOT (Build-Own-Operate-Transfer，建设-拥有-经营-转让)，以及 BOO (Build-Own-Operate，建设-拥有-经营)。此外还有 DBFO (Design-Build-Financing-Operate，设计-建造-融资-运营)。兹将各种形式的具体内涵，简要介绍如下：

（一）BOT

对 BOT 的内涵与做法，前已述及，不再重复。

（二）BOOT

由私营部门融资建设基础设施项目，项目建成后在规定的期限内拥有所有权并进行经营，期满后将项目移交给政府部门。BOOT 和 BOT 的区别主要有：第一是所有权区别。BOT 方式，项目建成后，私人只拥有所建成项目的经营权。但 BOOT 方式，私人在项目建成后的规定期限内既有经营权，也有所有权。第二是时间上的区别。采取 BOT 方式，从项目建成到移交给政府这一段时间一般比采取 BOOT 方式短。

（三）BOO

指私营部门根据政府赋予的特许权，建设并经营某项基础设施。但是，并不在一定时期后将该项目移交给政府部门。

三、BOT 的典型结构及操作程序

（一）BOT 的典型结构

BOT 的参与人主要包括政府、项目承办人（即被授予特许权的私营部门）、投资者、贷款人、保险和保证人、总承包商（承担项目的设计、建造）、经营开发商（承担项目建成后的营运与管理）。此外，项目的用户也会因投资、贷款或保证而成为 BOT 项目的参与人。各参与人之间权利义务依各种合同、协议而确立。例如政府与项目承办人之间订立特许权协议，各债权人与项目公司之间有贷款协议等。

BOT 的全过程涉及项目发起与确立，项目资金的筹措，项目设计、建造、运营管理等诸多方面和环节。BOT 结构总的原则是使项目众多的参与方的分工责任与风险分配明确合理，把风险分配给与该风险最为接近的一方。BOT 的典型结构可以归结如图 8-5 所示。

（二）BOT 的典型操作程序

BOT 的全过程可分为 3 个阶段，即准备阶段、实施阶段、与项目移交阶段。准备阶段主要是选定 BOT 项目，通过资格预审与招标，选定项目承办人。项目承办人选择合作伙伴并取得它们的合作意向，提交项目融资与项目实施方案文件，项目参与各方草签合作合同，申请成立项目公司。政府依据项目发起人的申请，批准成立项目公司，并通过特许权协议，授予项目公司特许权。项目公司股东之间签定股东协议，项目公司与财团签定融资合同等主合同以后，项目公司另与 BOT 项目建设、运营等各参与方签订子合同，提出开工报告。

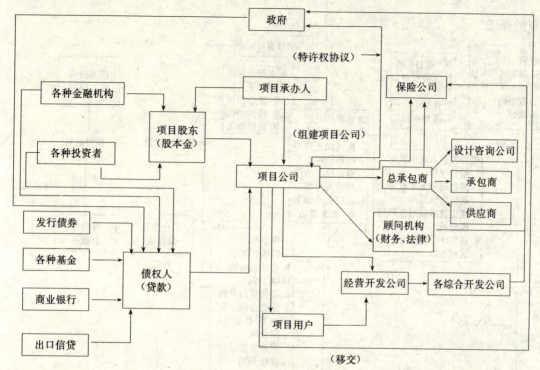

图 8-5　BOT 项目典型结构框架图

实施阶段包含 BOT 项目建设与运营阶段。在建设阶段中，项目公司通过顾问咨询机构，对项目组织设计与施工，安排进度计划与资金营运，控制工程质量与成本，监督工程承包商，并保证财团按计划投入资金，确保工程按预算，按时完工。在项目运营阶段中，项目公司的主要任务是要求运营公司尽可能边建设边运营，争取早投入早收益，特别要注意外汇资产的风险管理及现金流量的安排，以保证按时还本付息，并最终使股东获得一定的利润。同时在营运过程中注意项目的维修与保养，以期项目最后顺利地移交。项目移交阶段是指特许期终止时，项目公司把项目移交政府。项目移交包括资产评估、利润分红、债务清偿，纠纷仲裁等。过程复杂，到目前为止，由于很少有 BOT 项目完成全过程，因此，此阶段的经验尚待总结。BOT 项目操作总程序可以归结为如图 8-6 所示。

四、项目贷款与 BOT 的关系

（一）项目贷款与 BOT 的共同点与不同点

综上所述，可以看出，项目贷款和 BOT 之间的关系极为密切，两者之间"你中有我，我中有你"。国内有些学者管 BOT 也叫做 BOT 项目融资也是有一定道理的。因为两者之间确实存在一些共同点，主要表现在：

1. 项目单位是组建、营运项目的实体

无论是项目贷款下的项目单位，还是 BOT 下的项目单位，它们都是组织、筹资、营造经营项目并最后进行还债的经济实体。承担上述繁重任务的并进行日常工作的不是主办单位或政府部门。

2. 项目担保是顺利实现筹资的保证

无论是项目贷款下的项目单位，还是 BOT 下的项目单位，都是通过与项目完工有利害关系各方当事人对贷款偿还可能发生的风险进行担保。项目担保是项目单位顺利实现融筹资的保证。

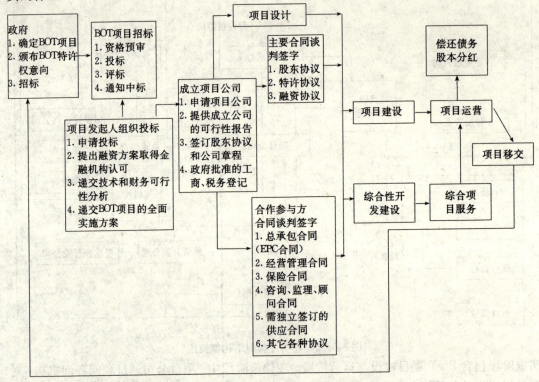

图 8-6　BOT 项目典型总程序框架图

3. 项目的潜在经济收益是偿还贷款资金的主要来源

无论是项目贷款下的项目单位，还是 BOT 下的项目单位，都是以项目产品的售后收入，或项目设施的收益（包括特许权下的收益）作为偿还贷款资金的来源。

但是，两者之间也存在一些不同点，表现在：

1. 有无特许权协议不同

项目贷款的项目单位，一般与所在国的政府部门不存在特许权协议；而 BOT 的项目单位则与政府部门签有特许权协议，在特许权范围内建造、经营该项目。

2. 适用的范围不同

项目贷款适用于一般商品、稀有金属、能源或劳务设施的开发建设项目；而 BOT 下的项目则适用于公用设施一类的基础工程，如公路桥梁隧道、港口、给水、排水工程等等。正因这些设施非垄断性、收费不高，兼有收费标准的限制，所以政府部门给项目单位的外国投资者以一定的特许权。

3. 项目标的物是否转交不同

项目贷款的项目单位，在该项目的营运期间一直由投资人营运管理，除非破产、倒闭、兼并或转让其它投资者，不存在将该项目转让给主办单位或政府部门的义务。而 BOT 下的项目单位，根据特许权协议的规定，在经营项目一定时期，得到一定收益后，将项目标的物移交给签有特许权协议另一方的东道国的政府部门。

（二）项目贷款与 BOT 的关系

项目贷款与 BOT 的关系，可简单归结成：

（1）具有特许权协议的项目贷款是实现 BOT 的前提

BOT 下项目单位的组织、筹资、营建、经营等等与项目贷款下项目单位的工作基本相同，所不同就 BOT 下的项目单位是具有特许权协议的。如果没有特许权协议，BOT 下项目单位的投资人就缺少经营基础工程的利益趋动，从而就不会形成 BOT 的全部运作。所以说具有特许权协议的项目贷款是实现 BOT 的前提。

（2）BOT 的核心就是项目融资

和一般项目贷款下的项目单位一样，BOT 下的项目单位的资金来源也是由股本投资与银行，金融机构，国际金融组织和政府部门的贷款组成，股本与借款的比例一般在 10%～30%：90%～70%。只有筹集到足够的资金，项目单位才能营建、完工、投产、盈利，如果筹资计划不能实现，其余工作均不能开展。而 BOT 下项目单位的多元化筹资渠道，根据项目的构成与完工情况从不同渠道取得条件最优惠的贷款组合，向贷款人提出各种项目担保形式等等，与项目贷款下的工作，内容并无不同。从这一角度讲，项目贷款得以落实，是完成 BOT 项目的关键与核心。

思 考 题

1. 试述传统的与项目相结合的贷款与项目贷款的不同点。
2. 试述项目贷款的主要特点。
3. 试述项目贷款的主要担保形式与内容。
4. 试述项目贷款的主要关系人及其作用。
5. 试述 Takeor Pay Contract 与 Takeand Pay Contraet 的不同点。
6. 试述 BOT 的概念、结构框架、操作程序的主要内容。
7. BOT 与项目贷款的相同点与不同点。
8. 论 BOT 与项目贷款的关系。

第9章　国际租赁

国际工程的投资商或承包商，为减少自己的资金占压，缓解固定资金与流动资金的不足，避免直接进口设备谈判、签约、设备入境报关等较长的过程与繁琐的手续，可通过租赁直接取得建筑及其它机械设备。长期使用的设备，通过金融租赁，在租赁合同期满通过一定手续也可占有设备。短期使用的设备，通过经营租赁获得一定时期使用权后，租赁合同期满，再退回租赁公司。为合理有效地使用资金，运用资金，必须掌握国际租赁业务内容与运作，这是国际工程界筹集、利用资金的一条重要渠道。

第1节　国际租赁与国际租赁市场

一、国际租赁的概念

与传统的和一般的租赁不同，当代的租赁业务一般以金额巨大的机器设备、飞机、船舶和计算机等为租赁对象，以融资为目的的金融租赁占有重要地位；银行及金融机构运用自己的雄厚资金日益直接或间接从事租赁业务。一些企业组织，急欲添置设备，扩大生产，但因缺乏资金或恐占压资金，本身无力实现；而一些租赁公司，拥有一定资金，接受企业组织的委托，购置该项机器设备后，再租赁给该企业组织，由后者分期支付租金。实际上租赁公司以融物的形式对企业组织进行了融资，没有租赁公司的资金垫付，则企业组织添置设备的计划不能实现。因此，当代租赁业务很大的成份是融资，是借贷，是资金的筹措。当租赁由一国发展为跨越国际之间的业务时，它就具有国际融资的性质，它是国际借贷的新发展，新形式。

什么是租赁呢？租赁是指出租人（Leasor）在一定时间内把租赁物租借给承租人（Leasee）使用，承租人分期付给一定租赁费（Rent）的融资与融物相结合的经济活动，根据租约规定，出租人定期收取租金，收回其全部或部分对租赁物的投资，并保持对租赁物的所有权；承租人通过租金缴纳从而取得租赁物的使用权。

什么是国际租赁呢？国际租赁也称跨国租赁，指分居不同国家或不同法律体制下的出租人和承租人之间的租赁活动。

二、国际租赁市场

在国际金融市场，根据资金的性质与期限，通过各种机构职能作用的发挥，实现国际资本的借入与贷出；国际租赁业务也是通过国际租赁市场的不同租赁机构的职能作用的发挥来实现的。国际租赁市场由哪些机构组成的呢？它们的职能如何呢？

（一）租赁公司

一般租赁公司分为两类：

1. 专业租赁公司

专业租赁公司的主要业务范围是：购买储存设备物件，进行出租；从事租赁业务的介绍和担保；进口供租赁的设备物件，并向国外出租；出租机器并提供保养、维修、零件更换与技术咨询等服务。专业租赁公司的业务经营有两种类型：①是专门经营某一类机器物件的，如计算机、小轿车、拖拉机和机床等；②是专门经营某一大类型机器物件的，如一般机械设备、纺织机械设备、建筑机械设备和采掘机械设备等等。不管它们经营哪一种或哪一类型的设备物件，不管其租赁期限长短或范围大小，都属于专业租赁公司。美国、日本、英国、法国、德国均设有许多这样的专业租赁公司。

2. 融资租赁公司

融资租赁公司（Financial Leasing Companies）以租赁形式出现，而其主要作用在于向承租企业融通资金，在这一点上与专业租赁公司是不尽相同的。融资租赁公司一般接受承租企业的请求，向制造商购买承租人所要求的机器设备，然后将其租赁给承租企业，并根据租约规定，收取租金。实际上融资租赁公司在保持设备所有权的条件下，为承租人购买设备而垫付资金，对承租企业给予资金融通。

（二）金融机构

随着银行万能垄断者作用的深化与加强，发达国家的银行与保险公司等金融机构挟其雄厚的资金与关系网，也插足于租赁业领域。银行等金融机构从事租赁业务的形式主要有：

（1）银行直接出资，成立租赁公司；

（2）由几家银行和工业垄断组织联合设立租赁公司。

此外，有些大银行为对某些租赁公司进行控制，向后者提供优惠贷款，以促进其国内外租赁业务的开展，也是银行等金融机构操纵租赁业务的一种形式。

（三）制造商

发达国家的大工业制造商，如机械制造部门、电子计算机部门等，常常在本企业内部开辟租赁部或设立附属的租赁公司，经营本企业生产设备物件的国内外租赁业务。租赁是制造商的辅助销售渠道，尽管租赁业务以短期居多，但它能把销售的潜力充分挖掘出来。租赁部或租赁公司会计独立，以减轻税务负担，便于核算。

（四）经销商、经纪人

经销商与经纪人是租赁市场不可缺少的一个环节。经销商凭借其灵活的经营推销能力，广泛的销售网点，承办大出口商或制造商委托的租赁业务。租赁经纪人本身并不经营租赁业务，而只代表出租人与承租人寻找交易对象，促进或安排租赁交易的达成；或者提供租赁的咨询，从中收取一定佣金和咨询费。少数经纪人是贷款经济人的分支或某些金融组织。

（五）联合机构

联合机构中有同一国家的制造商或租赁公司与金融机构的联合组织，和不同国家租赁机构的国际联合组织。

三、美国、日本租赁市场的特点

从 50 年代开始，到目前为止，主要发达国家如美国、英国、日本、意大利、德国、加拿大、比利时等均已建立起比较发达的租赁市场，开展租赁业务。各国租赁市场的组织构成，如上所述，大致相同，但如细加分析，则会发现各具特色，兹以美国和日本两国租赁市场结构为例，加以分析，可看出 3 方面的不同特点：

（一）不同性质的租赁公司在租赁市场所占的地位不同

美国的租赁公司以制造商系统经营的租赁公司和商业银行系统经营的租赁公司地位最为重要；专业租赁公司，综合性金融公司和保险公司次之。而在日本租赁市场中综合性租赁专业公司的地位则更为重要。

（二）金融机构能否直接经营租赁业务的规定不同

在美国租赁市场上，商业银行能直接经营租赁业务，在租赁市场上作用较大；而在日本租赁市场上，金融机构不能直接经营租赁业务，由他们出资建立的综合租赁公司的地位较为重要。

（三）租赁设备物件的类型不同

在美国租赁市场，不同系统的租赁公司以突出经营特定设备物件的租赁为主。如电子计算机制造商经营电子计算机的租赁；机械制造商经营建筑机械或纺织机械设备租赁为主……，而日本的租赁公司的设备租赁以综合性为主，兼营各种设备物件的租赁。

第2节　租赁方式及其特点

一、租赁的方式

第二次世界大战后，随着现代租赁业务的开展，租赁的形式不断推陈出新，有的形式主要适用于融资，有的形式适用于为设备或运输工具服务；有的形式能够获得较多的税务优惠；有的形式还与贸易方式相结合，使租赁与国际贸易业务相互促进，共同发展。总之，租赁的形式多种多样，它的发展为国际融资添注了新的内容，为国际经济贸易联系增加了新的渠道，对企业家资金的有效使用与技术不断革新起了很大的促进作用。

租赁的关系人至少包括出租人，也即有关的租赁公司；承租人，也即用户。根据租赁形式的不同，在关系人中有时还出现设备的制造商（Manufacturer）或供货商；在一些更复杂的租赁形式中有时还有物主托管人（Owner Trustee）及契约托管人（Indenture Trustee）等。

现将几种主要租赁形式及各关系人的地位与内在联系，简要阐述如下。

（一）金融租赁（Financial Leasing）

1. 概念

所谓金融租赁就是承租人选定机器设备，由出租人购置后出租给承租人使用，承租人按期交付租金。租赁期满，租赁设备通常有三种处理方法，即退租、续租或转移给承租人。

2. 程序

现将金融租赁的程序如图9-1所示。

3. 特点

金融租赁的主要特点是：

（1）承租人在租约期间分期支付的租金数额，足以偿付出租人为购置设备的资本支出并有盈利，美国称之为"完全付清"（Full Payout Lease）的租赁；

（2）租约期满，承租人对租赁设备有留购、续租或退租的三种选择权，留购时有两种价格选择，即用实际价格或名义价格购买；

（3）设备物件的维修保养一般由承租人负责；

（4）租赁合同一经签订，原则上承租人不得解除租约；

（5）设备的选择权在承租人而不在出租人；

（6）制造商提供的设备，承租人负责检查，并代出租人接受该项资产。出租人对设备

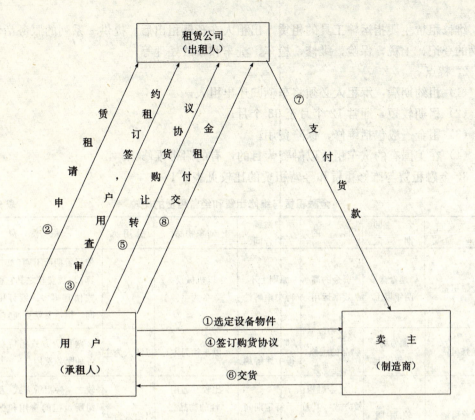

图 9-1　金融租赁程序图

的质量与技术条件，不予担保。

（二）经营租赁（Operating Leasing）

也称服务性租赁（Service Leasing）或使用租赁，或营运租赁，或操作租赁。

1. 概念

租赁公司根据市场用户短期需求而购置设备，通过不断地出租给承租人使用，而逐步收回投资，并获得相应利润。出租人负责维修、保养和零部件更换等。承租人所付租金，包括维修费。

2. 特点

（1）租期较短，出租人在每次租约期间所支付的租金不足以偿付出租人为购买设备的资本支出及利润，美国称为"不完全付清"（Non payout Leasing）租赁；

（2）经营租赁所出租的设备物件一般属于：①需要高度保养管理技术的；②技术进步快的；泛用设备或机械：如电子计算机、复印机、地面卫星、建筑机械、超声仪器、电气设备、拖拉机、农业机械设备等。承租人使用这种设备一般期限较短，承租人租进而不购买，一可避免资金积压，二可防止技术落后；

（3）出租人一般负责设备的保养维修，租金包括这项费用；

（4）承租人预先通知出租人，可中止租赁合同。

（三）维修租赁（Maintenance Leasing）

在日本一般称为维修租赁，而在美国则称为合同租赁。

1. 概念

维修租赁主要指运输工具的租赁。出租人在车辆租出后，提供一系列的服务活动，如车辆的登记、上税、保险、维修、检车、洗车和事故处理等。

2. 特点

（1）租约期满，承租人必须将车辆归还出租人；

（2）租期较短，通常 12 个月至 33 个月；

（3）租金一般包括维修、保险费用；

（4）在美国有的汽车租赁以融资为目的，有的附带维修。

3. 金融租赁与维修租赁和经营租赁的比较见表 9-1。

金融租赁与维修租赁和经营租赁的比较　　　　　　　　　　　　　表 9-1

项　目 类　别	合　同 期　限	目　的	中途解除合同	对象物品	租用人	租　赁　费
金融租赁	通常为两年以上	资金的高效率运用	原则上不得中途解约	以机械设备为主	以法人为主	依租赁期而不同，如按月计算，租赁费较之其它租赁方式便宜得多。续订租赁合同，租赁费就更便宜
维修租赁	通常为两年以上	减轻车辆等物品的维修、管理业务	原则上不得中途解约	以车辆为主	以法人为主	金融租赁方式租赁费加上各种服务费用
经营租赁	较短期	比之金融租赁方式，其重点在于物品使用	于特定期间后，准许解约	比较有通用性的物品。例如电子计算机、飞机之类	以法人为主	较之金融租赁方式，租赁公司所负担的费用和保险费增大，因而租赁费相应较昂贵

（四）杠杆租赁（Leverage Leasing）

杠杆租赁起源于美国，在英、美国又称衡平租赁或代偿贷款租赁，它是金融租赁的一种特殊形式。

1. 概念

出租人从银行借得 60%～80% 的资金，本身投资设备价款的 20%～40%。购买设备，将设备出租给承租人。由于这种租赁方式享有减税较多的优惠，可以降低租费向用户出租。

2. 特点

（1）在法律上至少要有 3 方面的关系人，即一方为承租人，一方为出租人，一方为贷款人。贷款人常被称为"债权持有人"（Holder of Debt）或债权参与人（Loan Participator），即向出租人发放贷款购买设备的贷款银行。一般衡平租赁还牵涉到其它两方面的关系人；物主托管人（Owner Trustee）和契约托管人（Indenture Trustee）。

物主托管人的主要职责是为出租人（或出租集团）的利益保持设备的主权。同时出租人持有信托证书（Trust Certificate）证明其具有物主托管人所认定的物主应有的受益权益（Beneficial Interest）。贷款人或债权持有人为保证他们本身的利益而设立了契约托管人（也称契约受托人）。契约托管人保持出租设备的抵押权益，如发生违约，契约托管人可以行使抵押权（出卖设备、清偿债权）；同时，契约托管人负责保管承租人支付的租金，用以偿付贷款人发放贷款的本息，所收租金抵清贷款后，其余额向物主托管人支付。

（2）贷款人对出租人提供的贷款成为衡平租赁的基础，由于契约托管人拥有出租设备的抵押权，故贷款人不得对出租人行使追索权。

（3）租金偿付须保持均衡，每期所付租金不得相差悬殊。

（4）出租人投资设备价款的20%～40%，但可得到100%的税务优惠。

（5）租约期满，承租人按租进设备残值的公平市价留购该设备或续租，不得以象征性价格留购该设备。

（五）回租租赁（Sale and Leaseback Leasing）

1. 概念

由出租人从拥有和使用设备的单位买入该设备，然后再将该设备返租给原单位使用，原单位成为承租人，按租约规定支付租金。

2. 程序

回租租赁业务主要用于已使用过的设备，通过返租，原设备的所有者可将出售设备所得的资金另行投资或做他用，使资金周转加快，回租租赁程序如图9-2所示。

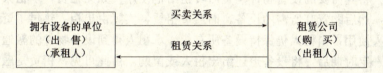

图9-2 回租租赁程序图

（六）综合性租赁

综合性租赁是将租赁业务形式与某些贸易方式加以结合的租赁形式。通常将租赁与补偿贸易、来料加工以及包销等贸易方式相结合，这不仅可以减少承租人的外汇支出，并可扩大承租人与出租人之间的贸易来往，促进使商品贸易与租赁业务的共同发展。目前，综合性租赁的主要方式有以下3种形式：

1. 租赁与补偿贸易相结合

在这种方式下，出租人把机器设备租给承租人，承租人不是以现汇，而是以租进机器设备所生产的产品来偿付租金。

2. 租赁与来料加工、来件装配相结合

承租人在租进设备的同时，承揽出租人的来料加工、来件装配等业务，承租人以来料加工与装配业务的工缴费收入来抵付租进设备的租金。

3. 租赁与包销相结合

出租人把机器设备租给承租人，而承租人生产的产品由出租人包销，出租人从包销收入中扣取租金。

（七）节税租赁和非节税租赁（Tax Oriented Lease&NonTax Oriented Lease）

在对投资有税收优惠的国家，如果一项金融租赁中的出租人被税务当局认定是租赁资产的所有者，则该出租人可以以投资者的身份享受该国的投资税收优惠，这项交易就是节税租赁；如果承租人被认为是租赁资产的所有人而享受投资税收优惠，则为非节税租赁。这是因为承租人的经营规模一般较出租人小，而租赁设备的价款通常很大，因此，如果是承租人享受投资税收优惠，则由于其利润较少，通常少于租赁设备价格，因而不能充分享受税收优惠，因此称为非节税型租赁。

二、租赁的特点

从当代租赁各种主要形式中可以看出，租赁主要是出租人、承租人和供货人（或制造商）之间的经济交易关系。出租人是出资人，又是购货人；承租人是借货人和租金支付人；供货人就是设备物件的制造商。他们之间既包含融资或借贷关系，又包含融物或借物关系，同时又包含设备物件的买卖或贸易关系。这3种关系，不是单独孤立的，而是溶合交织，混为一体，它是当代租赁业务的突出特点。具体讲：

（一）租赁是所有权和使用权相分离的一种物资流动形式

租赁虽然含有设备物件的买卖关系，但就出租人与承租人的关系而言，不是买卖关系。出租人掌握设备物件的所有权，而不能自身使用，承租人有权使用租进的设备，但不拥有所有权。所以，租赁是所有权与使用权相分离的一种物资流动形式。

（二）租赁是融资与融物相结合，物资与货币间隔交流的运动形式

租赁是以融物形式出现的融资活动，在金融租赁中表现得尤为突出。承租人（用户）在生产经营中进行固定资本投资，但由于资金短缺，或为了更有效地使用既有资金，借助于租赁，由出租人将其需要的设备物件购置后转租给他使用。如无租赁，承租人需先从信贷机构借取资金，然后购置其所需的设备。而通过租赁，实际由出租人垫付了资金，采购设备，提供承租人使用，出租人仍保持设备所有权。承租人得到设备物件的融通，按期支付租金；在使用一定时期后，将设备退还给出租人或留购。由此可见，租赁是融物与融资相结合的一种经济活动。当然，租赁与现金买卖商品不同，它不是一手交钱，一手交货，而是物资与货币间隔一段时间后的交流活动。对承租人来讲，租赁不单纯是融资，更重要的是取得资本设备的一种筹资方法。

（三）租赁是国内外销售的辅助渠道

大型或贵重的设备物件，价格昂贵，在市场竞争尖锐的情况下，制造商很难打开销路。但是，专业租赁公司或制造商专设的租赁部门，利用租赁形式，分期收取租金，将设备出租，这无疑是扩大销售（国内租赁），增加出口（国际租赁）的一个补充渠道。特别是随着租赁业务的发展，一些租赁形式在租赁期满后，承租人可留购租赁物，据为己有，这一特点就分外明显。

三、租赁与分期付款的区别

必须指出，承租人分期支付租金，最后留购租赁物，虽然形似分期付款的贸易形式，但与分期付款仍存在着3个方面的本质区别，表现在：

（一）法律地位不同

在租赁期内，租赁设备物件的所有权始终属于出租人，承租人只有使用权，两者是租赁关系。而分期付款购买设备，其所有权属购货人；购货人未付清货款前与销售人是债权债务关系。

（二）税务规定不同

租赁项下出租人可将设备价款摊提折旧，承租人所付租金列为成本。而分期付款项下设备销售人要交营业税，设备购买人则交固定资产税。

（三）会计处理不同

租赁项下承租人租进的设备不列入固定资产项目；而分期付款下购货人购进的设备，则列入固定资产项目。

第 3 节　国际租赁程序与合同

一、国际租赁程序

在跨越国界的国际租赁中，维修租赁或经营租赁似不多见，而大型机械设备或运输工具的金融租赁或综合租赁最为普遍，国内承租人如何向国际租赁市场租进设备呢？国际租赁程序一般有以下几个步骤与环节：

（1）选定设备物件。承租人（即用户）可自选其所需的租赁物件，并与国外制造商商定设备的型号、品种、规格、价格和交货期，然后通过国内的租赁公司向国外租赁公司申请。用户也可委托国内租赁公司向国外租赁公司探询设备价格，或由国内租赁公司向用户提供国外生产某种设备的厂家、型号、规格等。

（2）承租人向国内租赁公司申请租赁。在国内租赁公司掌握并了解承租人所需设备的技术条件、商务条件以及承租人财务状况的条件下，国内租赁公司与承租人洽谈租赁条件，并签订租赁合同。

（3）国内租赁公司就用户指定的设备物件与国外制造商洽谈，并签订买卖合同。

（4）国内租赁公司与国外租赁公司洽谈，将其购买的设备物件转让给国外租赁公司，并向其提出租赁申请，租进该项设备。

（5）国内租赁公司与国外租赁公司商讨租赁条件（参考并根据第二项的内容）签订租赁合同。

（6）国外租赁公司向国外制造商缴付设备价款，购进设备。

（7）国外制造商向承租人发运货物，承租人做好报关、运输、提货及检验工作。

（8）承租人按期向国内租赁公司缴付租金。

（9）国内租赁公司向国外租赁公司缴付外汇租金。

（10）租进设备的维修保养，按合同规定与不同租赁方式的惯例，或由承租人，或由制造商或出租人负担。

（11）租赁合同期满，根据规定，对设备进行不同方式的处理。

上述程序图如图 9-3 所示。

国际租赁的手续与形式多种多样，上列程序有人称为转租赁。转租赁就是国内租赁公司从国外租赁公司租进设备后，再转租给国内用户。此外，有时承租人从国外制造商处选定某种设备物件，由国内租赁公司从国外购进设备，再以金融租赁形式租赁给国内承租人。有时国内租赁公司也受承租人委托，代其物色适宜的国外租赁公司，承租人与国外租赁公司直接签订租赁合同，租进设备，国内租赁公司只负介绍并保证承租人履约之责。国际租赁程序尚有许多变换做法与步骤，在此不一一赘述。

二、国际租赁合同

（一）国际租赁合同的主要条款

近年来，各国租赁公司所采用的租赁合同条款趋向一致，但尚无为一般出租人均能接受的标准格式：出租人对他们法律地位的解释是不相同的，在个别租赁条件上也存在分歧。但是，租赁合同一般均包括以下主要条款：①合同日期；②合同当事人名称、地址；③租赁设备物件的名称、规格、技术标准等；④设备价格；⑤租金；⑥交货条件，包括发货日

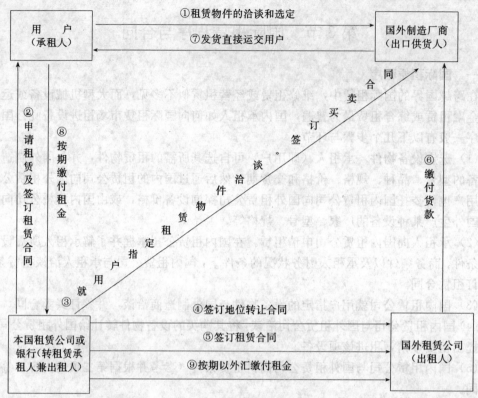

图 9-3　国际租赁程序图

期、地点及收货地点；⑦货物验收规定；⑧租金支付方式，包括起算日期及分期支付金额等；⑨银行保证书；⑩逾期付款处理；⑪货物维修与保险规定；⑫租赁期满货物处理办法；⑬仲裁条款。

上述条款中涉及到的租赁双方的权利义务、租金计算原则与支付方式、租赁基期、保险、期满与违约以及购买选择权等问题最为重要，现逐一加以分析介绍。

（二）租赁双方的权利义务

出租人与承租人的权利义务是相互对应又彼此关联的。一般讲，出租人的权利就是承租人的义务；反之，出租人的义务又成为承租人的权利。租赁合同对双方权利义务大致有以下规定：

（1）出租人有权检查其所出租设备的使用情况；

（2）承租人对租赁设备的性能和技术资料应予保密，不得泄露，以保障设备所有人的利益；

（3）承租人在租赁期内应在设备上标钉设备所有人的标签，以防设备用于抵押。标钉标签的目的在于保障出租人的权益；

（4）承租人应按合同规定的地区在本企业内使用租进的机器设备，如转移该设备，应事先通知出租人。承租人应妥善保管设备，并按技术规则操作使用，未经出租人书面同意，承租人不得改动租赁设备的结构；设备使用过程中所发生的一切缺陷，承租人应及时向出租人报告；

（5）按经营租赁的要求，出租人应负责提供全部技术服务，包括设备的保养、维修、技

146

术培训并支付与此有关的费用和捐税。如在合同有效期间设备运行出现非因违反操作规程所引起的故障，出租人应负责修复和供应零配件，其费用由出租人承担，又如出租人要求承租人或第三者修理设备，其费用由出租人支付，但修理费不得超过出租人规定的标准；

（6）租赁设备如因承租人违反操作规程或其它过失而损坏，出租人有权向承租人索赔。

（三）租金

租金是出租人在转让设备使用权时，按具体租赁时间所索取的费用额。租金通常按出租人在整个租赁期间，将要收回的设备资本费用连同它的一切开支（主要是利息）和某种利润来计算的。

1. 租金的计算

出租人向承租人提出的租金一般包括：①设备的购置成本。即设备的原价加上运费；②融资成本。为了取得设备，租赁公司向银行或其它金融机构筹措资金，所以租赁设备的租金中均包括支付给银行的利息；③手续费；④利润。租金的计算是根据双方所承担的义务而定，其它费用的交付也是如此。例如租赁合同如规定由出租人负责提供各种税款、保险、运输、保养、维修、培训人员、专利发明和专有技术等方面的费用，则这些费用也应计入租金。根据上述各种因素，租金的一般计算公式为：

$$\text{租金} = \frac{(\text{租赁物原价加运费} - \text{估计残值}) + \text{利息} + \text{利润} + \text{手续费等}}{\text{租} \quad \text{期}}$$

一些日本租赁公司，常依下列公式计算租金：

$$L = \frac{P \times i \times (1 + i)^n}{(1 + i)^n - 1}$$

支付方式为每期租金均等后付。❶

L 为每期应付租金　P 为租赁物价款　i 为年利率

如每半年支付租金一次，则 i 除以 2；每季度支付租金一次，则须除以 4。利率包括利息，以及折成年率后的税金，保险费和手续费等。

2. 租金的支付形式

租金支付的形式可以从不同的角度来划分：

（1）按租金可否调整来划分，则可分为固定租金与浮动租金。大多数租金均采取固定租金形式；但也有些租赁合同采取浮动租金。浮动租金根据利息率和公司税率的变动情况按期对租金进行调整。一般讲，出租人常因下述情况而调整租金：

1）未获得原规定的税收减免。如未得到原规定的投资减税或其它减税优惠。

2）税则制度与纳税时间的改变，从而影响出租人的收益与现金流量。

3）未收到预计本应收到的补助金。

4）以外币融资购买设备，因汇率下跌而使出租人发生汇价损失。

5）根据利率变动。如按设备交付日的利率水平来调整租金；或按租赁合同签订日与租金支付日利率水平的实际差额来调整租金；或在租赁合同中规定一个利率变动幅度，如租金支付同市场利率的变动未超过规定幅度时，租金就不调整，否则，就调整等等。

（2）特殊支付形式，根据租赁物的特点，为适应承租人的要求，租金还采取以下几种

---

❶　如租金先付其计算公式为 $L = \frac{P \times i \ (1+i)^{n-1}}{(1+i)^n - 1}$

特殊支付形式：

1）按季节进行调整支付。有些租赁设备的使用具有季节性，某一季节，如旺季使用率高，出租人收取较高租金。一到设备的使用淡季，则收较低的租金。如出租旅游设备器械，夏季几个月收取租金较高，冬季几个月收取租金较低。

2）逐步递增支付。如租金固定，由于通货膨胀和其它原因，出租人所收取租金的价值逐渐减少，出租人为避免或防止这种损失，在某些租赁合同中有时也采取逐步递增收取租金的方式，承租人每次或每年支付的租金，都比前一次的水平增加同样的百分点或增加同样的实际金额。

3）递延支付。有些租进的机械设备，在安装完毕以后，需要经过一定时间才能产生效益，或节约能源与直接费用支出。因此，承租人有时要求在租进设备未全部投入综合使用并产生经济效益以前，先免付一段时间的租金，以有利于本企业的资金周转。如前所述，租金是包括利息因素的。一次租金的延期偿付，就相应地增加租赁期间应付利息的总额。

4）直线上升支付。出租人与承租人协议，租赁期内所支付的租金，按少于全部资本费用的回收额来计算，而在租赁期限到期时，租金可直线上升地一次结算付清。如一次结算付清金额过巨，也可第二期租赁期内再重新修订一次结算付清的租金总额。

3. 租金的支付周期

租金的支付周期是指在租赁期限内每次租金支付的间隔时间或支付频率。一般讲，租金支付周期短，间隔时间短，频率大，则承租人的成本会增高，反之，则减少。租金的事前支付与事后支付也会影响租赁成本，如租赁期限为 5 年，因支付频率不同，对租赁期限内租金总额的影响也不同。

4. 租金支付的有关规定

有些国家对租金的支付的办法还做出特别规定，如英国对租金支付办法就有如下的规定：

（1）承租人在支付周期应交的租金额和整个租赁期限内应交的租金总额，应在租约签订时予以确定。

（2）每一支付周期所支付的租金额，不能相差过大，一般不得超过 25％。

（3）租约期满承租人或出租人均不得依据设备残值的市价对租金索取回扣。

（四）租赁基期

租赁基期即租赁期限，它自设备安装完毕，承租人正式使用开始计算。租赁基期的长短，是承租人评估租赁方式是否可以选用的主要因素之一。承租人决定租赁基期长短所考察的主要因素有：租赁期限内现金流入量、流出量、其它有关费用及设备使用年限，其中主要是设备使用年限。发达国家的企业一般以设备使用年限的 75％ 时间作为设备的租赁基期。多数类型设备的通用租赁基期为 3 年以上；厂房机械设备、计算机、农业设备以及运输设备等的租赁基期为 5 年左右；飞机、船舶这些较大的设备和资产项目的租赁基期较长，一般为 10 年左右，而铁路机车的使用年限更长，有时可长达 20 年。在英国，船舶、飞机的租赁期一般已达 15 年，在美国则期限更长。

必须指出，租金的高低与租赁基期的长短关系很大。租赁基期每延长 3 个月，每次租金支付额就可相应减少。

（五）保险

租赁是所有权与使用权相分离的经济行为。出租人理所当然地关心承租人在使用设备过程中的风险；如若设备发生意外，出租人的资产将受到一定的损失，同时承租人也注意防止租进的设备遭受突然损失，这对其生产将带来严重后果。因此，在租赁合同中均须订明设备保险项目与保险条件，如有的国家的租赁法律没有明文规定是由出租人还是由承租人承担保险的义务，可由双方协商确定。

1. 保险的项目

承租人与出租人需要保险的项目有：

(1) 设备的有形损失或灾害。如火灾；严重灾害（如爆炸、地震、动乱与社会骚动、碰撞、管道爆裂、暴风雷雨、水灾等）；盗窃及其它意外损失。

(2) 人身伤害或其它财产损失。设备操作过程中造成的人身伤害或因使用设备造成对第三方人身伤害或财产损失的事故。

某些风险事故不为保险公司所接受，但可用附加保险条款手续或分开另立保险单办法订立合同。

2. 保险条件

一般租赁合同中的保险条件有：

(1) 保险单一般以出租人与承租人联合名义保险或着重指明出租人一方的利益。对价值巨大的租赁设备，如飞机、船舶等，出租人可要求承租人在保险单内说明他拥有的全部权利和利益，并保证不将保险单转让、托管或抵押给任何人。

(2) 保险单注明，任何按规定的保险赔偿，必须直接向出租人提供。

(3) 对保险单、保险费收据或其它付款收据，出租人在必要时有权要求承租人提示核对。

(4) 保险单的条款形式须得到出租人的认可。

(5) 保险单的承保人应取得出租人的同意。

(6) 保险条款的改变或作废，应事先书面通知出租人。

(六) 期满与违约

1. 租赁期满

下述情况，均视为租赁期满：

(1) 租赁合同所规定的期限结束。

(2) 由双方以后所订立的附加合同另行规定的。

(3) 由于意外事件致使租赁设备完全损失。

(4) 一方提出期满，另一方对此接受的。

(5) 按照租赁合同规定，如发生某种事件，虽未构成对合同重大破坏，但按合同条款，缔约一方已有权终止租赁期限。

(6) 按照合同规定，发生了可以自动造成租赁期终止的事件。

2. 违约条款

(1) 违约事件。租赁合同中一般列举出租人有权终止的租赁合同的种种事件，下列事件可视为违约：第一，承租人违背协议，对合同规定应支付的款项，不能按期如数支付；第二，未履行租赁合同中规定的承租人应负的任何一项义务；第三，保证人未履行其对承租人所承担的保证义务；第四，承租人（或保证人）采取了结业措施或承租人（或保证人）的资产已宣告被人接收；第五，有关机构宣告，拟出售承租人的全部或部分企业；第六，设备被没收；第七，承租人因其它租赁关系或因贷款义务而违约。

（2）承担责任费。有时，由于承租人方面或其它原因，租赁合同的一方要求取消合同，不再继续租赁。例如，承租人租进设备所生产的产品，市场需求量急剧缩小，承租人要求取消合同；或由于运输延误，租进设备不能按期运到，打乱承租人的全部运营方案，这时，承租人要求中止合同的执行，实质也是违约。合同期限未满而要求取消合同的一方对此要承担责任费。承担责任费的支付方式有两种：第一，双方协商支付一笔固定数额的赔偿费，支付时间或在设备撤除时，或在设备使用期满时，赔偿费金额以租赁设备的资本费用的百分率来表示；第二，在签订租赁合同时订有承担责任费条款，此项费用具有违约准备金的性质，先交付出租人；如承租人未违约，可在第一次租金支付额中扣减，或作为一笔额外支付来处理。

（3）出租人违约。需要指出的是，在租赁合同中一般均不列有出租人违约条款。如果在租赁合同执行过程中出租人犯有违约行为并达到了毁约程度，承租人可以接受毁约，退还其占有的租赁设备，并向出租人索取赔偿费用，以弥补因此遭受到的损失。如果出租人的违约行为尚未达到毁弃租赁合同的程度，承租人就应当履行合同，同时向对方索赔，而无权拒交租金。

（七）租赁期满原租设备的处理方式

租赁合同期满时，承租人所租设备的所有权如何处理呢？通常在租赁合同期满后，承租人是无权更新合同的。但是，租赁合同到期前一定时间，承租人预先通知租赁公司表示愿意继续租用，他就享有重新租赁的权利。这是租赁合同的最大特点。重新租赁，租金一般比首次租金低廉。英国的绝大多数融资性租赁，承租人有权按低得多的租金延长租赁期，这种租金比原来磋商租赁合同时确定的租金还低。近年来，第二期租赁期的租金，大部分介乎设备价款的 $0.5\% \sim 1.5\%$ 之间，每年付租金一次。在某些情况下，续租租金可以以租赁基期租金的百分率，或用估计的市场价值来表示。第二期租赁期限，出租人与承租人协商确定可为 1 年，也可每 12 个月再次协商续租。如果租赁设备无法使用，可将其退还给租赁公司。

由于各国租赁立法不同，承租人在租赁期满时是否可得到留购租赁设备的选择权也是不同的。在美国，租赁合同期满时，承租人只能按设备残值的公平市价付清价款以后，才能取得设备所有权。在英国不是按名义货价留购，而是按合同规定的购买价格留购；在巴西，出租人必须在租赁期满时将租赁物所有权无偿地转让给承租人。大多数西方国家对非完全付清，同时又取得税务优惠的租赁均采取上述留购办法。至于完全付清租赁一般按象征性价格留购，不存在选择权问题。由此可见。租赁合同期满，租赁设备的处理方式，或者由承租人低价收购；或者续租；或者无偿取得；或者退回出租人。

有的国际租赁合同中有时也有这样的规定，即在租赁期满后，承租人不续租，也不将设备退回出租人，而作为出租人的代理人来处理设备。出租人允许承租人扣留变卖设备后的大部分收入，作为其已付租金的回扣，或作为其处理设备的佣金。有时租赁公司把销售设备价款的 95% 付给承租人。

租赁期满后，承租人作为出租人处理设备代理人并给其一定报酬的作用在于：促使承租人爱护设备，积极注意设备的维修保养，保持设备的运转正常，减少设备风险的发生，增强出租人资产的安全。

第4节　国际租赁的利弊

国际工程的投资商或承包商作为承租人，利用租赁引进设备，主要有利方面有：

（1）企业无需大量筹资即可引进先进设备，并能迅速加以利用、投产、创造利润；而且能高效率地使用有限的资金，使承租人腾出资金用以扩大投资项目；

（2）与利用出口信贷购买设备相比，国际工程当事人利用租赁引进设备是全额融资，资金的利用率高；而利用出口信贷要交付定金，须垫付设备价款15％的现金；

（3）与利用商业银行借款购买设备相比，利用租赁引进设备的好处：租赁期限一般长于商业银行借款期限，有的租赁基期可达15年以上；不须交存商业银行借款常须交出的"抵偿结存"（Compensation Balance），从而降低筹资成本；在资产负债表中反映不出流动负债比率削弱，不影响承租人股票、债券的上市与进一步融资能力；将借款与购买设备的两道手续简化为一道手续——租赁，因此，环节减少，手续简便，到货快，可及时投产，创造收益。

（4）利用租赁引进设备，租金一般固定，便于核算成本，免除因通货膨胀所带来的不利；

（5）与企业本身投资于设备相比，利用租赁引进设备，通过续约或更换新设备，一可经常使用较先进的技术，防止机器设备陈旧化；二可经常保持设备产品的市场竞争能力，扩大承包劳务市场；

（6）租赁设备的安装，人员培训技术服务，维修以及设备的损坏风险一般均由出租人承担；

（7）租赁期间，国际工程的经营者可熟悉设备的质量、性能以及生产效果，为以后留购或直接购买创造条件，以免盲目购进。

工程投资商或承包商作为承租人，利用租赁引进设备，主要的不利方面有：

（1）租金总计高于直接购买，租金构成的利息因素，其利率计算一般高于贷款利率；

（2）对租赁物件只有使用权，没有所有权，因而不得随意处理或改造设备结构或构件；

（3）出租人因本国税法变更而使其出租成本增加时，由承租人负担，从而加重承租人的成本支出。

对出租人而言，租赁对其有利的方面主要有：

（1）出租人租赁出口机器设备运输工具等，具有扩大出口，推销商品的作用。特别在国际经济不景气，市场销售条件恶化，机器设备生产开工不足的情况下，利用租赁是扩大销售市场的一种手段；

（2）作为出租人的外国租赁公司，大多为银行的附属机构、子公司，或以银行为主要股东，因而易于取得银行优惠利率的信贷，借以降低租金收取，延揽租赁客户；

（3）一些发达国家，如美、英、法等国税法上均对出租人给以税务优惠。如美国出租人能获得购买新设备费用10％的联邦投资减税及折旧利益。租赁公司购买设备所得到的税法上的优待对其发展租赁，加强竞争大有裨益；

（4）出租人通过租赁还可向承租人提供设备维修，零配件更换，技术培训与咨询等服务，扩大无形出口，赚取更多外汇。

租赁业务对出租人的不利方面表现在，与商品销售相比，收回资金周期长，影响资本周转。另外，在租赁基期内，租赁物归出租人所有，尽管设备投保但还承担一定风险。

第 5 节　我国的国际租赁业务

一、在国内申请国际租赁的步骤

承包商在国外通过租赁引进设备可按前述程序和合同内容进行操作，如在国内引进设备，则需经过以下 4 个步骤进行：

（一）选定设备，确定生产厂家

国内用户，如欲租进国外某些设备，应掌握设备的规格、型号、性能及技术条件，在了解国际设备市场行情的情况下，确定可以提供设备的生产厂家；如果不掌握设备的市场行情，也可通过国内租赁公司或其它机构咨询，根据信息，做出判断，最后由用户选定生产设备的厂家。

（二）呈报租进设备项目的建议书

用户在确定租进设备项目后，应向领导及有关部门呈报租赁设备项目建议书，其中列明项目名称、性能、技术条件、引进该项目的可行性研究及经济效益等。呈报租赁项目建议书的作用在于核实项目可行性的科学性；落实租金支付的外汇来源，搞好建材、电力、燃料的平衡等工作。

（三）申请办理租赁手续

用户经有关部门批准建议书，向国内租赁公司申请办理租赁手续。随同有关批件及可行性研究报告，用户应向国内租赁公司提供企业本身详细情况及财务报表等资料，以供后者审查。

（四）确定租赁形式

在符合国家有关规定，用户偿付租金有保证的情况下，用户与国内租赁公司协商确定利用何种形式租进设备。

二、我国的国际租赁形式

当前，国内用户通过国内租赁公司租进国外设备，一般有 3 种形式，根据具体条件，双方协商决定。这 3 种形式是：

（一）介绍租赁

其做法大致如下：

(1) 国内租赁公司与国外租赁公司联系，委托其代找设备制造商（经销商）；

(2) 国内租赁公司组织制造商（经销商）与国内用户洽谈；

(3) 用户在设备价格与贸易条件谈妥后，即与国外租赁公司洽谈租赁条件，签订租赁合同；对用户按期支付租金履行合同，国内租赁公司予以担保；

(4) 外国租赁公司（出租人）向制造商订货；

(5) 租赁期一般 2 年（分 4 次支付租金），3 年（分 6 次支付租金），期满以象征性价格留置该设备。

（二）直接租赁

即国内租赁公司购入设备后出租给用户，其做法是：

（1）国内租赁公司以购货人身份对外签订购货合同，支付设备价款；国内租赁公司再与用户签订租赁合同；

（2）设备的规格、型号及价格以用户确定为主，国外厂商将设备发运给用户，国内租赁公司不承担设备质量的保证责任；

（3）设备的维修、保养由用户与国外厂商直接洽商确定；

（4）用户按租赁合同规定按期向国内租赁公司支付租金。

（三）转租赁

即由国内租赁公司从国外租赁公司租进设备，然后再转租赁给国内用户。

（转租赁的具体做法参阅本章第 3 节）

三、申请租赁应注意的问题

国内用户申请国际租赁，引进设备时，一定要注意：

（1）租进设备所生产的产品要有出口市场，或国内需要进口的；或国外销售有前途的；也即外汇租金支付的来源要有保证；

（2）做好可行性研究，取得有关部门的审查批准；

（3）引进设备所需的人民币配套资金要落实；

（4）比较进口设备的价格，要货比三家；

（5）选好外国租赁公司，租赁合同条款，不得有损我方利益。

思 考 题

1. 试述金融租赁的程序和特点。
2. 试述金融租赁、经营租赁和维修租赁的不同点。
3. 试述租金的计算与支付方法。
4. 试述转租赁的主要程序。
5. 作为承包商租进设备与购买设置相比，有何优缺点？
6. 试述杠杆租赁的概念与内容。
7. 试述租赁双方的权利与义务。
8. 请具体指明租赁与分期付款有何不同。

第 10 章　国际债券与欧洲票据融资

通过银行发放的各项贷款从而取得资金融通均属间接融资。银行通过各种渠道吸收存款人的资金，将这些资金集中后，通过其中介作用，再发放给借款人使用，即借款人间接使用了存款人的资金，故曰间接融资。从事国际工程投资与经营的关系人除可利用间接融资的各种形式取得需要的资金外，还可进行直接融资，即在国际债券市场直接发行国际债券或欧洲票据取得其所需要的资金。由于债券（票）的发行人可以直接取得市场投资者的资金，无需经过银行的中介作用，故曰直接融资。

第 1 节　国际债券的类型、流通与关系人

一、国际债券概念

一国政府当局、金融机构、工商企业以及国际组织机构，为了筹措资金，而在国际债券市场上以某种货币为面值而发行的债券，即为国际债券。它在国际经济实践中，是吸收和利用外国资本的重要国际融资形式之一。

二、国际债券的类型

国际债券可分为外国债券（Foreign Bond）和欧洲债券（Euro-Bond）两类。

（一）外国债券

指某国举债人通过国外某金融市场的银行或金融组织，发行以该市场所在国货币为面值的债券。其特点是举债人（债券发行人）的法人地位属于某个国家，而债券的面值货币和发行市场则属于另一个国家。如我国的中国银行在日本东京市场发行的以日元为面值的债券。

（二）欧洲债券

指某国举债人通过国外的银行或金融组织在另一个或几个外国的金融市场上所发行和推销的以欧洲货币（境外货币）为面值的债券。其特点是举债人（债券发行人）属某个国家，债券在另一个或另几个外国金融市场发行与推销，而债券的面值货币为欧洲货币。如菲律宾某公司通过伦敦某银行，发行了以欧洲美元为面值的债券，该债券且能同时在法兰克福或卢森堡市场销售。

三、国际债券的发行和流通

国际债券将如何发行？发行后又将如何分配到购买者手中？日后又如何在购买者之间相互交易？国际债券象国内债券一样，从发行到流通要经过两个市场，即初级市场（Primary Market）和二级市场（Secondary Market）。

（一）初级市场

这是债券发行人为筹资而发行新债券，直至使其最终落到实际购买者手中的市场。它的主要职能是：

（1）调查。由该市场的投资银行、金融公司或证券公司等，对发行者现在及将来的财

务状况与资信情况以及类似债券的市场价格与收益进行调查，并对预期的市场条件进行分析。根据上述调查和分析的结果，以确定新发行债券的价格与收益。

（2）承购（Underwrite），也称包销（Exclusive Distribution）。投资银行等，为了要向投资者们转售，而从发行者那里获取证券的行为。投资银行按固定价承购进债券，并承担再出售时所存在的一切风险。债券发行量如不大，一家或几家投资银行等就可承购，如发行量较大，常由十余家甚至数十家投资银行等组成承购辛迪加集中巨大资金进行包销，并承担风险。在组成承购辛迪加的众多投资银行中，应选出一家资信高、规模大的，作为主经理承购者由其代表承购辛迪加与发行者进行直接联系。

承购有两种形式：

1）余额承购。当投资银行等，代发行者销售债券到规定日期尚未售完，由投资银行等认购全部余额。

2）总额承购。投资银行等，一开始就用自己的资金买下全部债券，然后负责将这些债券再销售给广大的投资者。

（3）批发分配

由投资银行等承购者，将债券出售给证券商。在某些情况下，承购单位仅将新发行的一部分债券出售给遍布国内外的其它证券商。

（4）零售分配。指把新债券最终销售给实际购买者。

总之，初级市场的职能如获充分发挥，将有助于降低债券发行费用，提高货币资金的流动性，并使资本的再分配得以顺利实现。

（二）二级市场

亦称债券发行后的市场或流通市场。它不是新发行债券的初级销售市场，而是对已发行的债券进行买卖的市场。它主要通过下述环节来运行：

（1）证券交易所（Stock Exchange）。

证券交易所本身并不从事债券买卖，它只是提供物质条件，决定可以在该交易所内买卖上市的债券种类，并对交易所的成员进行管理。交易所中的证券商（Dealer）与经纪人（Broker）则从事债券交易。前者本身可以买卖债券，后者仅属代客买卖。它们通过电讯工具与交易所内外或国内外的投资者和金融机构取得联系后买卖证券。

（2）证券公司或银行的柜台交易（Deal over counter）。

证券公司或一般银行通过柜台的日常交易，将已发行的债券向机构或个人投资者推销。

二级市场对决定已发行债券的价格起一定作用。它既便于发行者筹资和投资者购买，又增强了债券的流动性。

国际债券一般在一国市场发行，但可以在几个不同国家的二级市场买卖。债券的持有者在急需现金时，就可在就近的二级市场脱手售出，进一步增强了债券的流动性。同时，发行者在行情对己有利时，也可在二级市场将债券购回，不须等到最后期限就可注销这一部分债务。

四、国际债券发行的关系人

（一）主经理人

主经理人（Lead Manager）是发行债券的主要组织者，具体组织安排债券的发行工作，一般由投资银行担任。巨额债券发行除主经理人外，尚有数名经理人，他们一般都承担发行债券的承购工作，这些承购债券的经理人就叫经理承购人（Managing Underwriter）。

主经理人的主要职责是：

（1）分析发行人的财务、资信状况，预测债券市场接受该批债券的可能性与可接受的发行金额，并搜集银行、金融界和投资者对债券发行的反映；

（2）向发行人建议最佳的发行条件；

（3）确定发行金额、时间和收费标准；

（4）组织共同经理人、承购集团和推销小组；

（5）协助发行人编制债券发行说明书；

（6）代表发行人与政府主管债券发行的管理机构交涉联系；

（7）办理经常事务，如委托律师起草债券发行的法律文件，发布新闻消息，印制债券等；

（8）与发行人、承购人和其它关系人就债券发行有关事项进行经常性接触磋商。

（二）承购人

承购人的职责前已述及，在公募（Public Issue）下，承购人承担债券的承购责任与该债券市场价格变动的风险。承购人有时将其承购下的债券再与其它承购人签订分承购协议，把债券分发给其它承购人销售。私募（Private Issue）债券一般由发行人直接将债券出售给特定数量的投资家，一般不再组成承购集团或推销组。

（三）推销组（Selling Group）

分销组由分设各国的金融机构组成，为数较多，多时可达数百个，其任务为向广大投资者推销债券，收取佣金，不负承购责任；如经理承购人兼做推销组成员，则承担承购责任。

（四）律师

律师在国际债券发行中起主要作用，其职责一般是：

（1）向发行人提供债券发行是否符合发行人所在国和债券发行所在地国家的法律规定，并提供咨询意见；

（2）协助发行人与经理承购人、其它承购人进行谈判，参加编制债券发行说明书；

（3）草拟债券发行的法律文件和起草与债券发行有关的各种协议。

（五）投资者

即债券的投资者，如前所述，主要有机构投资家和个人投资者

（六）受托人（Trustee）

受托人是代表债券持有人利益的一个关系人，一般由财务机构来充当，由发行人来指定，费用也由发行人负担，其主要职责有：

（1）监督发行人的财务状况；

（2）负有通知发行人发生违约事件的义务；

（3）根据信托合同的规定，具有决定加速到期的权利；

（4）应债券持有人会议决定，宣告加速到期；

（5）如发行人违约，代表债券持有人对发行人起诉。

（七）支付代理人（Paying Agent）

支付代理人负责债券的还本付息工作，一般由财务公司或证券公司充当，如果设立了

受托人，一般由主经理人担任支付代理人。

（八）财务代理人（Fiscal Agent）

在债券发行中如没有受托人，则财务代理人既承担受托人的职责，又承担支付代理人的职责。

第2节　国际债券的发行条件与偿还

债券的发行人希望以合理的成本筹措到所需资金，而债券的投资者除需考虑盈利及增加流动性外，尤其着眼于所购债券的安全性。债券的最大风险就是违约拒偿风险。如果举债人到了付息日无力付息，到了还本期无力还本，债券持有人就会蒙受相对的甚至绝对的投资损失。举债人偿还债务的能力，即为该举债人的资信程度。投资人将根据债券发行人的资信程度，以判断风险的大小，从而决定是否购买。因此，国际债券的发行者，在委托外国证券公司或承购辛迪加发行债券的过程中，需就全部发行工作进行缜密协商，做许多复杂而细致的工作。在一般情况下首先要选定适当的评级机构，对拟发行的债券进行信用评级（Rating）。然后，参照评级的结果，根据发行者本身的财务状况和债券市场的发展动向等，具体确定发行条件、发行时机、费用负担及偿还方式等。

一、国际债券的评级与上市

（一）债券评级

随着债券市场的发展和举债筹资的国际化趋势，举债人的资信程度越来越成为投资者选择债券的主要考虑因素。但每个投资者本身，难以评价远在千里之外且难以透彻了解发行人的资信程度，而只能寄望于某些著名的资信评级机构的意见。因此，在国际债券市场上公开发行的债券，一般须通过专门的评级机构对发行者的偿还能力作出估价，对将发行的债券作出信誉评级，以作为投资者购买该债券的参考，以保证购买者的利益。评级机构对投资者只有道义上的职责，却无法律上责任。因债券评级只是对发行者信誉等级的评定，并非直接向投资者说明这项投资是否合适，更不是对购买、销售或持有某种债券的推荐。

世界著名的评级机构有若干家。它们对发行者所评信誉等级虽各有不同的表示方法，但其实质则是相同的。如以美国著名的标准·普尔公司（Standard and Poor's Corporation）为例，它将信誉评级分为10等，即：AAA（最高级）、AA（高级）、A（中高级）、BBB（中级）、BB（较低级）、B（投机级）、CCC（投机性大）、CC（投机性很大）、C（可能违约）和D（违约）。

对信誉评级，不能简单地理解为对发行者总的资信评定，而应理解为对发行者发行该项债券还本付息能力的评定。因此，某一公司在一定时期内如发行几次债券，每次债券的评定等级就不一定完全相同。一般来说，政府债券的等级比公司债券等级高，因为只要这个政府还存在，它起码还有印刷钞票来偿付债券本息的最后手段，基本上不会出现违约风险；而在千变万化的市场经济条件下，任何公司都不能排除遇到麻烦、甚至破产的可能。

申请评级要由发行者和评级机构代表进行一系列会谈，并向评级机构提供发行者及其所在国家与此有关的某些详细情况。评级机构对这种信用的了解过程，主要在私下进行。如发行者对可能评定的等级不满意，可以在公布级别之前，要求中止评定工作，发行者也就不在该市场发行债券。

评级对债券发行的影响因市场而异。如美国债券市场对信誉评级这一工作高度重视，而欧洲债券市场则掌握较松，使信誉评级并非为发行债券必须履行的手续。

（二）债券上市

债券可以公开在证券交易所发行出售，称为债券上市（Listing）。只有较高信誉的外国债券，才能在证券交易所上市。而债券获准上市，可进一步提高发行者声誉，增强债券的流通性。为此，发行者本身或通过证券公司，应与证券交易所的代表进行会谈，提供发行者及所发行债券的具体情况，力争该债券上市。债券上市，要交付一定的上市费用。

一些国家的金融管理部门，为保证本国的金融稳定，防止投资者遭受损害，只允许本国居民、保险公司或互助基金组织购买能在本国证券交易所上市的外国债券。

二、国际债券的发行条件

国际债券的发行额、偿还年限、利率、利息的支付与计算方法和发行价格这五项，统称发行条件。这些条件从主经理承购者接受委托发行债券起，到发行者与承购者最后签订书面协议的整个过程中，逐步决定。债券发行条件是否有利，对发行者的筹资成本、未来销路及发行效果，均有很大影响。

（一）发行额

发行额（Amount of Issue）应根据发行者的筹资需要、发行市场的具体情况、发行者的信誉水平、所发债券种类及承购辛迪加的销售能力等因素加以决定。一般来说，少则为百万或千万美元，多则上亿美元。有的债券市场则明文规定一次发行的最高限额。如日本，规定在日本债券市场发行日元公募债券的最高额：世界银行为 300 亿日元，AAA 级发行者为 200 亿日元，如此等等。

发行额必须适当，过少会不敷发行者的资金利用，过多则会恶化发行条件，或使销售发生困难，或对该债券在二级市场的售价产生不良影响，有损发行者的声誉，且不利其以后继续筹资。发行额一般应事先计划，但根据市场情况，亦可在最后时刻决定增减。因此，经常会有在承购协议签字前，尚未确定具体发行额的现象发生。

（二）偿还年限

应根据发行者使用资金的需要同时考虑不同市场的做法与法令规定、投资者的选择意图以及利率变化趋势等因素，来确定债券的偿还年限（Maturity）。当前，国际债券市场对债券偿还年限呈缩短趋向。这主要与通货膨胀和经济不稳定，以致影响债券的价格有关。

（三）票面利率。债券票面利率的高低，应随发行市场、发行时期、国际金融形势和发行者信誉的不同而变化，一般较难比较。总的来说，对购买债券的投资者，则票面利率越高越有吸引力，因这将增加其利息收益；而对发行者，则票面利率越低越好，因可使其节省利息支出。故发行者应与承购者协商，在不影响销售的前提下，应尽可能争取订出较低利率。除其它条件相同外，承购者的销售能力对利率的决定也具有一定影响。

如果债券持有者的实际收益率低于银行存款率，或低于投放于其它证券所获得的收益率，则债券将难于销售。所以债券票面利率的最后确定，将视当时银行存款利率和资金市场的行情而定。

（四）利息的支付与计算办法

1．利息的支付

利息支付方法亦称付息频率，系指债券在购买者的持有期间内，将间隔多长时间才得到一次支付的利息。它基本上可分为两大类型：

（1）一次性付息。即债券的期限无论多长，只支付一次利息。它可以在债券到期还本时进行，亦称利随本清；也可在债券发行时一次支付给债券购买人，亦称贴现发行，即发行人在发行债券时就把不按复利计算的应付利息总额，一次性全部扣还给债券的购买人，到期时则按债券的面值还本。这类债券亦称"零息债券"。

（2）分次付息

1）按年付息。在债券的有效期限内，按债券的票面利率每年付息一次。最后一次付息与还本同时进行。

2）每半年付息。在债券的有效期限内，每年按票面利率分两次付息，即每半年支付一次。它需要明确付息时间，如"A&O"，表示在 4 月和 10 月付息；"A&F"，则在当年的 8 月和下年的 2 月付息等等。

3）按季付息。在债券有效期限内，每隔 3 个月付息一次。付息数为按债券票面利率计算出来的年应付利息额的 1/4。付息时间也需明确表示，如"AJOJ"，为 4 月、7 月、10 月和下年的 1 月付息；而"ANFM"，为当年的 8 月、11 月和下年的 2 月与 5 月支付。

2．利息的计算方法

利息的计算方法，指举债人在发行债券时所确定付息水平的方法。这种计算方法主要有：

（1）采用固定利率。举债公司按票面利率计算后支付利息，无论当时市场利率发生何种变化，利息支付额都不改变。

（2）采用浮动利率。举债公司的付息水平和市场上的某一基准利率—如 LIBOR 挂钩，随其浮动，但须在此基础上再加利差计收。所加利差大小，视发行者信誉、发行额大小和发行时的货币市场情况而异。

从主要国际债券市场过去情况看，按固定利率利息付息者较多。但浮动利率债券在欧洲债券市场上则广为流行，因投资者可在短期利率上升时获益。有时尚对浮动利率规定一个下限，即使当时市场利率低于此下限，亦仍按此下限付息，以使投资者有安全感，从而增加对此类债券的吸引力。

（五）发行价格

债券的发行价格（Issue Price）是以债券的出售价格与票面金额的百分比来表示。如

（1）发行价格为 100%，称为等价发行（At Par）。如票面金额为 1000 美元的债券，以 1000 美元的价格出售。

（2）发行价格小于 100%，即以低于票面的价格发行，称低价发行（Under Par）。如票面金额 1000 美元的债券，以 990 美元的价格出售。

（3）发行价格大于 100%，即以超过票面的价格发行，称超价发行（Over par）。如票面金额 1000 美元的债券，以 1100 美元的价格出售。

发行价格的高低与票面利率的高低相互配合，可起到出售时与当时的市场利率保持一致的作用，票面利率定得偏高时，可相应提高发行价格；定得偏低时，可适当降低发行价格，用以调节发行者与购买者的利益。浮动利率债券通常都以等价发行。

三、国际债券的发行费用

国际债券的发行者除定期向债券持有人支付利息外，尚须负担一定的发行费用。一般

包括：

（一）最初费用

（1）承购手续费。为给承购团的承购费、发行工作中的管理费、销售费等，约占债券发行额的 2%～2.5%。

（2）偿还承购债券银行所支付的实际费用，如旅费、通信费等。

（3）印刷费。印刷债券凭证、说明书及合同等费用。发行 1 亿美元债券，约需 5000～7000 美元。

（4）上市费。进入债券市场的手续费、广告宣传费等。

（5）律师费。每次发行约需 30000～50000 美元。

（二）期中费用

（1）债券管理费。财务代理人按照合同进行帐册管理等服务所收费用，一般为年 3000～5000 美元。

（2）付息手续费。一般为所付利息的 0.25%，付给财务代理人。

（3）还本手续费。一般为还本金额的 0.125%，亦付给财务代理人。

此外，期中费用有时还包括在低价时因发行人购回而须注销债券和息票的手续费，以及偿付财务代理人因提供计划外服务的费用。

上述费用数额，为按惯例所计算的大略数字，实际的发行费用根据发行者的具体情况而变化。它在相当程度上与发行者的信誉水平及其与承购团和财务代理人进行谈判的经验和能力有关。

四、国际债券的偿还方式

为了提高偿还的确实性，既保护投资者利益，又可为发行者确定偿还负担，所制定的偿还方式。主要分为

（一）期满偿还

是指在债券的有效期满时一次全部偿还。

（二）期中偿还

是指在债券最终期之前偿还。它又可分为：

1．定期偿还（Mandatory Redemption）。

期限在 7 年以内的债券，不适用此偿还办法。期限较此为长的债券，可用此法。定期偿还系经过一定宽限期后，每过半年或 1 年偿还一定金额，期满时还清余额，具体做法有：

（1）每期通过抽签，确定偿还的债券，并以票面价格偿还。

（2）按市场价格从二级市场购回规定数量的债券。

当然，若市场价格超过票面价格时，采用抽签法对发行者有利；反之，若市场价格低于票面价格时，采用购回法，对发行者有利。

2．任意偿还（Optional Redemption）

亦称选择性购回。即发行人有权在债券到期前，以相当于或高于票面值的价格任意直接向债券持有人购回部分或全部债券，使发行者可随时根据自己的情况调整其债务结构。但因系发行者单方面的意愿决定，使持有人失去将来可以获得的收益，因此发行者要以超过票面价格，酌加升水（Premium），以对持有者的利益加以补偿。

3．购回注销（Purchase in the market）

发行者根据本身资金情况及所发债券在二级债券市场上的价格对己有利时，甚至在宽限期内，即从流通市场买回已发行的债券，并注销之。

五、国际债券的收益率

债券的收益率通常用年收益率表示，系指投资于债券每年所得的收益占其投资额的比率。决定此率的因素主要与票面利率、期限和购买价格有关。投资者只有在对收益率比较满意时才肯投资，而发行者则要以具有竞争性的收益率来考虑票面利率或发行价格，才能筹集到所需资金。因此，了解债券收益率的各种形式与计算方法，对投资者或发行者均有现实意义。该收益率主要有下述 3 种形式：

（一）名义收益率

亦称息票收益率，即债券本身所规定的利率。如一张年息率为 6％ 的债券，其名义收益率即为 6％。只有债券的行市与债券的面额相等时，名义收益率才与实际收益率相一致。但债券的行市受市场利率和票面利率不同的影响，而不断变化，行市与面额很少一致，甚至在债券开始发行时，其出售价格亦可能高于或低于面额。所以以名义收益率的实用意义不大。

（二）即期收益率

为买卖债券当时的收益率，也就是债券的年利息收入，除以该债券当时的行市所得的比率，公式为：

$$即期收益率 = \frac{债券的年利息收入}{该债券当时的市场价格}$$

如一张面额为 1000 美元的债券，年息率为 6％，每年付息 60 美元，当时的市场行市为 950 美元，则其即期收益率为 $\frac{60\ 美元}{950\ 美元} = 6.32\%$；如市场行市为 1050 美元，则其即期收益率为 $\frac{60\ 美元}{1050\ 美元} = 5.71\%$。

（三）到期收益率（yield to Maturity），或称迄至到期日的平均收益率。

即期收益率虽比名义收益率有较大现实意义，但它仍只是一个简略的估算收益率，因它只考虑在购买当时支出了多少金额，能获得多少年利息，而忽略了时间和资本损益这两个重要因素。如果一个投资者，按当时市场价格买进债券，并一直持有至到期日，则上述即期收益率，就不能表达其所能取得的年平均收益率。到期收益率或称迄止到期日的平均收益率，是从购买债券起，且保持至债券到期时的实得收益率，亦即债券的收益对其成本的年率。其计算公式为：

$$迄止到期日的平均收益率 = \frac{年利息额 \pm \dfrac{资本收益或资本损失}{距到期日的年数}}{购买债券的市场价格}$$

$$= \frac{年利息额 + \dfrac{票面价格 - 市场价格}{距到期日的年数}}{市场价格}$$

注：票面价格＞市场价格＝资本损失

票面价格＜市场价格＝资本收益

如投资者以 950 美元市价买进面额为 1000 美元的债券，票面利率为 6％，尚有 10 年才到期，则他不仅每年能获 60 美元利息，且 10 年后到期时他能按票面额 1000 美元得到本金，亦即在此 10 年期间获得 50 美元或每年 5 美元的资本升值，代入公式，则他每年所得的平均收益率或迄止到期日的平均收益率为：

$$\frac{60 + (\frac{1000 - 950}{10})}{950} = 6.84\%。$$

如他购买时的市价不是 950 美元，而是 1050 美元，则因他将承担资本损益 50 元，代入公式，则其年平均收益率应为：

$$\frac{60 - (\frac{1050 - 1000}{10})}{1050} = 5.24\%。$$

第 3 节 欧 洲 票 据 融 资

80 年代中期，在国际金融市场上又出现了一种新型的融资工具，即欧洲票据（Euro Notes）融资。到 1993 年底欧洲票据融资额达 1786 亿美元，占世界票据市场总额的 19%，其增长势头的迅猛，对经济金融界的影响与日俱增。

一、欧洲票据的内涵及分类

欧洲票据是短期的融资工具，期限通常为 3～6 个月，期限最短仅为 6 天，但长者也可达 10 年。发行时按面值折价发行，到期按面值偿还，并加上一定利息（Add-on Interest）。根据不同的分类角度，可以将欧洲票据分为不同的种类。

（一）根据发行人划分

根据发行人的不同，可以将欧洲票据分为 CDs 和 P/N（本票）。CDs 由银行发行，主要目的是为了获得资金用于贷款和投资；而 P/N（本票）则由非银行借款人发行，以筹集生产所需资金。

（二）根据发行方式划分

根据发行方式的不同，可以将欧洲票据分为循环承购融资（Revolving Underwriting Facility，RUF）和欧洲商业票据（Eurocommercial Paper）。循环承购融资指由一组银行组成承购集团，向借款人承诺如果票据以某一预定的最高利率成本不能全部售出的话，则由该承购集团将剩余的票据以预定利率全数购买，或者向借款人提供等额银行备用信贷（Standby Credit）。这种贷款称过渡性贷款（Suring Line Credits）。由于票据的发行是循环进行的，因而称循环承购融资。在循环承购融资中，每次发行的票据是短期的，每次到期后发行新的票据以偿还旧的票据。但承购集团的承购义务是中期的，一般为 5～7 年。所以循环承购融资实际上是利用短期票据获取中期信贷，因而成为辛迪加贷款的替代品。

欧洲商业票据是指发行集团不承担承购义务，而只是为借款人推销票据。有时常将这两种欧洲票据发行统称为票据发行便利（Note-Issuing Facility，NIFs）。但在大多数情况下，NIFs 专指循环承购融资。

（三）根据票据期限划分

根据所发行票据的期限不同，可以将欧洲票据分为欧洲短期票据和欧洲中期票据（Euro-Medium Term Notes，EMTN）。而欧洲短期票据又可分为欧洲商业票据（Euro-Commercial Paper）和其它欧洲短期票据（Other Short-Term Euro-notes）。这种划分方法是国际清算银行（BIS）从 1986 年开始统计世界票据市场（国际票据市场＋国内票据市场）所采用的划分方法。

欧洲商业票据是一种由政府、政府机构或大企业凭信用发行的无抵押借款凭证，其期限较短，期限最短仅为 1 天，期限较长的可达 1 年。其发行金额很大，通常在几千万美元以上。欧洲商业票据的发行成本较低，每次发行成本约 5000 美元。

其它短期欧洲票据市场是由企业和政府借款人发行的期限为 1 年以内（含 1 年）的期票。发行时由一家银行或一个银行辛迪加牵头，与发行人签订发行合同，其他银行认购票据。牵头银行收取管理费，其他银行则收取认购费。发行合同规定了期限，而且规定了最高限额，借款人有权在发行期内将发行额扩大至最高限额。

欧洲中期票据基本与其他短期欧洲票据相同，只是在期限上比其它短期欧洲票据要长，一般为 9 个月～10 年。欧洲中期票据的借款成本比中期欧洲信贷低，利率也比伦敦银行同业拆放利率低。

二、欧洲票据的发行关系人

这里主要介绍循环承购融资的发行。循环承购融资的发行主要涉及以下关系人：

（一）发行人

主要是政府、金融机构和大公司。发行人通过发行短期票据筹集资金，以应付短期流动资金的需要，也可以运用滚运（Rollover）的方法，不断发行票据来获得中长期资金。正是在这个意义上讲，欧洲票据是中长期辛迪加贷款的替代品。发行人也可以把票据融资纯粹作为其他融资的后备（因为如果以约定最高成本不能发行新的票据，承购银行有提供贷款的义务）。

（二）安排人（Arranger）

是由发行人委任的整个交易的组织者，通常由投资银行、证券公司担任（一般为一个机构，最多不会超过 3 家）。安排人的身份可能是多重的，他可以兼任承购银行，或代表承购集团的融资代理人。这类似银团贷款中的经理行。其主要任务是：根据发行人的资信和证券市场情况、金融界的反应，向发行人建议借款的最佳安排和条件；物色并组织承购银团和票据分销机构；在各方当事人之间就达成交易的各种事项进行联系磋商、斡旋；协助发行人编制财务报告或推销票据的情况备忘录，并分发给其他当事人；委托律师起草交易所需的各种法律文件；组织协议的签字仪式等。

（三）承购人（Underwriter）

承购人一般为商业银行或投资银行。发行人通过安排人与承购人签订票据融资协议，承购票据。只有在票据分销机构无法将票据全部推销给最终投资者时，承购人才把剩下的票据按各承购人承购的比例买下来。承购人为此收取承购费，一般为承购金额的 0.5‰～1.5‰。

（四）最终投资者（End Investors）

最终投资者是把购买证券看成投资从而获得投资收益，而不是通过转售而获得差价利润的机构或个人。

（五）票据分销机构

依发行方式不同又可分为发行代理人和投标人。

发行代理人一般为投资银行或证券自营商，常由承购银行兼任。他作为发行人与最终投资者之间的中间人，积极推销票据，收取佣金。

投标人是由发行人与安排人或融资代理人选定机构组成的投标小组，小组成员少则数家，多则四五十家，一般包括一些承购银行。

（六）融资代理人（Facility Agent）

融资代理人首先是承购人的代理，代表众多承购银行与发行人打交道。其职责和权力是：

（1）充当承购人与发行人之间通讯联系的渠道；

（2）充当发行人与众多承购人或投标小组成员之间的支付中介。　　；

（3）对循环承购协议规定的一些条件是否具备拥有决定权，对是否放弃某些条件具有裁定权；

（4）有权要求发行人提供其财务状况的最新资料；

（5）决定票据的基础利率（Base Rate）；

（6）代表承购人（及投标小组成员）同意、更改、放弃融资协议条款中的有关规定；此外，出票与支付协议、债票形式的制订、更改亦需经融资代理人同意。

（七）招标代理人（Tender Agent）

招标代理人是代理发行人向投标人发出招标通知并汇集所有投标，转交给发行人作出决定的代理人。招标代理人的主要任务是：

（1）收到发行人通知后，向投标小组成员发出招标通知；

（2）接收投标，并转告发行人，由发行人决定哪些中标；

（3）通知中标的小组成员，并将中标者名字、金额、出价等转告融资代理人，由其确定基础利率；

（4）用融资代理人确定的基础利率来计算购买票据的价格，通知出票与支付代理人准备向中票者交付票据。

（八）出票与支付代理人（Issuing & Paying Agent）

二者可以由一个机构充当，也可以分开。他们都是发行人的代理人。

出票代理人的主要职责是：

（1）印制票据并加以证明（Authentication）；

（2）向购票人出票和交付（Issuance & Delivery）；

（3）接受购票人交付的款项；

（4）印发替代票据（Replacement Note）。

支付代理人的主要职责则为票据到期向持票人还本付息。

三、欧洲票据与欧洲债券（Eurobond）的比较

欧洲票据与欧洲债券都属于直接融资方式，在80年代国际金融市场上证券化趋势推动下都获得很大发展，其发行方式都借助于分销；而且二者都是债务证券，只不过前者属中短期证券，而后者则属长期证券。二者之间的区别是：

（一）期限长短不同

根据美国对证券的划分，期限为10年以上才是债券（Bond），因而欧洲债券属长期证券，而欧洲票据为中短期证券，如欧洲商业票据的期限为1天～1年；其他短期欧洲票据的期限也为1年以内；即使期限较长的欧洲中期票据期限也不超过10年。

（二）利率不同

由于债券期限较长，因而在利率变动剧烈的今天，越来越多的欧洲债券开始以浮动利率发行。如在 1985 年浮动利率债券的发行额曾达到国际债券市场融资总额的 35％。而欧洲票据的期限较短，因而每期发行多采用固定利率。

（三）承购人法律地位不同

在欧洲债券发行中，承购人处于第一道中介地位，先向发行人购买债券，然后再向投资者转售，因而实际是将承购与销售相结合。而在欧洲票据的发行中，承购人只是处于后备性承购地位。先由发行代理人或通过投标小组推销票据。只有在票据无法通过上述分销机构分销出去时，承购人才承购剩余票据。

另外，在欧洲债券发行中，承购人对债券进行一次性承购，而在欧洲票据发行中，发行人在一定时期内循环发行票据，因而承购人也必须进行循环承购。

（四）募购方式不同

欧洲债券的发行可以采取公募或私募方式。以公募方式发行的债券可以在证交所上市交易；而欧洲票据均采用私募方式发行，因而均不能上市交易。

（五）存在形式不同

债券的形式多种多样，按不同的标准可以划分为有抵押债券和无抵押债券；可转换债券和不可转换债券；双重货币债券和单一货币债券；固定利率债券、浮动利率债券和与股权相联系的债券；零息债券和附息债券等等。而欧洲票据的形式则相对单一，如果发行人为银行，则为 CDs；如发行人为企业，则为本票（P/N）。

（六）流动性不同

与募购方式相对应，公募发行的债券可以上市流通，因而有较高的流动性；而欧洲票据均为私募，因而流动性较差。

（七）资金使用方向不同

发行债券筹集的资金主要用于固定资产投资；而发行欧洲票据筹集的资金多用作生产中的流动资金，或用于以新债还旧债。

（八）发行人付息先后不同

一般的债券（零息债券除外）均为附息债券，在债券发行后每半年或 1 年一次定期向持有人支付利息；而欧洲票据多采用贴现方式发行。在发行时从票面金额中预扣利息，到期按票面金额偿还。具体又可以分两种情况：

1. 票据本身不带利息。

$$购买价格 = \frac{PA}{1 + \dfrac{y \times D}{360}}$$

式中　PA——票据面值；

　　　y——票据到期收益率；

　　　D——票据期限（天数）。

到期收益率一般为某一基础利率（Base Rate）加上或减去一个差额。基础利率由发行人选定，既可以是一个以％表示的绝对利率（Absolute Rate），也可以是某一参照利率（Reference Rate）如 Libor。如果是参照利率，则由融资代理人在动用日（发行日）之前两天加以确定。如上或减去的差额就是投标银行的实际出价。

假定 PA＝＄50万；$y = \text{LIBOR} - \frac{1}{8}\%$，$\text{LIBOR} = 12\frac{1}{2}\%$；故 $y = 12\frac{3}{8}\%$；$D = 90$

$$购买价 = \frac{500,000}{1 + \dfrac{12\frac{3}{8}\% \times 90}{360}} = \$485\,013.09$$

面值与购买价之差 $\$14\,986.91$ 即为票据利息。

2. 票据带利息。

$$购买价格 = PA \times \frac{1 + \dfrac{R \times D}{360}}{1 + \dfrac{y \times D}{360}}$$

其中 R 为票据上载明的利率（R＜y），假定为 LIBID＝12％，其他各项同上。则

$$购买价 = \frac{1 + \dfrac{12\% \times 90}{360}}{1 + \dfrac{12\frac{3}{8}\% \times 90}{360}} \times 500\,000 = \$499\,550$$

即投资者以 $\$499\,550$ 购买票据，到期日发行人以 $\$500\,000$ 赎回票据，同时支付年率 12％的利息 $500000 \times 12\% \times \dfrac{90}{360} = \$15000$。

四、欧洲票据融资的优点

（一）融资成本低

采用银团贷款方式时，银行所提供的资金多是从欧洲货币市场上以 LIBID 转借后再行转贷。因而为保证利润，其贷款利率均为 Libor＋Margin。而采用票据方式融资则省略了同业市场拆借这一环节，因而其利率较低，一般为 Libid－Margin。另外，银团贷款中承诺费一般为总金额的 3‰～5‰；而在票据融资时承诺费仅为 0.5‰～1.5‰。

与债券，特别是公募债券相比，票据的成本也较低。这是因为票据多以私募方式发行，不能上市流通，因而不需提供上市所要求的一系列法律文件，省了大量费用。

（二）发行人具有较大灵活性

在欧洲票据融资方式下，发行的金额、基础利率、循环发行的次数都由发行人决定，而且利率可以根据市场条件和借款者的信用等级进行适当调整。同时每次票据到期时，都可以用发行新票据所筹集的金额来偿还旧票据。而欧洲债券则没有上述灵活性。

票据融资的这一优点在市场预期利率水平很快就达到最高点并将下降时更为突出。在这种情况下，借款人可以通过循环发行欧洲票据来暂时获取中长期资金，并在利率水平下降后再在欧洲债券市场上以低利率筹集长期资金。如果在利率水平即将达到最高点时发行固定利率债券，将大大增加利息负担；而发行浮动利率债券将会因市场预期未来利率将下降而发生销售困难。

（三）欧洲票据融资的借款人可以有多种选择

如在一次票据期满后，如不发行新票据，借款人可以要求承购银行提供贷款；或如果新票据发行因市场条件恶化而未获成功，也可以找承购银行借款。而欧洲债券融资则没有这一选择。

（四）发行欧洲票据有助于扩大资金来源

在欧洲票据融资方式下，票据的投资人只承担短期风险，即短期票据到期无力偿还的风险，因而可以吸引大量拥有短期闲置资金的投资者，从而大大扩展了投资者基础。

（五）欧洲票据融资对承购银行和借款人双方都有利

对承购银行来说，如果银行的比较优势不在于贷款，而在于通过安排贷款来获得费用收入，在银行由于资本规模限制而不能再发放贷款时，则可以安排欧洲票据融资。这一交易并不受银行资本限制，承购银行只承担中长期风险，即票据一旦以约定最高成本不能出售，则银行必须履行提供贷款的义务。对此承购银行收取承购费。可见承购银行可以不增加投资就获得费用收入。

对借款人来说，他可以通过这种融资方式在约定时期内稳定地获得连续的资金来源，从而减少了未来筹资条件的不确定性。

第4节　国际债券市场

与国际债券分为外国债券和欧洲债券相对应，国际债券市场可划分为外国债券市场与欧洲债券市场。

一、外国债券市场

主要为美国、日本、德国和瑞士四国的国际债券市场，尤以美国和日本两国较为重要。

（一）美国的外国债券市场

外国借款者（唯加拿大除外）在美国市场公开发行的中长期美元债券，俗称扬基债券（Yankee Bond）。扬基债券市场一直是提供中长期美元的主要国际债券市场。发行该债券一般要经过评级程序，且在进入时，外国举债人必须办理下述手续，于获准后才能发行。

首先，举债人要向美国的"证券交易委员会"申请登记，以书面形式披露发行者本身的财务经营状况、所在国家的情况、筹资理由及风险因素等详尽资料的"注册声明"（Registeration Statement）以供投资人选择。凡未经披露或未经批准而发行债券，都是非法的。

其次，举债人的债券发行，经证券交易委员会批准后，还要采取招标方式，委托美国的投资银行或投资公司包销。

最后，举债人还要向证券交易委员会申请承保，只有经后者认保后，扬基债券才能发行。

美国的评级审查较严格、证券交易委员会的审批较难，包括发行管理费、包销费、承保费的筹资成本亦较高。因此发行者主要是发达国家政府、大企业和国际组织。

扬基债券的发行不仅要符合美国联邦法律的规定，还要受蓝天法（Blue Sky Law），即各州法律的制约。如拟发行的扬基债券不符合某州的法律，便不得向该州居民发行。如纽约州法律规定，人寿保险公司所持各种外国证券的总值不得超过其资产的1%，这就限制了该机构对扬基债券的购买，使该债券在该州的推销受到影响。

由于美元仍是主要国际储备货币，美国的资本市场又较具开放性，故外国举债人只要能获批准，愿意遵守美国的有关法律，并承担较高的筹资成本，但可立即招标发行，且较快地得到资金，而且一旦举债人进入了该市场，便可提高其作为借款人的身份，加强其在其他国际金融市场上筹资的地位。

扬基债券的收益率传统上高于美国的同类国内债券,因此对美国投资者颇具吸引力,而在 1964～1974 年期间受到过资本管制。60 年代中期美国出现国际收支巨额逆差,原因之一是大量长期资本外流,为此政府曾限制国内投资者购买扬基债券,并于 1964 年开征利息平衡税,直至 1975 年才始取消,从而使该市场重趋活跃。

（二）日本的外国证券市场

外国发行者在日本发行的债券叫"武士债券"(Samurai Bond)。它首先要向日本大藏省申请,经批准后方可发行。发行方式分公募和私募两种。

日本对公募债券的发行有较严格的规定,发行人除要提供本身及拟发行债券的详细情况外,尚需在过去 5 年内在国际资本市场至少发行过 2 次(或在过去 20 年内发行过 5 次)公募债券,才能具备发行条件。大藏省还对最高发行额及最长期限按发行人的评级等级作出具体规定。具体发行工作则由发行人委托由数十家证券公司所组成的承购辛迪加负责承购,并推销给日本本国及其他国家的个人与机构投资者。

私募债券一般由证券公司或投资银行作为斡旋人(Arranger)。其所起作用为根据市场情况向发行人提出发行工作建议,代表发行人就债券发行事务同日本有关方面协商及向金融机构推销。

私募债券的购买者,一般不得超过 50 家金融机构。购买后在两年内不得转卖,转卖时亦需全部转卖给另一金融机构。因受此种限制,自不利于投资者的资金流通,故其利率高于公募债券。

由于私募债券的购买者均拥有巨额资金,私募债券的期限较公募债券为长(有长达 20 年者),这自然有利于长期融资需要,且发行手续简单,发行费用较低,但其缺点是利率高,筹资来源面窄,在国际上影响力亦较小。

日本长期以来保持着国际收支顺差,通货膨胀程度低,利率较低,外汇储备充裕,且为使日元国际化,正不断开放其金融市场。发展中国家在日本债券市场发行外国债券占该市场的比重较大(1986 年曾达 64%),是该市场的特征之一,适与美国债券市场成鲜明对比。由此可见,发展中国家在日本债券市场上的地位和作用是不可低估的。

（三）德国的外国债券市场

德国债券市场的发展亦是以其经济发展为基础的。西德经济 50～70 年代这 20 多年的突飞猛进,使西德马克逐渐成为一种国际货币,且形成"强货币"形象,使筹资者和投资者都对马克债券显示了巨大兴趣。西德政府亦逐渐放宽了对国内资本的管制。现在,在德国市场发行债券,首先,发行人要向德国中央银行申报,经同意后,由一家银行牵头组织发行,并由其向"上市委员会"申请,经批准后安排在证券交易所上市。债券期限最长为 10 年,借款人如要求提前偿还,亦可获同意,但须支付一定费用。

（四）瑞士的外国债券市场

瑞士的外国债券市场堪称世界上最大的外国债券市场。1986 年发行额折合 234 亿美元,占整个国际市场上发行额的 10%。如此兴旺发达的原因可归于:

(1)经济繁荣,资金丰富,苏黎世是世界国际金融中心之一,其金融机构擅长安排组织巨额资金融通。

(2)瑞士通货膨胀率低,其外国债券的年利率虽低,但投资者可从瑞士法郎的升值中得到补偿,且其严厉的银行法使投资者感到放心。

（3）债券的利率低，可降低发行人筹资成本，又可通过掉换业务，以避免瑞士法郎升值所带来的损失，而受到发行人的青睐。

该市场发行方式亦分公募与私募两种，均须经瑞士中央银行批准。由包销团包销后再转销。私募则委由牵头银行刊登广告推销。该市场的一个特点是瑞士法郎外国债券的实体票据不许流出国外，中央银行规定应将其存入瑞士国家银行保管。

二、欧洲债券市场

欧洲债券的发行和购买所形成的资金市场即欧洲债券市场。它属于欧洲货币市场范畴，构成了该范畴的一个独特分支。它具有下述特点：

（1）它是一个境外市场，发行自由，毋需得到有关国家政府的批准，不受各国金融政策或法令的强制约束。

（2）对发行前是否需要进行评级，掌握较松，并非必要条件。有时发行人只在发行前进行一定的"旅行宣传"（Road Show），以促进投资者对发行者及其所发行债券的了解即可。

（3）债券持有者所获利息无需缴纳所得税，使投资者的收益水平相对提高。

（4）可用作面值的货币种类较多，也可使用特别提款权或欧洲货币单位等复合货币，作为面值货币，以此来减少汇率波动的风险。

（5）除了发行固定利率债券外，也可发行浮动利率债券或到期时可调换成股票的公司债券。

在欧洲债券市场发行债券的国家比较广泛，既有发达国家，也有一定数量的发展中国家，该债券常会在债券票面货币国家以外的若干国家同时销售。至于发行期限的长短，将随欧洲货币市场的状况和资金充裕程度而变化，市场平稳，资金充斥，期限就趋长，反之，则趋短。

1980 年以前，外国债券融资增长速度及融资额均曾超过欧洲债券，80 年代以后，欧洲债券增长速度很大，从 1980～1992 年，欧洲债券融资额年增长率为 22％，而同时外国债券融资额年增长率仅为 12％。到 90 年代初，整个国际债券市场融资额中欧洲债券占 80％，而外国债券占 20％，由此可见欧洲债券市场的重要地位与作用。

思 考 题

1. 试述国际债券的类型。
2. 试述初级市场与二级市场的概念、组成和职能。
3. 简述国际债券发行的关系人及其主要职责。
4. 试述国际债券的发行条件。
5. 国际债券有几种主要的偿还方式。
6. 简述欧洲票据发行的关系人及其主要职责。
7. 简述欧洲票据的内涵与类型。
8. 试述欧洲债券与欧洲票据的异同点。
9. 武士债券与扬基债券各有什么特点？

第11章 外汇与汇率制度

国际工程承包商所筹集到的资金,外汇占绝大的比重,在其业务营运过程中,也会收收付付大量的外汇资金。当前,主要货币的外汇汇率波动频繁剧烈,有时暴涨暴跌。国际工程承包商如疏于对外汇汇率波动风险的防范,则可能遭受到巨大的经济损失。要做好外汇风险管理,必须从理论和实践上对外汇、汇率。汇率确定的基础,影响汇率变化的因素以及汇率制度加深理解。

第1节 外汇与汇率

一、外汇的概念和要素

外汇是国际汇兑 (Foreign Exchange) 的简称。

外汇的概念有动态和静态之分。动态的外汇,是指把一国货币兑换为另一国货币,以清偿国际间债务的金融活动。从这个意义上说,外汇同于国际结算。静态的外汇,又有广义与狭义之分。各国外汇管制法令所称的外汇就是广义的外汇。例如,根据 1997 年 1 月 14 日《国务院关于修改＜中华人民共和国外汇管理条例＞的决定》修正的《中华人民共和国外汇管理条例》第三条规定,外汇是指以外币所表示的可以用作国际清偿的支付手段和资产:①外国货币,包括低币、铸币;②外币支付凭证,包括票据、银行存款凭证、邮政储蓄凭证等;③外币有价证券,包括政府债券、公司债券、股票等;④特别提款权、欧洲货币单位;⑤其它外汇资产。狭义外汇即通常所说的外汇,指以外币所表示的用于国际结算的支付手段。只有各国普遍接受的支付手段,才能用于国际结算。

作为外汇的外币支付凭证必须具备 3 个要素,即:

(1) 它具有真实的债权债务基础,没有真实的债权债务关系的凭证,不能算作外汇。

(2) 票面所标示的货币一定是可兑换货币。

自由兑换货币主要指该货币的发行国对该国的经常项下的支付和资本项下的收支不进行管制或限制。国际货币基金协定第 30 条下款认为自由兑换币指:①该货币在国际支付领域中被广泛使用;②该货币在国际外汇市场是主要的买卖对象;③英镑、法国法郎、美元、日元、德国马克是主要的自由兑换货币。非自由兑换货币主要指该货币发行国对该国经常项下的支付和资本项下收支进行管制或限制。像以越南元、缅甸元所表示的支付凭证对一国不能算为外汇,因为这些货币的发行国对该国经常项下支付和资本项下收支进行严格管制。

(3) 它是一国外汇资财,能用以偿还国际债务。

这表明以外币所标示的支付凭证是一国的外汇资财,可用以偿付外国的债务。

据此,以外币表示的有价证券和黄金不能视作外汇,因为它们不能用于国际结算,而只有把它们变为国外银行存款,才能用于国际结算。至于外币现钞,严格说来也不能算作外汇。● 虽然，外币在其发行国是法定货币，然而，它一旦滚入它国，便立即失去其法定货币的身分与作用，外币持有者须将这些外币向本国银行兑成本国货币才能使用。即使是银行，也须将这些外币运回其发行国或境外的外币市场（如香港）出售，变为在国外银行存款，以及索取这些存款的外币票据与外币凭证，如汇票、本票、支票和电汇凭证等，才是外汇。

必需指出，在美国以美元所标示的支付凭证，不属外汇，只有美元以外可兑换货币所标示的支付凭证，在美国才算外汇。在其它国家也是这样，尽管该国货币为可兑换货币，但那是本国货币，只有本币以外其它可兑换货币所标示的支付凭证，才是外汇。

二、汇率及其标价方法

（一）汇率的概念

外汇汇率是用一个国家的货币折算成另一个国家的货币的比率、比价或价格；也可以说，是以本国货币表示的外国货币的"价格"。由于国际间的贸易与非贸易往来，各国之间需要办理国际结算，所以一个国家的货币，对其他国家的货币，都规定有一个汇率，但其中最重要的是对美元等少数国家货币的汇率。

（二）汇率的标价方法

折算两个国家的货币，先要确定用哪个国家的货币作为标准。由于确定的标准不同，存在着外汇的两种标方法（Quotation）。

1. 直接标价法

用1个单位或100个单位的外国货币作为标准，折算为一定数额的本国货币，叫做直接标价法（Direct Quotation）。在直接标价法下，外国货币的数额固定不变，本国货币的数额则随着外国货币或本国货币币值的变化而改变。绝大多数国家都采用直接标价法。以香港市场为例，1997年1月22日美元对港元的汇率是1美元＝7.7240～7.7390港元，1英镑对港元的汇率是1英镑＝12.7300～12.85港元，1马克对港元的汇率是1马克＝4.57100～4.7400港元，100日元对港元的汇率是100日元＝6.4900～6.5200港元。有些国家货币单位的价值量较低，如日本的日元，意大利的里拉等，便以100 000或10 000作为折算标准。

2. 间接标价法

用1个单位或100个单位的本国货币作为标准，折算为一定数量的外国货币，叫做间接标价法（Indirect Quotation）。在间接标价法下，本国货币的数额固定不变，外国货币的数额则随着本国货币或外国货币币值的变化而改变。英国和美国都是采用间接标价法的国家。例如，1997年1月10日，伦敦市场英镑对美元的汇率是1英镑＝1.6798～1.6808美元，英镑对法国法郎的汇率是1英镑＝8.9743～8.9814法国法郎，英镑对德国马克的汇率是1英镑＝2.6605～2.6629德国马克等等。

（三）买入汇率、卖出汇率与中间汇率

外汇买卖一般均集中在商业银行等金融机构。它们买卖外汇的目的是为了追求利润，方法就是贱买贵卖，赚取买卖差价，商业银行等机构买进外币时所依据的汇率叫"买入汇率"（Buying Rate），也称"买价"；卖出外币时所依据的汇率叫"卖出汇率"（Selling Rate），也称"卖价"。由此可见，买入、卖出是从银行的立场出发的。买入汇率与卖出汇率

● 国内一些著作也有将外汇定义为"外币和以外币所表现的支付凭证与信用凭证"的。

相差的幅度，一般在 1‰～5‰，各国不尽相同。两者之间的差额，即商业银行买卖外汇的利润。

外国银行所公布的买入与卖出汇率有三大特点：①大银行所确定的买入与卖出汇率差价比较小，一般为 2‰～3‰；小银行所规定的差价比较大，一般超过 2‰～3‰。②发达国家的银行确定的买入与卖出汇率差价小；发展中国家的银行一般差价大。③主要储备货币的买入与卖出差价小，非主要储备货币的差价则相对要大些。买入汇率与卖出汇率相加，除以 2 则为中间汇率（Medial Rate），它主要用于：a. 说明外汇市场汇率的一般走势；b. 企业内部本市与外币核算时的计算标准。

在外汇市场上挂牌的外汇牌价一般均列有买入汇率与卖出汇率。在直接标价法下，一定外币后的前一个本币数字表示"买价"，即银行买进外币时付给客户的本币数；后一个本币数字表示"卖价"，即银行卖出外币时向客户收取的本币数。在间接标价法下，情况恰恰相反，在本币后的前一外币数字为"卖价"。即银行收进一定量的（1 个或 100）本币而卖出外币时，它所付给客户的外币数；后一外币数字是"买价"，即银行付出一定量的（1 个或 100 个）本币而买进外币时，它向客户收取的外币数。

此外，在外汇牌价表中除列有买入与卖出汇率外，一般还经常公布现钞（Bank Note）价。我国与其它国家一样，所规定的现钞买入价，比银行购买汇票等支付凭证的价格低。如上所述，银行买汇票等支付凭证的价格为 100 美元；828.2400 元人民币，但银行买入美元现钞的价格，则 100 美元银行只付给 808.7400 元人民币。显然，这个价格低于银行购买汇票的价格。银行购入外币汇票以后，通过航邮划帐，可很快地存入外国银行，开始生息，调拨动用；而银行收现钞，要经过一定时间，积累到一定数额后，才能将其运送并存入外国银行调拨使用。在此以前，买进钞票的银行要承受一定的利息损失；将现钞运送并存入外国银行的过程中，还有运费、保险费等支出，银行要将这些损失及费用开支转嫁给出卖现钞的顾客，所以银行买入外钞所出的价格低于买入各种形式的国际结算凭证的价格。而银行出卖外国现钞时，则根据一般的（即一般支付凭证的）卖出汇率，不再单列。

经济报刊上所说的外汇汇率上涨，在直接标价法下，说明外币贵了，因而兑换本币比以前多了，本币兑换外币的数量比以前少了。外币汇率下跌，情况则相反。

三、汇率的种类 (Classificatiom of Foreign Exchange Rate)

除不同的标价法以外，外汇汇率还有许多不同的分类。

（一）按外汇管理的松紧程度划分

（1）官定汇率（Official Rate 法定汇率）：这种汇率主要是指官方（如财政部、中央银行或经指定的外汇专业银行）所规定的汇率，在外汇管制比较严格的国家禁止自由市场的存在，官定汇率就是实际汇率，而无市场汇率。

（2）市场汇率（Market Rate）：这是指在自由外汇市场上买卖外汇的实际汇率。外汇管制较松的国家，官定汇率往往只是形式，有行无市，实际外汇交易均按市场汇率进行。

（二）按外汇资金性质和用途划分

（1）贸易汇率（Commercial Rate）：这主要指用于进出口贸易及其从属费用方面的汇率。

（2）金融汇率（Financial Rate）：主要指资金转移和旅游等方面的汇率。

（三）按汇率是否适用于不同的来源与用途划分

（1）单一汇率（Single Rate）：凡是一国对外仅有一个汇率，各种不同来源与用途的收付均按此计算，称为单一汇率。

（2）多种汇率：（Multiple Rate，多元汇率或复汇率），一国货币对某一外国货币的汇价因用途及交易种类的不同而规定有两种或两种以上汇率，称为多种汇率，也叫复汇率。

（四）按外汇交易工具和收付时间划分

（1）电汇汇率（T/T Rate）：用电讯通知付款的外汇价格，叫电汇汇率。电汇汇率交收时间最快，一般银行不能占用顾客资金，因此电汇汇率最贵。在银行外汇交易中的买卖价均指电汇汇率。电汇汇率是计算其他各种汇率的基础。

（2）信汇汇率（M/T Rate）：即用信函方式通知付款的外汇汇率。由于航邮比电讯通知需要时间长，银行在一定时间内可以占用顾客的资金，因此信汇汇率较电汇汇率低。

（3）票汇汇率（D/D Rate）：在兑换各种外汇汇票、支票和其他票据时所用的汇率叫票汇汇率。因票汇在期限上有即期和远期之分，故汇率又分为即期票汇汇率和远期票汇汇率，后者要在即期票汇汇率基础上扣除远期付款的利息。

（4）远期汇率（Forward Rate）：远期汇率是指在未来某一天进行交割，而事先约定的外汇买卖价格。

（五）按买卖对象划分

1. 银行间汇率（Inter-Bank Rate）：指银行与银行外汇交易中使用的外汇汇率，也即外汇市场的汇率。

2. 商业汇率（Commercial Rate）：指银行与商人买卖外汇的汇率。

第 2 节　汇率确定的基础和影响 汇率变化的因素

一、金本位制度（Cold Standard System）**下的外汇汇率**

在第一次世界大战以前，西方国家实行典型的金本位制度，即金币本位制度（Gold Coin Standard System）。在金币本位制度下，金币是用一定数量和成色的黄金铸造的，金币所含有的一定重量和成色的黄金叫做含金量（Cold Content）。黄金作为世界货币，在国际结算过程中，如果输出输入金币，就按照它们的含金量计算，因为含金量是金币所具有的价值。两个实行金本位制度国家货币单位的含金量之比，叫做铸币平价（Mint Par，Specie Par）两种金币的含金量是决定它们的汇率的物质基础，铸币平价则是它们的汇率的标准。

例如：在实行金币本位制度时，英国货币 1 英镑的重量为 123.27447 格令（Grain），成色 22 开（Karat）金，即含金量为 113.0016 格令（等于 7.32238 克）纯金；美国货币 1 美元的重量为 25.8 格令，成色为 900‰，即含金量为 23.22 格令（等于 1.50463 克）纯金。根据含金量计算，英镑和美元的铸币平价是：

$$\frac{113.0016}{23.22} = 4.8665$$

这就是说，1 英镑的含金量是 1 美元的含金量的 4.8665 倍；因此：1 英镑＝4.8665 美元。可见，英镑和美元的汇率是以它们的铸币平价作为标准。

外汇市场的实际汇率，由外汇的供求直接决定，环绕着铸币平价上下波动。各国的国际收支，反映了各国外汇的供求情况。在一国的国际收支发生顺差时，外国对它的货币需求增加，则该国的货币贵，外国货币贱，外汇汇率就要下跌。反之，在一国的国际收支发生逆差时，它对外国货币的需求增加，则该国的货币贱，外国货币贵，外汇汇率就要上涨。

但是，在金币本位制度下，汇率的波动，不是漫无边际，而是大致以黄金输送点（Gold Transport Points）为其界限的。这是因为，金币本位制度下黄金可以自由输出输入。当汇率对它有利时，它就利用外汇办理国际结算；当汇率对它不利时，它就可以不利用外汇，改为采用输出输入黄金的方法。可见，黄金输送点是金本位下汇率波动的上下界限。

在两国间输出输入黄金，要支付包装费、运费、保险费和检验费等费用；在运输过程中，还有利息问题。第一次世界大战以前，在英国和美国之间运送黄金的各项费用和利息，约为所运送黄金的价值的 5‰～7‰，按平均数 6‰计算，在英国和美国之间运送 1 英镑黄金的费用及其它约为 0.03 美元。铸币平价 $4.8665 ± $0.03 就是英镑和美元两种货币的黄金输送点，在原则上，这是英镑美元汇率波动的界限。

现举例说明：如在美国外汇市场，英镑外汇的价格受求供关系的影响，逐步上涨，但是英镑汇价上涨的最高界限为 1 英镑＝4.8965 美元，（即英镑与美元的铸币平价 4.8665 美元加上从美国运送 1 英镑所包含的 113.0016 格令黄金所需的包装费、运费、保险费和利息损失等，合 0.03 美元），即黄金输出点。如果，英镑的汇价超过 4.8965 美元；则需购买英镑外汇的商人可直接运送黄金，偿付对外负债，这样，总共只不过花费 4.8965 美元。也即如果英镑的汇价超过 4.8965 美元，则黄金的输出替代了外汇的输出，人们不再购买外汇，因此，金本位制下，外汇的最高价格不会超过黄金输出点。如果，在美国外汇市场英镑汇价下跌；则其下跌的最低限为 1 英镑＝4.8365 美元（即英镑与美元的铸币平价 4.8665 美元，减去从英国运送 1 英镑可包含的 113.00116 格令黄金至美国所需的包装费、运费、保险费和利息损失等共 0.03 美元）即黄金输入点。因为如英镑汇价，低于 4.8365 美元，则具有英镑外汇的商人，就不在外汇市场出卖，可直接将 1 英镑所包含的黄金 113.0016 格令，运回国内，根据铸币平价扣除 0.03 美元的运费、保险费等，它仍可得到 4.8365 美元。这样，当英镑汇价低于 4.8365 美元/英镑时，黄金的输入将替代英镑（外汇）的输入，人们不再在本国市场上出售英镑外汇。因此，英镑汇价不可能低于 4.8365 美元/英镑。

在国际间运送黄金的费用，特别是利息，并不是固定不变的。但是，它们占所运送的黄金价值的比重很小。因此，相对地说，在金币本位制度下，金币汇率的波动幅度小，基本上是固定的。

第一次世界大战爆发后，交战国家的金币本位制度陷于崩溃。战后，它们分别实行了金块本位制度（Gold Buillion Standard System）和金汇兑本位制度（Gold Exchange Standard System）。在这两种货币制度下，西方各国汇率确定的基础，是各国货币单位所代表的金量，即黄金平价（Cold Parity）之比。在 1929～1933 年资本主义世界经济危机期间，金本位制度彻底崩溃，完全成为历史陈迹。从此以后，西方国家普遍实行了纸币制度（Paper Money System）并且都走上了通货膨胀（Inflation）的道路。实行纸币国家间的汇率是如何计算的呢？

二、纸币制度下的外汇汇率

纸币是作为金属货币的代表而出现的。由于纸币所代表的金属货币具有价值，所以纸币被称为价值符号。在实行纸币制度时，各国政府都参照过去流通的金属货币的含金量用法令规定纸币的金平价（Par Value 即 Cold Parity），即纸币所代表的金量。所以在纸币流通制度下，两国纸币的金平价应当是决定汇率的依据。

但是，实行纸币流通的国家普遍存在着纸币贬值（Depreciation）现象，纸币的法定金平价与其实际所代表的金量严重脱节。在这种情况下，纸币的汇率不应由纸币的黄金平价来决定，而应以贬值了的纸币实际上代表的金量为依据。马克思曾指出："外汇汇率可以由以下的原因而发生变化……一国货币的贬值，不管是金属货币还是纸币都一样，这里汇兑率的变化纯粹是名义上的。如果现在英镑只代表从前代表的货币的一半，那它就自然不会算作25法郎，而只算作12.5法郎了"。但是，在第二次世界大战以后，西方国家的政府，利用外汇管制等手段，人为地维持不符合纸币贬值程度的汇率，不根据其实际代表金量减少的情况而相应地调高汇率，因而使纸币的对内价值（物价）和对外价值汇率长期严重地脱节，这已成为一个普遍的现象和特点。然而，客观经济规律是不以人的意志为转移的，它在时机成熟的时候，必然会打破人为障碍，显示自己的作用。1971年和1973年的两次美元法定贬值，可以说明这个问题。

在纸币流通制度下，汇率变化的规律受通货膨胀的严重程度与国际收支的状况所制约。通货膨胀越严重，纸币实际所代表的金量越少，外汇汇率越上涨，即以本国货币所表现的外国货币的价格上涨得越高；国际收支状况越恶性化，外汇汇率也越上涨。纸币汇率的波动，已经没有金本位制度下黄金输送点的界限，外汇汇率有时上涨得奇高，在自由市场上表现得最为突出。

瑞典经济学家卡塞尔（G·Gassel）曾创立购买力平价学说，是纸币流通下广为流传的汇率决定理论。该理论的要点是两种货币在本国对总的商品和劳务的购买力对比，即购买力平价是决定两国货币汇率的基础，以公式表示：

$$用甲国货币表示的乙国货币汇率 \times \frac{甲国物价指数}{乙国物价指数} = 购买力平价$$

70年代以来，有些学者对该学说予以更新，或以国际市场进行竞争的商品价格水平的对比，代替总的商品；或将货币对一定商品的购买力水平对比，代之以两国相对价格水平对比。

购买力平价学说以两种货币购买力对比作为纸币流通下决定汇率的基础，从长期看，该理论与汇率实际变动是相等的；与供求原理解释汇率变动也有共同之处。但该学说建立在货币数量论基础之上，同时本身还存在不少缺点，不能完全正确解释纸币流通下汇率确定的基础。

三、影响汇率变化的因素

1973年春，主要发达国家先后放弃了固定汇率制，而实行浮动汇率制，不再公布本国货币的金平价。与此同时，以美国为首的一些国家极力推行黄金非货币化政策，主张各国货币无需与黄金挂钩，无需以一定量黄金来表示本国货币单位。国际货币基金组织接受了这一主张，它的理事会于1976年4月还通过了国际货币基金协定修改草案，正式将黄金非货币化政策列入第二次修正的国际货币基金协定中。

国际货币基金组织推行黄金非货币化政策以后，尽管各国不再公布本国货币单位的金平价，从形式上看，好像缺乏两国货币单位的可比性，但是，两国货币之间的原有的价值比例，依然存在，并在下列的因素作用下不断地变动。当前影响汇率变动的因素主要有：

（一）从长期看，一国的财政经济生产状况是影响该国货币对外比价的基本因素一国的财政收支或经济生产状况较以前改善，即总供给的增长快于别国，该货币代表的价值量就提高，该货币对外币就升值；如一国财政经济状况较前恶化，或财政赤字增大，该货币代表的价值量就减少，该货币对外币就贬值。一般讲财政状况对本国货币价值的影响相对较慢，是在长期内起作用，一国的财政经济状况具体而言可以用一国的经济增长率，货币供给增长率和财政赤字的数额来衡量。所以，从长期来看，一国经济增长率较高，供给增长率较低，财政顺差，则该国货币趋硬。

　　（二）从短期看，一国国际收支状况更是影响该国货币对外比价的直接因素

　　如其它条件不变，一国的国际收支状况较前改善，或顺差增大，或逆差缩小，外汇收入增加，该国货币就较前升值，以较少的本币就能换取原来一定量的外币；如一国国际收支状况较前恶化，或者顺差缩小，逆差增大，该国货币就对外贬值，要以更多的本币换取原来一定量的外币。美国每月都公布其贸易收支数字，如公布的逆差数字较研究机构估计的数字高，则美元对外价值定会降低，美元会软些；反之，则提高，美元会硬些。这个数字对外汇市场的影响非常直接、迅速、明显。

　　（三）一国的利息率水平对本币的对外汇价也会产生影响

　　国际金融市场，存在大量游资，如一国利息率较前提高，游资持有者就会投向该国，追求较高的利息收入，该国外汇收入就可增加，外币供大于求，从而促使该国货币较前升值，提高本币的对外价值；如该国降低利息率，其结果则相反。某一时期，美国的贴现率、优惠利率、联邦基金利率（Federal Fund Rate），英国的贴现率（Base Rate），联邦德国的贴现率（Lombard Rate）的提高或降低，均会产生上述影响。利率提高或降低的幅度越大，对本币汇率的影响也越大。

　　（四）一国汇率、货币政策对汇价也会产生影响

　　如1988年11月下旬美元对联邦德国马克汇价，经过西欧国家的干预从1.7170上涨到1.7200左右，但此时美国财政部长布莱德（Brady）在电视上发表讲话，他说："外汇市场的汇价有涨有落，今年美元汇价的最低点接近去年1月的水平"，在讲到这句话时，外汇市场的交易商认为是他不容忍美元降到目前的较低水平，可能要采取措施，提高美元的对外汇价。因此，美元对德国马克汇价略有提高，但是，布莱德紧接着又说："我们对此并不感到担忧"。言外之意，美元汇价如再下降他也不怕，这句话说出后，美元汇价立刻又下降，可见，政府主管金融官员的政策性讲话，在目前传播媒介特别发达迅速的情况下，对国际外汇市场的影响也是很大的。

　　（五）重大的国际政治因素对汇价变动也有影响

　　1991年8月原苏联发生非常事件时，当时总统戈尔巴乔夫被扣押在克里米亚后，德国马克对美元的汇率急剧下降，在几天之间，由1美元＝1.77170马克下降到1美元＝1.8600马克。这是由于德国在原苏联有大量投资，如苏联政策变化，会对德国投资发生不利影响。

　　此外，外汇交易商对汇率走势的预期与技术性因素（如长周末的平仓，长期空头后的补进，等等），以及机投因素对汇率变化也有影响。

　　上述各种因素的关系，错综复杂：有时各种因素会合一起同时发生作用；有时个别因素起作用；有时各因素的作用又相互抵销；有时某一因素的主要作用，突然为另一因素所代替。但是，在一定时期内（如1年）国际收支是决定汇率基本走势的主导因素；通货膨胀与财政状况、利率水平和外汇汇率政策助长或削弱国际收支所起的作用；预期与投机因

素不仅是上述各项因素的综合反映，而且在国际收支状况所决定的汇率走势的基础上，起推波助澜的作用，加剧汇率的波动幅度。从最近几年来看，在一定条件下，利率水平对一国汇率涨落起重要作用，而从长期来看，相对经济增长率和货币供给增长率决定着汇率的长期走势。

第 3 节　固定汇率制度

我们了解了外汇、汇率、汇率确定基础等理论以后，还应掌握第二次世界大战以后，主要发达国家所建立起来的的汇率制度经历了两个阶段，从 1945 年到 1973 年春，他们建立的是固定汇率制度（Fixed Rate System），1973 年春以后，它们又建立起浮动汇率制度（Floating Rate System）。现分述如下。

一、固定汇率制度的概念

固定汇率制度，就是两国货币比价基本固定，并把两国货币比价的波动幅度控制在一定的范围之内。

如前所述，二次战后，西方国家仍沿袭战前建立起来的纸币流通制度，根据国际货币基金的规定，国际货币基金组织的会员国都要规定本国货币的金平价，两国货币金平价的对比是固定汇率的基础；这个比价随外汇市场的供求状况不断波动，波动的幅度，国际货币基金有统一的规定，上涨不能超过金平价对比的1％，即上限（Upper Limit）为1％；下降不能低于金平价对比的1％，即下降（Lower Limit）为1％，一般以±1％来标示。

例如，二次战后英镑的金平价为 3.58134 克黄金，美元的金平价为 0.888671 克黄金，英镑与美元金平价的对比为 1 英镑＝4.03 美元，这就是固定汇率制度下英镑与美元汇率确定的基础。1 英镑：4.03 美元的比价必然会随着外汇市场的供求状况不断变动，但国际货币基金规定汇价波动幅度不能超过金平价对比 1：4.03 的±1％。

在美国外汇市场，对英镑的需求增加，则英镑价格上涨，由 4.03 美元买 1 英镑，涨到 4.04、4.05、4.06、4.07，但最终不能超过 4.0703 美元。

4.0300
＋) 0.0403（英镑与美元金平价对比的 1％）

4.0703

美国政府的货币当局有义务采取各种手段，不使英镑价格超过 4.0703 美元。

与上述情况相反，如在美国外汇市场，英镑的供应增加，英镑价格则会下降，从 4.03 美元可买 1 英镑，下降到 4.02、4.01、4.00，但最低不能低于 3.9897 美元。

4.0300
－) 0.0403（英镑与美国元金平价对比的 1％）

3.9897

美国的货币当局要采取一定手段，不使其低于 3.9897 美元。

二、维持固定汇率所采取的措施

各国货币当局为维持国际货币基金组织所规定的汇率波动幅度，通常采取以下措施：

（一）提高贴现率

如前所述，贴现率是利息率的一种，它是各国中央银行用以调节经济与汇价的一种手段。如前所述，在美国外汇市场如果英镑的价格上涨，接近 4.0703 美元的上限水平，美国货币当局则可提高贴现率，贴现率一提高，其它利率如存款利率，也随之提高，国际游资为追求较高的利息收入，会将原有资金调成美元，存入美国，从而增加对美元的需求，引起美元对外汇价的提高。如果英镑价格下跌至下限水平的 3.9897 美元，则美国货币当局就降低贴现率，其结果则相反。

（二）动用黄金外汇储备

一国黄金外汇储备不仅作为国际交往中的周转金，而且也是维持该国货币汇率稳定的后备力量。如伦敦市场的英镑汇率下跌低于官定下限 3.9897 美元，则英国动用美元外汇储备，在市场投放美元，从而缓和需求，促进英镑汇率上涨，反之，则收购美元，充实本国美元储备，减少市场供应，促使英镑汇率下跌。

（三）外汇管制

一国黄金外汇储备的规模有限，一遇本币汇率剧烈下跌，就无力在市场上大量投放外汇以买进本币，因此，它们还借助于外汇管制的手段，直接限制某些外汇支出。

（四）举借外债或签订互换货币协定（Swapt Agreement）

哪种外币在本国外汇市场短缺，则向短缺货币国家借用，投放市场以平抑汇率。60 年代以后，美国曾与 14 个国家签定互换货币协议，签约国一方如对某种外汇需求急迫时，可立即从对方国家取得，投放市场，无须临时磋商。

（五）实行货币公开贬值（Devaluation）

如果一国国际收支逆差严重，对外汇需求数额甚巨，靠上述措施不足以稳定本币汇率时，就常常实行公开贬值，降低本国金平价，提高外币价格，在新的金平价对比的基础上，减少外汇需求，增加出口收入，追求新的汇率的稳定。

三、国定汇率的作用

（一）固定汇率对国际贸易和投资的作用

与浮动汇率相比较，固定汇率为国际贸易与投资提供了较为稳定的环境，减少了汇率的风险，便于进出口成本核算，以及国际投资项目的利润评估，从而有利于对外贸易的发展，对某些西方国家的对外经济扩张与资本输出有一定的促进作用。

但是，在外汇市场动荡时期，固定汇率制度也易于招致国际游资的冲击，引起国际外汇制度的动荡与混乱。当一国国际收支恶化，国际游资突然从该国转移，换取外国货币时，该国为了维持汇率的界限，不得不拿出黄金外汇储备在市场供应，从而引起黄金的大量流失和外汇储备的急剧缩减。如果黄金外汇储备急剧流失后仍不能平抑汇价，该国最后有可能采取法定贬值的措施。一国的法定贬值又会引起与其经济关系密切的国家同时采取贬值措施，从而导致整个汇率制度与货币的极度混乱与动荡。经过一定时期以后，外汇市场与各国的货币制度才能恢复相对平静。在未恢复相对平静以前的一段时间内，进出口贸易商对接单订货常抱观望态度，从而使国际贸易的交往在某种程度上出现中止停顿的现象。

（二）固定汇率对国内经济和国内经济政策的影响

在固定汇率制下，一国很难执行独立的国内经济政策。

（1）固定汇率制下，一国的货币政策很难奏效。为紧缩投资、治理通货膨胀而采取紧缩的货币政策，提高利息率，但却因此吸引了外资的流入，从而达不到紧缩投资的目的。相反，为刺激投资而降低利率，却又造成资金的外流。

（2）固定汇率制下，一国往往须以牺牲国内经济目标为代价。例如，一国国内通货膨胀严重，该国为治理通货膨胀，实行紧缩的货币政策和财政政策，提高贴现率，增加税收等。但由于本国利率的提高，势必会引起资本流入，造成资本项目顺差，由于增加税收，势必造成总需求减少，进口减少，出口增加，造成贸易收入顺差。这就使得本币汇率上涨，不利于固定汇率的维持。因此，该国政府为维持固定汇率，不得不放弃为实现国内经济目标所需采取的国内经济政策。另一方面，如果本国通货膨胀严重，而另一固定汇率成员的货币却在贬值，为维持固定汇率，本国也必须投放本国货币，买入该国货币，从而增加本国货币供给，进一步恶化本国的通货膨胀。

（3）固定汇率使一国国内经济暴露在国际经济动荡之中。

由于一国有维持固定汇率的义务，因此当其它国家的经济出现各种问题而导致汇率波动时，该国就须进行干预，从而也受到相应的影响。例如外国出现通货膨胀而导致其汇率下降，本国为维持固定汇率而抛出本币购买该贬值外币，从而增加本国货币供给，诱发了本国的通货膨胀。

总之，固定汇率使各成员国的经济紧密相联，互相影响，一国出现经济动荡，必然波及他国，同时，也使一国很难实行独立的国内经济政策。

四、波动幅度的扩大

西方国家普遍实行纸币流通制度以后，长期存在着通货膨胀，国际收支危机也日益加深，币值动荡不稳，这充分表明不具备实行固定汇率制度的基础，但是美国利用战后其它国家经济遭受破坏，物资缺少，资金匮乏，存在严重的"美元荒"的困境，强令其它国家接受固定汇率制，以达到其扩张的目的。

但是，由于政治经济情况发展的不平稳，特别是美国发动朝鲜战争以后，美国的国际收支也陷入危机，世界性的"美元灾"开始出现。

进入60年代后，由于美国又发动了越南战争，它的国际收支危机进一步恶化，而联邦德国和日本的国际收支与金融力量相对加强，美元的霸权地位受到挑战。继1960年爆发的战后第一次美元危机之后，在1968年3月到1973年3月这5年之内就爆发了9次美元危机。在各国国际收支状况极不稳定，货币的强弱不一并经常变化的情况下，硬要维持固定汇率制已经是越来越困难了，而且变得对美元十分不利。因为，美元的地位相对说来已越来越弱，在货币危机风暴袭来时，它经常是被抛售的对象。要维持固定汇率，不叫美元汇率下跌，美国就要拿出巨额的黄金储备，或举借巨额外债，在市场进行干预。这就使得美国在维持固定汇率方面困难重重，负担很大，并且由于美元在战后初期对外价值定的偏高，对美国改善对外贸易和国际收支的状况也是不利的。所以，美国不得不在1991年12月把美元法定贬值7.89%，将黄金官价从每盎司35美元提高为38美元。在美元第一次贬值后，西方国家汇率重新进行调整，把各国货币对美元汇率波动幅度由原来规定的在金平价上下各1%，扩大为金平价上下各2.25%，固定汇率波动幅度较战后初期扩大了一倍以上。

在美元危机严重，国际收支危机普遍加深，外汇市场不断动荡的情况下，要在国际范围内维持固定汇率已日益困难。但是在个别的区域性经济共同体内部为了加强成员国之间的政治经济联系，逐步向货币—财政一体化过渡，仍在推行固定汇率制，如西欧共同市场就是这样。

在1971年12年美元贬值后，一些国家暂时不能规定纸币的黄金平价，只规定本国货币对特别提款权或某种货币的汇率，作为计算本国货币对其它国家货币的汇率的标准，这种汇率称为中心汇率(Central Rate)。与这种情况相适应的是其官定上下限就以中心汇率作为标准。

固定汇率波动幅度扩大后，仍不能解决前联邦德国、日本等金融力量相对增强的国家与美元危机日益加深的矛盾。因为像前联邦德国、日本等国为了维持其本国货币与美元的固定汇率，在发生为抢购本国货币而抛售美元的风潮时，就需要投放大量本国货币来收回在市场上抛售出来的美元，否则本国货币的汇率就要上涨，美元的汇率就要下跌，扩大了的固定汇率的波动幅度就不能保持。如1973年2月1日到3月1日一个月中，由于美元连续发生危机，西欧市场上抛售的美元估计在120亿以上，为了维持固定汇率，仅前联邦德国就购进了80多亿美元，约合250多亿前联邦德国马克。这就是说，前联邦德国在1个月的时间里，投放到流通中的货币就增加了250亿前联邦德国马克。这实际上使前联邦德国的通货膨胀更为加重，从而增加其出口成本，削弱前联邦德国的对外竞争能力。这实际上也是美国转嫁通货膨胀，削弱其竞争对手的一种手段。前联邦德国等国家当然要激烈反对固定汇率，固定汇率制也日益难于维持。到1973年美元第二次贬值后，固定汇率制终于垮台。西方各国已不再承担维持对美元固定汇率的义务，对美元都实行了浮动汇率制度(Floating Exchange Rate System)从战后到1973年支撑了27年的固定汇率制终于成为历史陈迹。

第4节　浮动汇率制度

一、浮动汇率制度的概念

所谓浮动汇率制度，即对本国货币与外国货币的比价不加以固定，也不规定汇率波动的界限，而听任外汇市场根据供求状况的变化自发决定本币对外币的汇率。外币供过于求，外币汇率就下跌（下浮）；求过于供，外币汇率就上涨（上浮）。西方国家政府不再承诺把汇率维持在某种界限的义务，表面上对外汇市场不加干涉。

二、浮动汇率的类型

（一）从政府是否干预外汇市场来划分

（1）清洁浮动（Clean Float）或叫自由浮动（Free Float）是政府实行完全不干涉外汇市场的汇率制度。这是纯理论上的划分，事实上并不存在。

（2）肮脏浮动（Dirty Float）或者叫作管理浮动（Managed Float），是政府不时地干涉外汇市场，使本币汇率的升降朝有利于本国的方向发展。凡实行浮动汇率制的国家均属这一类型。

（二）从实行浮动汇率制的国家是否组成国家集团这一角度来划分

（1）单独浮动。就是一国不与其它国家组成集团而单独实行浮动汇率制，如美国、日本、加拿大、瑞士等国均属单独浮动。

（2）联合浮动（Joint Float）。则指某些国家组成集团来实行浮动汇率制，如1973年3月欧洲共同体6国决定前联邦德国、法国、比利时、荷兰、卢森堡和丹麦6国实行联合浮动。在联合浮动下，成员国之间的货币保持固定汇率，波动幅度不得超过各自货币比价的±1.125%。当某成员国的货币受到冲击时，其它5国采取一致行动，干预市场，以维持6国之间的固定比价，但对美元和其它货币则实行共同浮动。

由于 6 国之间汇率波动幅度小，这就在史密森学会协议规定的波动幅度±2.25％内形成一个±1.125％的小波动幅度，如绘成曲线，就象地洞中有条蛇在蜿蜒蠕动，西方称它为地洞中的蛇，我们一般将联合浮动称为蛇形浮动（Snake Float）。

1979 年 3 月，欧洲共同体国家建立了欧洲货币体系（European Monetary System—EMS）后，成员国的货币与欧洲货币体系内部的欧洲货币单位确定了比价，并重申成员国之间维持固定比价，对非成员国实行联合浮动。80 年代，西班牙、葡萄牙和希腊，1995 年 1 月瑞典、芬兰、奥地利先后参加了欧洲共同体，并成为欧洲货币体系成员。除希腊外，1992 年 9 月初英国和意大利❶ 退出了这种成员国货币与欧洲货币单位建立固定比价，成员国之间维持固定比价的汇率机制（Exchange Rate Mechanirm）。

1993 年 8 月 2 日，经欧共体财长和中央银行行长磋商决定：欧洲货币体系内 6 种货币：即法国法郎、比利时法郎、丹麦克郎、西班牙比塞塔、葡萄牙埃期库多与爱尔兰镑固定比价的波动幅度扩大为上下限各 15％；德国马克与荷兰盾维持固定比价上下波动幅度各为 2.25％。

此外，还有两种浮动汇率制，即钉住某种货币的浮动汇率制和按一套指标加以调整的浮动汇率制。前者指一国货币钉住某种主要储备货币或一篮子货币，与钉住货币保持相对固定的关系，而对其它货币则自由浮动；后者指一国货币随选定的指标体系的变动而对其它外币比价也不断调整的浮动汇率制。

国际货币基金组织的统计资料将单独浮动、按指标调整和其它管理浮动汇率制列为"有较大弹性的汇率制"，将联合浮动与钉住某种货币的有限浮动列为"有限弹性汇率制"。

三、浮动汇率的作用

（一）浮动汇率对金融与对外贸的影响

一般讲,实行浮动汇率在国际金融市场上可防止国际游资对某些主要国家货币的冲击,防止外汇储备的大量流失，使货币公开贬值与升值的危机得以避免。从这个角度看，它在一定程度上可保持西方国家货币制度的相对稳定。由于没有维持货币固定比价的义务，某一国家的货币汇率是随外汇市场上的供求关系而自动涨落，因此一般不会发生过去那种大量资金冲击德国马克，以较低汇率刚购进德国马克，以待马克增值后大量获取投机利润的现象，一国货币在国际市场上大量被抛售时，因该国无维持固定比价的义务，一般无须立即动用外汇储备大量购进本国货币，这样本国的外汇储备就不致急剧流失，西方国家的货币也不致发生重大的动荡。有些西方经济学者还认为在浮动汇率制度下，一定时期内的汇率波动不会立即直接影响国内的货币流通,国内紧缩与放宽的货币政策从而得以贯彻执行，国内经济则得以保持稳定。

在浮动汇率制度下，汇率的自由升降虽可阻挡国际间游资的冲击，但却容易因投机或谣言引起汇率的暴涨暴跌，造成汇率波动频繁和波幅较大的局面。在固定汇率的制度下，因国家的干涉，汇率波动并不频繁，其波动幅度也不过是平价上下的 1％，但在浮动汇率制度下，汇率波动则极为频繁和剧烈，有时一周里汇率波动幅度能达 10％，甚至在一天里就能达 5％。这进一步促使投机者利用汇率差价进行投机活动，来获取投机利润。但汇率巨跌，常常使他们受到巨大损失。因投机亏损而引起银行倒闭之风，在 1974 年曾严重地威胁着西

---

❶ 1996 年 11 月 24 日意大利又重返 ERM。

方金融市场，该年 6 月联邦德国最大私人银行之一赫斯塔特银行因外汇投机损失 2 亿美元而倒闭，其它如美国佛兰克林银行，德意志地方汇兑银行，瑞士联合银行等均有投机亏损或倒闭事件发生。

浮动汇率波动的频繁与剧烈，也会增加国际贸易的风险，使进出口贸易和工程承包的成本加重或不易核算，影响对外商品与劳务贸易的开展。同时，这也促进了外汇期权、外汇期货，远期合同等有助于风险防范的国际金融业务的创新与发展。

（二）浮动汇率对国内经济和国内经济政策的影响

与固定汇率相比，浮动汇率下一国无义务维持本国货币的固定比价，因而得以根据本国国情，独立自主地采取各项经济政策。同时，由于浮动汇率下，为追求高利率的投机资本往往受到汇率波动的打击，因而减缓了国际游资对一国的冲击，从而使其货币政策能产生一定的预期效果。

由于各国没有维持固定汇率界限的义务，所以，在浮动汇率下一国国内经济受到他国经济动荡的影响一般相对较小。

第 5 节　浮动汇率与对外经贸实务

虽然从总的方面浮动汇率对商品与劳务进出口贸易的发展存在着一定的不利影响，但是，进出口商只要密切注意并掌握主要储备货币的浮动规律与发展趋势，注意套算本币与其它外币汇率之间的差额，在进出口成交中正确选择计价货币，根据不同货币的浮动情况，做好对外报价工作与货币保值工作；那么，就能够降低进口成本，增加出口外汇收入，加强本国出口商品的竞争力。

应注意的具体问题是：

（一）掌握外币的浮动趋势，选好进出口计价货币

浮动汇率制度下，在确定进出口计价货币时要密切注视不同货币的浮动趋势，这对降低进口成本，减少外汇支出具有很大意义。如远洋贸易一般从成交到收汇期间约为半年，如在签订出口合同前，一些权威机构预测美元将在今后半年中下浮，马克将在今后半年中上浮。作为一个外贸工作者就应与国外进口商洽谈，争取以马克计价，这样半年后收进马克硬了，折成本币结汇后，收到的本币相对增多，有利于出口成本降低与效益提高；如果以美元计价，半年后收进的美元下浮了，折成本币结汇后，收到本币数额相对减少，不利于本企业效益的提高与出口成本的降低。商品贸易如此，国际工程承包商对外报价时也应注意这一问题。

（二）根据外币浮动的具体情况，确定出口价格的计算标准

出口商应进口商的要求，在发出本币❶报价的同时，并发出外币报价。不能将出口商品的本币底价（本币的成本）简单地按当时的汇率折合成外币，对外报价。而应保持本币报价的上调（或下调）的幅度与外币报价上调（或下调）幅度的一致，否则就要吃亏。

（三）根据不同货币的浮动情况，调整对外报价

对外报价除根据商品价格的变化和国际市场的供求状况随时调整外，在浮动汇率下，如

---

❶ 指本国货币或承包商所在国家的货币

上所述，还应密切注意不同货币浮动的具体情况，调整对外报价。

1. 以本币对外报价

在一定时期内，出口商品或工程造价的本币底价未变，但本币的对外汇率上浮了，如仍以本币对外报价，应适当降价，否则，会削弱出口商品的竞争能力。

在一定时期内，出口商品的本币底价未变，但本币的对外汇率下浮了，在不影响成交的情况下，可适当提高本币的对外报价。

2. 以外币报价

有些国家的外汇储备只有软币，只能以软币向出口商进行支付。如不影响成交，出口商也可以该种软币对外报价。但是，要在货价之上加一保险系数（该保险系数即从成交到支付这一时期该货币的下浮幅度），以弥补汇率下跌的损失。例如，一出口商以软币英镑成交，从成交到支付期间英镑下浮幅度为 3.4%，则该出口商在原货价基础之上再多加 3.4%，以弥补英镑下跌的损失。在进口国缺少硬币的情况下，出口商与进口商也可签订具有下述支付条款的合同：以硬币计价，允许进口商在支付日，按约定市场的硬币与软币的比价，以软币进行支付。这同样可使出口商的经济利益得到保证，并不影响成交。

如果以具有上浮趋势的货币对外报价，结合商品和劳务竞争市场情况商品的库存情况可不降价或适当降价。

（四）为了加强出口商品的竞争能力，对第三国货币的浮动情况也应密切注意

在出口商所在国家货币的汇率变动不大，销售市场或业主所在国家的货币汇率变动也不大的情况下，商品或劳务出口商要充分考虑第三国货币汇率的变动趋势，确定出口报价水平，以保持其在商品或劳务市场的竞争优势。

思 考 题

1. 外汇的概念。
2. 固定汇率制的积极作用与消极影响。
3. 浮动汇率制的积极作用与消极影响。
4. 浮动汇率有哪几种主要类型？
5. 试述目前参加 ERM 的成员国，ERM 的主要作用是什么？
6. 外汇的三要素是什么？
7. 试述影响汇率变化的主要因素。
8. 浮动汇率下国际工程承包商在对外报价时要注意一些什么问题？

第12章 外汇业务和外币使用

在价值量对比的基础之上，两种货币之间的汇率受外汇市场上供求状况的影响而不断变动，外汇市场是汇率最终决定的场所。国际工程承包商和进出口商应当了解并掌握外汇市场特点，外汇买卖的业务内容及货币折算的原则，以做好运营外汇资金的管理，掌握好对外报价的原则与技术，提高企业的经济效益。

第1节 外 汇 市 场

西方国家的商业银行在经营外汇业务中，不可避免地要出现买进与卖出外汇之间的不平衡情况。如果卖出多于买进，则为"空头"(Short Position)：如果买进多于卖出，则为"多头"(Long Position)。商业银行为避免因汇率波动，造成损失，故在经营外汇业务时，常遵循"买卖平衡"的原则。这就是对每种外汇，如果出现"多头"则将多余部分的外汇卖出；如果出现"空头"，则将短缺部分的外汇买进。当然，这并不意味着商业银行在买卖外汇以后，立即进行平衡。它们根据各国的金融情况，本身的资力以及对汇率变动趋势的预测，或者决定立即平衡，或者加以推迟；推迟平衡实即进行外汇投机(Speculation)。

银行在经营外汇业务中出现多头或空头，需要卖出或买进外汇进行平衡，就须利用外汇市场(Foreign Exchange Market)。外汇市场是指，由经营外汇业务的各种金融机构以及个人进行外汇买卖，调剂外汇供求的交易场所。外汇市场主要由下列3方面的机构组成：

（一）外汇银行

这类银行通常包括专营或兼营外汇业务的本国商业银行；在本国的外国银行分行或代办处；其它金融机构。

外汇银行不仅是外汇供求的主要中介人，而且自行对客户买卖外汇。

（二）外汇经纪人

在外汇市场上进行买卖的主要是商业银行，交易频繁，金额很大，为了促进它们之间的交易，出现了专门从事介绍成交的外汇经纪人(Foreign Exchange Broker)，他们自己不买卖外汇，而是依靠同外汇银行的密切联系和对外汇供求情况的了解，促进双方成交，从中收取手续费(Brokerage)。

目前这项业务已为大经纪商所垄断，它们是公司或合伙的组织，规模很大，因而其利润十分可观。大商业银行为了节省手续费，愈来愈倾向于彼此直接成交，故它们与外汇经纪人存在着尖锐的矛盾。

还有一种外汇经纪人叫"跑街"(Running Broker)，专代顾客买卖外汇以赚取佣金，他们利用通讯设备联络于银行、进出口厂商、贴现商(Discount House)等机构之间接洽外汇交易。

（三）中央银行

西方国家的政府为了防止国际短期资金的大量流动而对外汇市场发生猛烈冲击，故由中央银行对外汇市场加以干预，即外汇短缺时大量抛售，外汇过多时大量吸进，从而使本国货币的汇率不致发生过分剧烈的波动。为此设立专门机构，筹集专门资金。如英国在1932年筹集资金设立"外汇平衡帐户"（Exchange Equalization Account），归财政部控制，由英格兰银行代表财政部经营管理。美国也于1934年设立"外汇稳定帐户"（Exchange Stabilization Account），执行类似的职能。因此，中央银行不仅是外汇市场的成员，而且是外汇市场的实际操纵者。

在不实行外汇管制的国家里，该国的金融中心一般只有一个外汇市场。在实行外汇管制的条件下，除了按照政府的外汇管制法令来买卖外汇的"官方市场"（Official Exchange Market）外，往往还存在着"自由市场"，实际上也就是黑市，这是不合法的，但由于价值规律的作用，一些实行外汇管制国家无法取缔黑市，并被迫默认自由市场的存在，政府还参与买卖，进行干预；这种自由市场也就形成了公开的或半公开的了。

目前交易量大而具有国际影响的外汇市场主要有纽约（美国）、伦敦（英国）、巴黎（法国）、法兰克福（德国）、苏黎世（瑞士）、东京（日本）、米兰（意大利）、蒙特利尔（加拿大）、阿姆斯特丹（荷兰），在这些外汇市场买卖的外汇主要有美元、英镑、德国马克、法国法郎、瑞士法郎、日元、意大利里拉、加拿大元、荷兰盾等十多种，其它的货币也有买卖，但为数较小，并无国际意义。

上述外汇市场的交易是利用现代化的电子通讯设备进行的。例如，伦敦外汇市场包括210家指定的交换银行、商业银行以及外国银行在伦敦的分行，还有一些外汇经纪人。大银行都设有专门的交易室，在室内按动电钮，就可与伦敦城各处的经纪人谈判交易，这种交易方法进行的速度很快，供求双方的反应很快，故外汇市场经常趋于单一价格。不仅伦敦城如此，国际上各个外汇中心也都这样进行交易，而且相互之间也都有现代化的电子通讯联络系统，经常保持接触，构成了一个紧密联系的复杂的网络。从时间来看，由于英国已将传统的格林威治时间（G. M. T）改为"欧洲标准时间"（European Standard Time），英国与西欧原有的时差（1小时）也消除了，整个西欧外汇市场统一了营业时间。当西欧从早上开始到下午2时结束营业时，纽约外汇市场刚好开张，而纽约市场结束营业时，正是东京市场一天中开始营业的时候，然后东京市场收盘时又与西欧市场衔接，如此周而复始，一天24小时内可连续不断地在世界各个外汇市场进行交易，所以当前国际外汇市场已成为一天连续周转的市场。

第2节 外 汇 业 务

国际经济贸易交往中所发生的债权债务，从事商品和劳务的进出口商❶及其它关系人都通过银行买卖外汇来进行结算。各国外汇市场所经营的外汇业务多种多样，进出口商及其它关系人可根据进出口业务和信贷投资的具体内容与要求，利用不同的外汇业务形式，结算彼此之间的债权债务，搞好资金管理；商业银行也运用不同的外汇业务，调拨外汇资金，轧平头寸。

---

❶ 在国际工程承包业务中，承包商相当于出口商，业主相当于进口商，有时国内的工程承包公司，还兼营有关设备的出口或进口业务；为叙述简便，在本章及第13章的行文中均概括为出口商或进口商。

一、即期外汇业务（Spot Exchange）

即期外汇业务，是在外汇买卖成交以后，原则上两天以内办理交割（Delivery）的外汇业务。即期外汇又分为电汇（Tele-graphic Transfer T/T）、信汇（Mail Transfer M/T）和票汇（Demand Draft）。

（一）电汇

电汇即汇款人向当地外汇银行交付本国货币，由该行用电报或电传通知国外分行或代理行立即付出外币。

在浮动汇率制度下，由于汇率不稳，经常大幅度波动，而电汇收付外汇的时间较短，一定程度上可减少汇率波动的风险，因此，出口商在贸易合同中常要求进口商以电汇付款。在实践中，出口商常要求进口商开出带有电报索汇条款的信用证：即开证行允许议付行在议付后，以电报通知开证行，说明各种单证与信用证要求相符；开证行在接到上述电报后有义务立即将货款用电汇划拨给议付行。由于电报或电传比邮寄快，因此附带电报索汇条款的信用证能使出口商尽快收回货款，加速其资本周转，减少外汇风险。这就是电汇在出口结算中的具体运用。此外，商业银行在平衡外汇买卖，调拨外汇时，投机者在进行外汇投机时，也都使用电汇。电汇的凭证就是外汇银行开出的具有密押（Test Key）的电报付款委托书。

电汇方式下，银行在国内收进本国货币，在国外付出外汇的时间相隔不过一、二日。由于银行不能利用顾客的汇款，而国际电报费又较贵，所以电汇汇率最高。目前，电汇汇率已成外汇市场的基本汇率，其它汇率都以电汇汇率作为计算标准。

（二）信汇

信汇是指汇款人向当地银行交付本国货币，由银行开具付款委托书，用航邮寄交国外代理行，办理付出外汇业务。

在进出口贸易合同中，如果规定凭商业汇票"见票即付"，则由议付行把商业汇票和各种单据用信函寄往国外收款，进口方银行见汇票后，用信汇（航邮）向议付行拨付外汇，这就是信汇方式在进出口结算中的运用。进口商有时为了推迟支付货款的时间，常在信用证中加注"单到国内，信汇付款"条款。这不仅可避免本身的资金积压，降低进口成本；并可在国内验单后付款，保证进口商品的质量。

信汇凭证是信汇付款委托书，其内容与电汇委托书内容相同，只是汇出行在信汇委托书上不加注密押，而以负责人签字代替。

（三）票汇

票汇是指汇出行应汇款人的申请，开立以汇入行为付款人的汇票，列明收款人的姓名、汇款金额等等，交由汇款人自行寄送给收款人或亲自携带出国，以凭票取款的一种汇款方式。票汇的凭证即银行汇票。票汇的特点：一是汇入行无须通知收款人取款，而由收款人上门自取；二是收款人通过背书可以转让汇票，到银行领取汇款的，很可能不是汇票上列明的收款人本人，而是其他人。因此，票汇牵涉到的当事人可能较多。

在国际贸易实务中，进出口商的佣金、回扣、寄售货款、小型样品与样机、展品出售和索赔等款项的支付，常采取票汇方式汇付。

采用信汇和票汇业务时，银行收到顾客交来的款项以后，经过两国间邮程所需要的时间，才在国外付出外汇，在此期间，银行利用了顾客的汇款，有利息收益。因此，信汇和票汇的汇率低于电汇汇率，差额大致相当于邮程期间的利息。当前，国际邮件多用航邮或快件，邮程时间大大缩短，因而信汇、票汇汇率和电汇汇率的差额也已缩小。

二、远期外汇业务 (Forward Exchange)

（一）远期外汇业务的概念及作用

远期外汇业务即预约购买与预约出卖的外汇业务，亦即买卖双方先行签订合同，规定买卖外汇的币种、数额、汇率和将来交割的日期，在合同到期日，再按合同规定，卖方交汇，买方付款的外汇业务。

在出口商以短期信贷方式出卖商品，进口商以延期付款方式买进商品的情况下，从成交到结算这一期间对他们来讲都存在着一定的外汇风险。因汇率的波动或下浮，出口商的本币收入可能比预期的数额减少，进口商的本币支付可能比预期的数额要增加。在国际贸易实务中，为了减少外汇风险，有远期外汇收入的出口商可以与银行订立出卖远期外汇合同，一定时期以后按签约时规定的价格将其外汇收入出卖给银行，从而防止汇率下跌，在经济上遭受损失。有远期外汇支出的进口商也可与银行签定购买远期外汇合同，一定时期以后，按签约时规定的价格向银行购买规定数额的外汇，从而防止汇率上涨而增加成本负担。此外，由于远期外汇买卖的存在，也便于有远期外汇收支的出、进口商核算其出进口商品的成本，确定销售价格，事先计算利润盈亏。

（二）远期外汇市场参加者

在外汇市场上，购买远期外汇除有远期外汇支出的进口商外，还有负有短期外币债务的债务人，输入短期资本的牟利者，以及对于远期汇率看涨的投机商等。卖出远期外汇的除有远期外汇收入的出口商以外，还有持有不久到期的外币债权的债权人，输出短期资本的牟利者，以及对于远期汇率看跌的投机商等。

远期外汇业务的期限按月计算，一般为 1 个月到 6 个月，也可以长达 1 年，通常为 3 个月。在外汇市场上远期外汇业务可以延期交割，也可以在规定的期限内，由买方或卖方选择交割日期等。在利用远期外汇业务进行投机时，买方或卖方常常不实际进行交割，而是根据到期时汇率的涨跌，收付盈亏的金额，以结束远期外汇交易。

（三）远期汇率的标价方法

远期汇率的标价方法有两种：

（1）直接标出远期外汇的实际汇率，瑞士和日本等国家采用。

（2）用升水（At Premium）、贴水（At Discount）和平价（At Par）标出远期汇率和即期汇率的差额，英国、德国、美国和法国等国家采用。升水表示远期外汇比即期外汇贵，贴水表示远期外汇比即期外汇贱，平价表示两者相等。

由于汇率的标价方法不同，计算远期汇率的原则也不相同。在间接标价法下，升水时的远期汇率等于即期汇率减去升水数字；贴水时等于即期汇率加上贴水数字；平价则不加不减。如在伦敦外汇市场即期汇率为 1 英镑=1.4608 美元，3 个月美元远期外汇升水 0.51 美分，则 3 个月美元远期汇率为 1 英镑=1.4608－0.0051=1.4557 美元。如 3 个月美元远期外汇贴水 0.51 美分，则 3 个月美元远期汇率为 1 英镑=1.4608＋0.0051=1.4659 美元。在直接标价法下，升水时，远期外汇汇率等于即期汇率加上升水数字；贴水时，等于即期汇率减去贴水数字。例如，巴黎外汇市场美元的即期汇率为：1 美元=5.8814 法国法郎，3 个月美元远期外汇升水 0.26 生丁，则 3 个月美元远期外汇汇率为：1 美元=5.8814＋

0.0026＝5.8840 法国法郎。如 3 个月美元远期外汇贴水 0.26 生丁，则 3 个月美元远期汇率为 1 美元＝5.8814－0.0026＝5.8788 法国法郎。

此外，在银行之间远期汇率尚有一种标价方法，即以点数（Points）来表示。所谓点数就是表明货币比价数字中的小数点以后的第四位数。在一般情况下，汇率在一天内也就是在小数点后的第 3 位数变动，也即变动几十个点，最高不到 100 个点或 150 个点。表示远期汇率的点数有两栏数字，分别代表买入价与卖出价，直接标价法下的买入价在先，卖出价在后；间接标价法则反是。如远期汇率下第一栏点数大于第二栏点数，其实际远期汇率的计算方法则从相应的即期汇率减去远期的点数；如远期汇率第一栏点数小于第二栏点数，其实际远期汇率的计算方法则在相应的即期汇率上再加上远期的点数。

如在纽约外汇市场：

	即期汇率	三个月远期
$\$$/S.Fr	1.5086—91	10—15

瑞士法郎对美元远期汇率的点数为 10—15，第一栏点数小于第二栏点数，故实际远期汇率数字应在相应的即期汇率数字加上远期点数，即：

$$
\begin{array}{r} 1.5086 \\ +)\ 0.0010 \\ \hline 1.5096 \end{array}
\qquad
\begin{array}{r} 1.5091 \\ +)\ 0.0015 \\ \hline 1.5196 \end{array}
$$

（四）远期汇率与利率的关系

远期汇率与利率的关系极为紧密，在其它条件不变的情况下，一种货币对另一种货币是升水还是贴水，升水或贴水的具体数字以及升水或贴水的年率（Annual Rate），受两种货币之间的利息率水平与即期汇率的直接影响。

（1）远期外汇是升水还是贴水，受利息率水平所制约，在其它条件不变的情况下，利率低的国家的货币的远期汇率会升水，利率高的国家货币的远期汇率会贴水。为什么一定会发生这种情况呢？

如前所述，银行经营外汇业务必须遵守的一条原则，就是买卖平衡原则，即银行卖出多少外汇，同时要补进相同数额的外汇。假设英国某银行卖出远期美元外汇较多，买进远期美元外汇较少，二者之间不能平衡。该银行必须拿出一定英镑现汇，购买相当上述差额的美元外汇，将其存放于美国有关银行，以备已卖出美元远期外汇到期时，办理交割。这样，英国某银行就要把它的一部分英镑资金兑成美元，存放在纽约。如果纽约的利率低于伦敦，则英国某银行将在利息上受到损失。因此，该银行要把由于经营该项远期外汇业务所引起的利息损失，转嫁给远期外汇的购买者，即客户买进远期美元的汇率应高于即期美元的汇率，从而发生升水。现举例说明如下：

假设，英国伦敦市场的利息率（年利）为 9.5%，美国纽约市场的利息率（年利）为 7%，伦敦市场的利息率比纽约市场高 2.5%，伦敦市场的美元即期汇率为 1 英镑＝1.96 美元。英国银行卖出即期美元外汇 19600 美元，向顾客索要 10000 英镑；如果它出卖 3 个月期的美元远期外汇 19600 美元，由于该行未能同时补进 3 个月期的美元远期外汇，则它不能向顾客索要 10000 英镑，而要 10062.5 英镑。因为该行未能补进 3 个月远期美元外汇，它必须动用自己的资金 10000 英镑，按 1 英镑：1.96 美元的比价购买 19600 美元即期外汇，存放在美国纽约的银行，以备 3 个月后向顾客交割。这样，英国某银行要有一定的利息损失，因

为英镑资金存在英国有 9.5％的利息收入，而存在美国只有 7％的利息收入，利差损失 2.5％。存款期限 3 个月的具体利息损失金额是：

10000 英镑 $\times \dfrac{9.5-7}{100} \times \dfrac{3}{12} = 62.5$ 英镑，这时，该银行理所当然地要将 62.5 英镑的利息损失转嫁给购买 3 个月远期美元外汇的顾客，即顾客要支付 10062.5 英镑，才能买到 3 个月远期美元 19600 美元。而不像购买即期外汇那样，只支付 10000 英镑即可购买即期 19600 美元。那么，英国某银行向顾客出卖 3 个月远期美元的具体价格是多少呢？每 1 英镑能买 3 个月远期美元的具体数字应是：

10062.5 英镑：19600 美元＝1 英镑：x 美元

x＝1.947826 美元

所以，在英国伦敦市场美元即期汇率 1 英镑＝1.96 美元，伦敦市场利息率为 9.5％，纽约市场利息率为 7％时，如其它条件不变在伦敦市场 3 个月美元远期汇率应为 1.9478 美元，即比即期汇率升水 1.2 美分。

由此可见，远期汇率、即期汇率和利息率三者之间关系是：①其它条件不变，两种货币之间利率水平较低的货币，其远期汇率为升水，利率较高的货币为贴水。②远期汇率和即期汇率的差异，决定于两种货币的利率差异，并大致和利率的差异保持平衡。

（2）远期汇率升水、贴水的具体数字可从两种货币利率差与即期汇率中推导计算。

远期汇率、即期汇率与利率存在着内在的联系。上例根据英镑与美元的利率、即期汇率，可以推算出英镑对美元的远期汇率，如果将其进一步推导，可以从即期汇率、两种货币的利率差异中，计算出一种货币对另一种货币升水与贴水的具体数字，其公式为：

升水（或贴水）的具体数字＝即期汇率×两地利率差× $\dfrac{月数}{12}$

如上例，英国某银行 3 个月美元远期外汇升水的具体数字应为：

$1.9600 \times \dfrac{9.5-7}{100} \times \dfrac{3}{12} = 1.2$ 美分

伦敦市场 3 个月远期美元外汇的实际价格应为 1 英镑＝1.9600 美元－0.012 美元＝1.9480 美元。

（3）升水（或贴水）的年率也可从即期汇率与升水（贴水）的具体数字中推导计算。

一种货币对另一种货币升水（或贴水）的具体数字不便于比较，不能直接指明其高于或低于即期汇率的幅度，折成年率就便于比较了。升水（或贴水）具体数字折年率的公式是这样推导的：

$$升水（或贴水）具体数字折年率＝\dfrac{升水（或贴水）具体数字}{\dfrac{即期汇率}{\dfrac{月数}{12}}}$$

$$＝\dfrac{升水（或贴水）具体数字×12}{即期汇率×月数}$$

如上例，3 个月远期美元外汇为 1.2 美分，代入公式则升水具体数字折年率为：

$$\dfrac{0.0120 \times 12}{1.96 \times 3} = 2.5\%$$

如果由于贸易和投资的关系，市场上对英镑远期外汇的需求增加，英镑远期汇率上升，也即美元对英镑远期外汇的升水减少，如上例 3 个月美元远期外汇减为升水 1 美分，其升水数字折年率为2％。如果美元远期外汇升水仅合年率2％，而伦敦、纽约两地利率差为年率2.5％，国际资金的投机者会在即期外汇市场以美元买英镑，将英镑存放英国，以求获得较高的利息收入。与此同时，为防止英镑存款到期后的外汇风险，他们在购买英镑现汇进行存款的同时，在远期外汇市场上，再出卖远期英镑，购买期限相同、金额相同的远期美元。因此，引起美元远期外汇需求的增加，从而使美元远期汇率上升，对英镑升水增大，最后即期汇率和远期汇率的差异会自动地与两地利率差接近平衡。可见，在其它条件不变的情况下，升水、贴水率、即升水、贴水的年率与两地的利率差总是趋向一致的。

必须指出，利率较高的货币其远期汇率表现为贴水；利率较低的货币其远期汇率表现为升水，这只是在一般情况下。在固定汇率制度下，国际外汇市场有时对某些国家实行货币法定贬值、升值政策的预期；在浮动汇率制度下，国际外汇市场对某种货币上浮、下浮的预期而引起范围较大、力量较强的投机活动；某些重大的政治事件及国际形势的突发变化也对远期汇率的起伏产生较大的影响。不过这些因素的影响，无法以数字计算。因为这些影响造成的远期汇率的贴水、升水数字往往很大，远期汇率与即期汇率的差异完全超过两地利率水平的差异，与利率差异没有直接联系。

现将伦敦外汇市场即期和远期汇率表摘录（见表12-1），以便核对并加深对上述有关问题的理解。

伦敦市场英镑即期、远期汇率表　　　　　　表 12-1

97 年 1 月 10 日	收盘汇率中间价	本日变动	卖出/买入	本日变动		1 个月远期		3 个月远期		1 年远期		英兰银行指数
				最高	最低	汇率	年率%	汇率	年率%	汇率	年率%	
欧　洲												
奥地利（Sch）	18.7621	−0.0544	172-350	18.8820	18.6387	18.6826	2.8	18.6261	2.1			103.9
比利时（BFr）	54.8702	−0.1643	455-949	55.4440	54.6250	54.7452	2.7	54.4802	2.8	55.2852	2.9	104.3
丹麦（DKr）	10.1317	−0.04	270-364	10.2273	10.0976	10.1118	2.4	10.0712	2.4	9.8923	2.4	106.4
芬兰（FM）	7.9315	−0.0277	228-401	8.0160	7.9050							83.9
法国（FFr）	8.9779	−0.032	743-814	9.0572	8.9410	8.9572	2.8	8.9155	2.8	8.7108	3.0	107.1
德国（DM）	2.6617	−0.0077	605-629	2.6851	2.6487	2.6552	2.9	2.6419	3.0	2.5771	3.2	106.0
希腊（Dr）	415.320	−2.424	115-527	420.003	411.720							67.1
爱尔兰（I£）	1.0170	−0.0018	162-177	1.0213	1.0147	1.0167	0.4	1.0157	0.5	1.0091	0.8	102.7
意大利（L）	2590.85	−18.4	908-263	2617.98	2585.66	2594.65	−1.8	2602.15	−1.7	2606.65	−0.6	78.4
卢森堡（LFr）	54.8702	−0.1643	455-949	55.4440	54.6250	54.7452	2.7	54.4802	2.8	53.2852	2.9	104.3
荷兰（Fl）	2.9871	−0.0097	857-885	3.0142	2.9739	2.9793	3.1	2.9638	3.1	2.8903	3.3	104.2
挪威（NKr）	10.7385	−0.18	336-433	10.9721	10.6803	10.726	1.4	10.706	1.2	10.601	1.3	102.0
葡萄牙（Es）	265.740	−1.309	576-903	268.201	264.216	265.935	−0.9	266.305	−0.9			95.7
西班牙（Pta）	222.085	−2.424	935-235	225.604	220.808	222.165	−0.4	222.045	0.1	221.936	0.1	79.4
瑞典（SKr）	11.6042	−0.1269	923-160	11.7729	11.5491	11.5852	2.0	11.5407	2.2	11.3312	2.4	88.0
瑞士（SFr）	2.3144	−0.0022	099-129	2.3309	2.3042	2.3034	4.2	2.2881	4.0	2.2167	4.1	103.0
英国（£）												

97年1月10日	收盘汇率中间价	本日变动	卖出/买入	本日变动		1个月远期		3个月远期		1年远期		英兰银行指数
				最高	最低	汇率	年率%	汇率	年率%	汇率	年率%	
欧洲货币单位（ECU）	1.3689	−0.005	680-698	1.3790	1.3631	1.367	1.7	1.3625	1.9			
特别提款权（SDR）	1.183896											
美洲												
阿根廷（Peso）	1.6796	−0.0144	790-801	1.7017	1.6752							
巴西（Rs）	1.7489	−0.0143	482-495	1.7708	1.7445							
加拿大（C$）	2.2648	−0.0237	637-659	2.3013	2.2576	2.2597	2.7	2.2488	2.8	2.1898	3.3	85.9
墨西哥（New Peso）	13.2055	−0.0385	931-178	13.3313	13.1696							
美国（$）	1.6803	−0.0139	798-808	1.7020	1.6760	1.6792	0.8	1.6766	0.9	1.6641	1.0	99.0
太平洋/中东/非洲												
澳大利亚（A$）	2.1530	−0.0231	517-543	2.1890	2.1456	2.1453	−0.7	2.155	−0.4	2.1546	−0.1	93.8
香港（HK$）	13.0022	−0.1049	975-069	13.1687	12.9689	12.9944	0.7	12.981	0.7	12.9164	0.7	
印度（Rs）	60.2388	−0.5363	368-407	60.9140	60.1280							
以色列（ShK）	5.4700	−0.0281	619-781	5.5204	5.4611							
日本（Y）	194.772	−1.936	655-889	198.550	193.720	193.842	5.7	191.987	5.7	183.572	5.8	126.9
马来西亚（M$）	4.1697	−0.0358	676-717	4.2269	4.1590							
新西兰（NZ$）	2.3836	−0.0132	820-851	2.4043	2.3773	2.3903	−3.4	2.3998	−2.7	2.4205	−1.6	113.0
菲律宾（Peso）	44.2549	−0.3775	955-143	44.7790	44.1866							
沙特阿拉伯（SR）	6.3016	−0.0518	993-038	6.3808	6.2858							
新加坡（S$）	2.3609	−0.0203	593-624	2.3918	2.3548							
南非（R）	7.8638	−0.052	573-703	2.9279	7.8425							
韩国（Won）	1421.95	−11.81	145-246	1441.08	1420.09							
台湾（T$）	46.2083	−0.3808	609.556	46.7738	46.1235							
泰国（Bt）	43.0493	−0.3718	281.705	43.6410	42.9390							

注：表中英镑即期汇率买入、卖出差价仅列小数点后的最后3位数字，远期汇率并非直接按市价标价列出，而是含有现行利率因素。英格兰银行编制的英镑指数最初基期为1990年＝100，以后又以1995年2月1日作为基期。

三、套汇业务 (Arbitrage)

美国、英国、法国、德国、日本、香港等国家和地区的外汇市场有着密切的联系。在一般情况下，由于电讯联系的发达，信息传递的迅速，资金调拨的通畅，各外汇市场的汇率是非常接近的。但是，有的时候，不同外汇市场的汇率，也可以在很短暂的时间内，发生相对较大的差异，从而引起套汇活动。

套汇业务是利用不同市场的汇率差异，在汇率低的市场大量买进，同时在汇率高的市场卖出，利用贱买贵卖，搞套取投机利润的活动。这种做法具有强烈的投机性。市场上出现大量套汇活动后，会使贱的货币上涨，贵的货币下跌，从而使不同外汇市场的汇率很快接近。

套汇业务，都利用电汇，因为汇率的较大差异是很短暂的，所以必须用电汇进行。国际外汇市场的大商业银行，在国外设有分支行和代理行网，消息灵通，最具有套汇业务的便利条件。

套汇主要有以下 3 种方式：

(一) 两角套汇 (Two Point Arbitrage)

两角套汇或称两国或两地套汇，又称直接套汇 (Direct Arbitrage)。例如，同一时间内香港市场的电汇汇率为 100 美元＝778.07 港元，纽约市场的电汇汇率为 100 美元＝775.07 港元，差额达 3 港元。于是香港某银行在当地卖出电汇纽约的美元 100 万元，电示纽约分行办理付款，并同时在纽约卖出电汇香港的港元 775.07 万，收进 100 万美元。顷刻之间，垂手可得 3 万港元的套汇利润。

(二) 三角套汇 (Three Point Arbitrage)

这是利用 3 国或 3 地的汇率差异来进行的，例如，同一时间内，伦敦市场汇率为 100 英镑＝200 美元，法兰克福市场汇率为 100 英镑＝380 德国马克，纽约市场汇率为 100 美元＝193 德国马克。于是纽约某银行以 200 万美元的资本就地购入 386 万德国马克，并立即电告其法兰克福分行用 380 万德国马克就地购入 100 万英镑，获利 6 万元德国马克。然后再令其伦敦分行就地卖出 100 万英镑，收进 200 万美元，结果用于套汇的资本还原了。

(三) 套利 (Intetest Arbitrage)

又称时间套汇或利息套汇。当外汇市场同一货币的即期汇率与远期汇率的差距 (Forward Margin)，小于当时两种货币的利率差，而两种货币的汇率在短期内波动幅度不大时，套汇者就可进行即期和远期外汇的套汇活动，以牟取利润。例如，美国金融市场短期利率的年息为 7％，而在英国则为 9.5％，于是在美国以年息 7％借入一笔美元资金，购入英镑现汇，汇往英国。如不考虑手续费等因素，在英国运用英镑资金的利润比在美国高 2.5％，即为英、美两国短期利率的差额。由美国调往英国的资金无论是借入的，或是自有的，在由美元兑换成英镑汇往英国运用时，都要承受英镑汇率波动的风险。因此，在美国购入英镑现汇时，就应同时在美国出售与这笔美元资金等值的英镑远期外汇（即下述的掉期外汇业务），以避免英镑汇率波动的风险。

四、货币期货 (Currency Futrue)

(一) 沿革

主要西方国家实行浮动汇率后，汇率波动异常，汇率风险与利率风险加剧，伴随战后"金融创新"的扩展与深化，具有远见的金融贸易家，为缓和或逃避外汇风险与利率的风险，在原有的商品期货市场的基础上,于1972年首先在美国芝加哥建立起国际货币市场(International Money Market—IMM)。起初专门经营货币期货,后来陆续经营其它金融工具(如政府债券、证券指数、欧洲美元存款等)欺货。目前,世界主要金融中心相继建立的金融期货市场,货币期货是其经营的主要业务之一。

（二）货币期货的概念

货币欺货,是指在有形的交易市场,通过结算所（Clearing House）的下属成员清算公司（Clearing Firm）或经纪人,根据成交单位、交割时间标准化的原则,按固定价格购买与出卖远期外汇的一种业务。

（三）货币期货的特点

货币期货与远期外汇业务极其相似,它们相同的地方是:

(1) 都是通过合同形式,把购买或出卖外汇的汇率固定下来;

(2) 都是一定时期以后交割,而不是即时交割;

(3) 购买与出卖外汇所追求的目的相同,都是为了保值或投机。

但是,货币期货与远期外汇业务又有许多不同点,通过比较可以了解其大致做法。它们之间的不同点见表12-2。

货币期货与远期外汇区别表　　　　　　　　　　　　　　表 12-2

不 同 点	货 币 期 货	远 期 外 汇
买卖双方的合同与责任关系不同	买方或卖方各与期货市场的结算所签有 Futures Contract，他们与结算所具有合同责任关系；但买卖双方无直接合同责任关系	买卖双方签有 Forward Contract，买卖双方（顾客和银行）具有合同责任关系
买卖远期外汇有无统一的标准化规定不同	远期货币市场对买卖货币期货的成交单位、价格、交割期限、交割地点均有统一的、标准化的规定，按规定的原则买卖，不得逾越，也不能灵活掌握	买卖远期外汇的成交单位、价格、交割期限、交割地点均无统一规定，买卖双方可自由议定。
是否收取手续费不同	每一标准合同，结算所收取一定的手续费	银行不收手续费
实现交易的场所与方式不同	在具体市场中成交；市场上公开喊（Public Outcry）为实现交易主要方式	无具体市场，通过银行的柜台业务进行；电传电话为实现交易的主要方式
报价内容不同	买方或卖方只报出一种价格，买方只报买价，卖方只报卖价	买方或卖方报出两种价格，即报出买价，又报出卖价
是否直接成交与收取佣金不同	通过经纪人，收取佣金	一般不通过经纪人，不收取佣金
是否最后交割不同	一般不最后交割	大多数最后交割

五、外币期权（Option）

外币期权业务是继货币期货以后在80年代初所开展起来的一项新业务。

（一）概念

远期外汇的买方（或卖方）与对方签订购买（或出卖）远期外汇合约,并支付一定金额的保险费（Premium）后，在合约的有效期内，或在规定的合约到期日，有权按合约规定的协定汇价（Striking Price or Exercise Price）履行合约，行使自己购买（或出卖）远期外汇的权力，并进行实际的货币交割；但是，远期外汇的买方（或卖方）在合约的有效期内，或在规定的合约到期日，也可根据市场情况有权决定不再履行合约，放弃购买（或出卖）远期外汇的权力。这种拥有履行或不履行购买（或出卖）远期外汇合约选择权的外汇业务，即是外币期权业务。

（二）特点

（1）期权业务下的保险费不能收回

无论是履行合约或放弃合约的履行，外币期权务的买方（或卖方）所交付的保险费均不能收回。

（2）期权业务保险费的费率不固定

期权业务所交付的保险费反映同期远期外汇升水、贴水的水平，所收费率的高低，受下列因素所制约：

1）市场现行汇价水平（Prevailing Exchange Rate）；

2）期权的协定汇价（Striking Price）；

3）时间值（Time Value）或有效期（Time Remaining Until Expiration of Option）；

4）预期波幅（Expected Volatility）；

5）利率波动（Interest Rate Movement）。

（3）具有执行合约与不执行合约的选择权，灵活性强

远期外汇合约，货币期货合约一经签定，远期外汇或货币期货的购买者（或出卖者）必须按合约规定条款，按期执行；而期权合约则不同，它既可执行也可不执行，具有较大的灵活性。

（三）外币期权业务的类型

外币期权业务有两种类型：

1．欧式期权（European Style）

一般情况下，期权的买方（或卖方）只能在期权到期日当天的纽约时间上午9时30分以前，向对方宣布，决定执行或不执行购买（或出卖）期权合约。

2．美式期权（American Style）

期权的买方（或卖方）可在期权到期日前的任何一个工作日的纽约时间上午9时30分以前，向对方宣布，决定执行或不执行购买（或出卖）期权合约。美式期权较欧式期权更为灵活，故其保险费高。

（四）外币期权的不足之处

外币期权虽然灵活性较大，但存在一定的不足之处。表现在：

（1）经营的机构少。发达国家除少数大银行、大财务公司经营外，一般中小银行尚未开展此项业务，普及面不够广泛，期权市场有待于进一步充实扩大。

（2）期权买卖的币种及金额有时存在一定的限制。有些国家的外汇市场，买卖期权的币种只限于美元、英镑、日元、德国马克、瑞士法郎和加元等；每笔期权交易的总额限于500万美元。

（3）期限较短。一般期权合约的有效期以半年居多，期限较短。

六、择期（Optional Forward Exchange）

择期是远期外汇的购买者（或出卖者）在合约的有效期内任何一天，有权要求银行实行交割的一种外汇业务。

择期与期权不同，期权是在合约有效期内或合约到期日，要求银行交割或放弃执行合约；而择期则不能放弃合约的履行；但可在合约有效期内的任何一天要求银行交割。

择期与远期外汇合约也不同，远期外汇的合约在合约到期时才能交割，而择期则在合约有效期内任何一天均可要求交割。

七、掉期业务（Swap Transaction）

掉期业务即在买进或卖出即期外汇的同时，卖出或买进远期外汇。在短期资本投资或在资金调拨活动中，如果将一种货币调换成另一种货币，为避免外汇汇率波动的风险，常常运用掉期业务，以防止可能发生的损失。

例如，瑞士某银行，因业务经营的需要，以瑞士法郎购买 1 亿意大利里拉存放于米兰 3 个月，为防止 3 个月后里拉汇率下跌，存放于米兰的里拉不能换回原来数额的瑞士法郎，瑞士某银行利用掉期业务，在买进 1 亿里拉现汇的同时，卖出 3 个月里拉的期汇，从而转移此间里拉汇率下跌而承担的风险。

八、投机业务（Speculative Transaction）

预期将来汇率的变化，为赚取汇率涨落的利润而进行的外汇买卖，则为外汇投机业务。

例如，某外汇投机者预期英镑有进一步贬值的可能，按 1 英镑=1.6 美元的比价出售 3 个月的英镑远期外汇 10 万英镑；3 个月后，如英镑确已贬值，1 英镑=1.5 美元，则该投机者以 15 万美元买入 10 万英镑，再以此 10 万英镑履行原来出售 10 万英镑的远期外汇合同，获得 16 万美元，买卖英镑数额相抵后，垂手可得 1 万美元的投机利润。

在实际外汇投机交易中，如上例，投机者只收付因汇率变动而发生的差价（即 1 万美元），实际并不进行英镑期汇的交割。

外汇投机业务也可在两个国家的外汇市场上同时进行。

例如，英镑对美元的汇率，投机者预测英镑在 3 个月后将会下跌，则他在伦敦市场可预买 3 个月的美元远期外汇；在纽约市场可预卖 3 个月的英镑远期外汇，3 个月后，英镑汇率下跌，投机者在伦敦市场将预买的美元远期外汇卖出，所得的英镑当多于预买美元外汇应付的英镑，在纽约市场投机者履行预卖英镑远期外汇合同所收进的美元，当多于出卖英镑现汇所收进的美元，投机者从而赚取巨额投机利润。

第 3 节　汇率折算与进出口报价

外汇业务牵涉到不同货币，在不同时期内，以不同方式进行的买卖交割。两种货币之间的比价在不同的外汇业务形式下，其最后的比率是不相同的，但是它们之间具有紧密的内在联系。了解这些比价之间的内在联系，掌握其折算方法，不仅对搞好国际金融业务，减缓外汇风险有重大作用；而且对搞好对外经济贸易实务，作好对外报价，提高企业的经济效益也有重要意义。

一、即期汇率下的外币折（换）算与报价

（一）外币/本币折本币/外币

外币/本币就是一个外币等于多少本币的意思；本币/外币就是一个本币等于多少外币的意思。外币/本币折本币/外币就是将一个外币等于多少本币折算成一个本币等于多少外币。一个国家或地区外汇市场所公布的汇率表常为 1 个或 100 个外币等于多少本币，而不公布 1 个本币等于多少外币。如外国进口商要求我对其报出出口商品本币价格的同时，再报出外币的价格；这时就要将商品的本币价格，折成外币向其发盘，因此要学会 1 个本币等于多少外币的折算方法，只要用 1 除以本币的具体数字，即可得出 1 个本币折多少外币。

如香港外汇市场某日 1 美元＝7.7970 港元，如求 1 港元等于多少美元，则 $\frac{1}{7.7970}$＝0.1283。即 1 港元＝0.1283 美元。

例如：某一工程每平方米造价为 1000 港元，如不考虑利润及其它费用，换算成美元的成本则为 128.3 美元。该工程以港元报价每平方米为 1000 港元；如以美元报价，每平方米则为 128.30 美元。

（二）外币/本币的买入—卖出价折本币/外币的买入—卖出价

这就是将一个外币对本币的买入价与卖出价，折成一个本币对外币的卖出价与买入价，即已知外币对本币的买入—卖出价，求本币对外币的买入—卖出价。其计算方法与上例基本相同，但是，要求解的本币/外币的买入价，要用 1 除以原来的外币/本币的卖出价；求解的本币/外币的卖出价，要用 1 除以原来的外币/本币的买入价，现举例加以说明。

例如，香港外汇市场某日牌价：

美元/港元 7.7920—7.8020❶

求：港元/美元 （   ）—（   ）

求港元/美元的买入价，应以 1 除以美元/港元的卖出价，即：1 除以 7.8020，

即 $\frac{1}{7.8020}$＝0.1282

求港元/美元的卖出价，应以 1 除以美元/港元的买入价，即以 1 除以 7.7920，

即 $\frac{1}{7.7920}$＝0.1283。

因此，港元/美元的买入—卖出价应为：0.1282—0.1283

在国际工程承包的实务中，如将某一工程造价的港元成本，换算成美元成本，即可按上述方法换算，并对外报价。至于买入价与卖出价如何运用，可参阅本节第二个问题的内容。

（三）未挂牌外币/本币与本币/未挂牌外币的套算

求本币与未挂牌某一货币比价的方法是：

（1）先列出本币对已挂牌某一主要储备货币（如英镑或美元）的中间汇率。

（2）查阅象伦敦、纽约这样的主要国际金融市场上英镑或美元对未挂牌某一货币的中间汇率（伦敦或纽约均公布英镑或美元对所有可兑换货币的比价）。

（3）以（1）的中间汇率与（2）的中间汇率进行套算：（2）除以（1），即 $\frac{(2)}{(1)}$＝本币/未挂牌外币的比价；（1）除以（2），即 $\frac{(1)}{(2)}$＝未挂牌外币/本币的比价。

---

❶ 7.7920 为买入价；7.8020 为卖出价。

现举例说明如下：设香港市场某出口商接到西班牙或口商的要求向其发出港元与西班牙比塞塔（PTS—西班牙的货币单位）的两种货币报价。而香港外汇市场不公布港元对比塞塔的牌价。这时，可按上述程序加以推算：①先列出港元对已挂牌某一主要储备货币，如英镑的中间汇率，1 英镑＝12.28 港元；②查阅当天或最近一天伦敦外汇市场 1 英镑对比塞塔的中间汇率，1 英镑＝180 比塞塔；③求港元/比塞塔的比价则为 $\frac{②}{①}$ 即 $\frac{180}{12.28}=14.66$，也即 1 港元＝14.66 比塞塔。求比塞塔/港元的比价则为 $\frac{①}{②}$，即 $\frac{12.28}{180}=0.0682$，也即 1 比塞塔＝0.0682 港元。

根据上述算法，香港出口商就可能将出口商品的港元成本套算成比塞塔，对西班牙进口商报价。如进一步精细核算，要考虑买入—卖出价的运用，参阅本节第二个问题的内容。

（四）本币/甲种外币与本币/乙种外币折算为甲种外币/乙种外币与乙种外币/甲种外币

一种出口商品对外报价常涉及到许多国家、多种货币，因此要掌握不同外币间的套算方法，以有利于报价范围的扩大，商品市场的开拓。如已知：本币对甲种外币的买入价与卖出价；本币对乙种外币的买入价与卖出价；如何套算：1 个甲种外币对乙种外币的买入价和卖出价？1 个乙种外币对甲种外币的买入价和卖出价呢？

现将其套算方法与程序举例说明如下：

已知：美国纽约市场美元/先令　12.97—12.98[●]

　　　　　　　　美元/克郎　4.1245—4.1255[●]

求：克郎/先令的卖出价与买入价；先令/克郎的卖出价与买入价。

套算克郎/先令的卖出价与买入价的方法：

(1) 将克郎的数字处于分母的地位，但卖出价与买入价换位；即买入价倒在卖出价位置上；卖出价倒在买入价位置上。

(2) 将先令的数字处于分子的地位，卖出价与买入价不易位，仍为 12.97—12.98。

③ $\frac{②}{①}$ 所得之数即为克郎/先令的卖出价与买入价。

克郎/先令的卖出价为 $\frac{12.97}{4.1255}=3.1439$

克郎/先令的买入价为 $\frac{12.98}{4.1245}=3.1470$。

如求先令/克郎的卖出价与买入价，其方法如下，即：

①将先令的数字处于分母地位，卖出价与买入价易位，即由 12.97—12.98，换位为 12.98—12.97。

②将克郎数字处于分子地位，卖出价与买入价不易位，仍为：4.1245—4.1255。

③ $\frac{①}{②}$ 所得之数，即为先令/克郎卖出价与买入价

先令/克郎的卖出价为 $\frac{4.1245}{12.98}=0.3178$

先令/克郎的买入价为 $\frac{4.1255}{12.97}=0.3181$

[●] 间接标价法，前一数字是卖出价，后一数字是买入价。

（五）即期汇率表也是确定进口报价可接受水平的主要根据

利用不同货币的即期汇率进行套（换）算，不仅对做好出口和工程承包报价有着极其重要的作用，而且对核算进口报价是否合理，可否接受，也起着重要作用。

（1）将同一商品的不同货币的进口报价，按人民币汇价表折成人民币进行比较。

我国进口的商品，一般在国内销售，因此，可以和人民币进行比较，以计算成本利润。例如，1995年8月8日某公司从瑞士进口小仪表，以瑞士法郎报价的，每个为100瑞士法郎，另一以美元报价，每个为66美元。当天人民币对瑞士法郎及美元的即期汇率分别为：

	买入价	卖出价
1 瑞士法郎	7.0952	7.1236
1 美元	8.2801	8.3133

将以上报价折成人民币进行比较，即可看出哪种货币报价相对低廉。

美元报价折人民币　86×8.3133＝714.94元

瑞士法郎报价折人民币　100×7.1236＝712.36元

可见，瑞士法郎报价的人民币成本低于美元报价的人民币成本，如不考虑其它因素，瑞士法郎的小仪器报价可以接受。

（2）将同一商品不同货币的进口报价，按国际外汇市场的即期汇率表，统一折算进行比较。

如上述小仪器的瑞士法郎和美元报价，不以人民币汇率折算进行比较，而以当天纽约市场的美元与瑞士法郎的比价进行核算，也可得出接受何种货币报价较为合算。

纽约市场1995年8月8日，美元对瑞士法郎的汇价为：1美元：1.1660瑞士法郎。

按此比价，小仪器每个100瑞士法郎的报价折美元为100÷1.1660＝85.76美元。而小仪器另1美元报价每个86美元，显然，不考虑其它因素，接受100瑞士法郎的报价，不接受86美元的报价，在经济上是有利的。

二、合理运用汇率的买入价与卖出价

汇率的买入价与卖出价之间一般相差1‰～3‰，进出口商如果在货价折算对外报价与履行支付义务时考虑不周，计算不精，合同条款订得不明确，就会遭受损失。在运用汇率的买入价与卖出价时，应注意下列问题：

（一）本币折算外币时，应该用买入价

如某香港出口商的商品底价原为本币（港元），但客户要求改用外币报价，则应按本币与该外币的买入价来折算。如×××年×月×日美元对港元的买入汇率为1：7.789，卖出汇率为1：7.791。假设该港商报出口机床的底价为100000港元，现外国进口商要求以美元向其报价，则该商人应根据港元对美元的买入价，将港元底价100000元折成美元（1：7.789＝X：100000）向其报12838.6美元。如按卖出价折合（1：7.791＝X：100000），则仅报12835.32美元。出口商将本币折外币按买入价折算的道理在于：出口商原收取本币，现改收外币，则需将所收外币卖给银行，换回原来本币。出口商的卖，即为银行的买，故按买入价折算。

（二）外币折算本币时，应该用卖出价

出口商的商品底价原为外币，但客户要求改用本币报价时，则应按该外币与本币的卖出价来折算。如上例的外汇汇率，设香港某服装厂生产每套西装的底价为100美元，现外国进口商要求其改用港元对其报价,则该服装厂根据港元对美元的卖出价,将美元底价100美元折成港元(100×7.791)为779.1,对其报价,如按买入价折合,则仅报778.9港元。出口商将外币折成本币按卖出价折算的道理在于:出口商原收取外币,现改收本币,则需以本币向银行买回原外币。出口商的买入,即为银行的卖出,故按卖出价折算。

(三)以一种外币折算另一种外币,按国际外汇市场牌价折算

无论是用直接标价市场的牌价,还是用间接标价市场的牌价,外汇市场所在国家的货币视为本币。如将外币折算为本币,均用卖出价;如将本币折算为外币,均用买入价。例如,×年×月×日,巴黎外汇市场(直接标价)法国法郎对美元的牌价为1美元(外币)买入价为4.4350法国法郎(本币),卖出价为4.4450法国法郎;同日纽约外汇市场(间接标价)美元对法国法郎牌价为1美元(本币)卖出价为4.4400法国法郎(外币),买入价为4.4450法国法郎,则美元与法国法郎相互折算的方法如下:

1. 根据巴黎外汇市场(直接标价)的牌价

1美元折合法国法郎为　　1×4.4450=4.4450

1法国法郎折合美元为　　1÷4.4350=0.2252

2. 根据纽约外汇市场(间接标价)的牌价

1法国法郎折合美元为　　1÷4.4400=0.2252

1美元折合法国法郎为　　1×4.4450=4.4450

上述买入价、卖出价折算原则,不仅适用于即期汇率,也适用于远期汇率。买入价与卖出价的折算运用是一个外经贸工作者应掌握的原则,但在实际业务中应结合具体情况,灵活掌握。例如,在商品市场或工程承包市场竞争剧烈,为战胜对手,不丧失签订出口合同与工程承包合同的机会,也可按中间价折算,甚至给对方某些折让。但是,在出口与工程承包报价中,国际惯例则是:"本折外币,按买入价折算;外币折本币,按卖出价折算;你利用哪个国家外汇市场的牌价表,哪个国家的货币则视为本币。

三、远期汇率的折算与进出口报价

(一)本币/外币的远期汇率折外币/本币的远期汇率

如已知本币/外币的远期汇率,因报价或套期保值的需要,需要计算出外币/本币的远期汇率,其计算的程序与方法是:

(1)代入公式:

$$P^* = \frac{P}{(S \times F)} ❶$$

P^* 为:将本币/外币折成外币/本币的远期点数;

P 为:本币/外币的远期的点数;

S 为:本币/外币的即期汇率;

F 为:本币/外币的实际远期汇率。

(2)按公式求出远期汇率的卖出价点数与买入价点数后,其位置要互易,即计算出来的买入价点数变为卖出价点数;计算出来的卖出价点数变为买入价点数。

现举例说明如下:

---

❶ 公式推导参阅《A Gulde For Using Foreign Exchang Market》Walker 第114页。

已知纽约外汇市场美元/瑞士法郎

求：瑞士法郎/美元的 3 个月远期点数：

计算程序与方法：

（1）代入公式 $P^* = \dfrac{P}{(S \times F)}$

P^* 为：瑞士法郎/美元的 3 个月远期点数

P 为：0.0140—0.0135

S 为：1.6030—1.6040

F 为：

$$
\begin{array}{rr}
1.6030 & 1.6040 \\
-)\ 0.0140 & -)\ 0.0135 \\
\hline
1.5890 & 1.5905
\end{array}
$$

瑞士法郎/美元 3 个月远期点数 $= 0.0055 = \dfrac{0.0140}{1.6030 \times 1.5890}$

瑞士法郎/美元 3 个月远期点数 $= 0.0053 = \dfrac{0.0135}{1.6040 \times 1.5905}$

（2）瑞士法郎/美元 3 个月远期卖出价点数与买入价点数易位后得出：53—55。

（二）汇率表中远期贴水（点）数，可作为延期收款的报价标准

远期汇率表中升水货币即为增值货币，贴水货币即为贬值货币。我在出口贸易中，国外进口商在延期付款条件下，要求我以两种外币报价，假若甲币为升水，乙币为贴水，如以甲币报价，则按原价报出；以乙币报价，应按汇率表中乙币对甲币贴水后的实际汇率报出，以减少乙币贴水后的损失。所以，学会汇率表的查阅与套算，对正确报价有着重要意义。

现举例说明如下：

某日纽约外汇市场	即期汇率	3个月远期
美元/瑞士法郎	1.6030—40	贴水 140—135
⋮	⋮	⋮

我公司向美国出口机床，如即期付款每台报价 2000 美元，现美国进口商要求我以瑞士法郎报价，并于货物发运后 3 个月付款。问我报多少瑞士法郎？

考虑与计算的过程是这样的：

（1）查阅当日纽约外汇市场汇价表。

（2）计算瑞士法郎对美元的 3 个月远期汇率，由于贴水瑞士法郎 140～135，故其远期实际汇率为：

$$
\begin{array}{rr}
1.6030 & 1.6040 \\
+)\ 0.0140 & +)\ 0.0135 \\
\hline
1.6170 & 1.6175
\end{array}
$$

（3）在考虑到 3 个月后方能收款，故将 3 个月后瑞士法郎贴水的损失加在货价上，故

应报瑞士法郎价＝原美元报价×美元/瑞士法郎 3 个月远期实际汇率。

（4）考虑到根据纽约外汇市场汇价表来套算，美元视为本币，瑞士法郎为外币，根据本币折外币按买入价折合的原则，应报的瑞士法郎价＝美元原报价×美元/瑞士法郎 3 个月远期实际汇率买入价，也即 2000×1.6175＝3235 瑞士法郎。

（三）汇率表中的贴水年率，也可作为延期收款的报价标准

远期汇率表中的贴水货币，也即具有贬值趋势的货币，该货币的贴水年率，也即贴水货币（对升水货币）的贬值年率。如某商品原以较硬（升水）货币报价，但国外进口商要求改以贴水货币报价，出口商根据即期汇率将升水货币金额换算为贴水货币金额的同时，为弥补贴水损失，应再将一定时期内贴水率加在折算后的货价上。

现举例说明如下：

我机械设备进出口公司某型号机床原报价为每台 1150 英镑，该笔业务从成交到收汇需 6 个月，某日该公司应客户要求，改报法国法郎，当日伦敦市场汇率为：

	即期汇率	6 个月远期	合年率%
法国	9.4545—75	贴水 14.12—15.86	3.17
⋮	⋮ ⋮	⋮	
⋮	⋮ ⋮	⋮	

该公司应报多少法国法郎呢？

计算的程序与方法

（1）将每台机床的英镑价换算为法国法郎价。因为根据伦敦外汇市场的汇率表计算，所以英镑为本币，法国法郎为外币，据本币折算外币应按买入价原则，每台机床的法国法郎价应为：

1150×9.4575＝10876.125 法国法郎

（2）由于该笔业务从成交到收汇需 6 个月，而在这 6 个月内法郎对英镑贴水（贬值），其贴水年率为 3.17%，如把年率折为 6 个月的贴水率，则应为：

$$3.17\% \times \frac{6}{12}$$

（3）将 6 个月法国法郎对英镑贴水率，即 $\frac{3.17}{100} \times \frac{6}{12}$ 附加于货价上，以抵补法郎在 6 个月内价值下降的损失。故以英镑改报法国法郎，6 个月收汇的全部计算过程应为：

$$1150 \times 9.4575 \left(1+\frac{3.17}{100} \times \frac{6}{12}\right)$$

$$=10876.125 \left(1+\frac{1.585}{100}\right)$$

$$=10876.125+172.3866$$

$$=11048.511 \text{ 法国法郎}$$

（四）在一软一硬两种货币的进口报价中，远期汇率是确定接受软货币（贴水货币）加价幅度的根据

例如：进口业务中，某一商品从合同签定到外汇付出约需 3 个月，国外出口商以硬（升水货币）、软（贴水货币）两种货币报价，其以软币报价的加价幅度，不能超过该货币与相应货币远期汇率，否则我可接受硬币报价，只有这样才能达到在货价与汇价方面不吃亏的目的。

今举例说明如下：

某日，苏黎世外汇市场汇价为：

	即期汇率	3个月远期
1 美元	2.0000 瑞士法郎	1.9500 瑞士法郎
⋮	⋮	⋮
⋮	⋮	⋮

　　某公司从瑞士进口机械零件，3个月后付款，每个零件瑞士出口商报价100瑞士法郎，如我要求瑞士出口商以美元报价，则其报价水平不能超过瑞士法郎对美元的3个月远期汇率，即100÷1.95＝51.3美元。如果瑞士出口商以美元报价，每个零件超过51.3美元，则我不应接受，仍接受每个零件100瑞士法郎的报价，因为接受瑞士法郎硬币报价后，我以美元买瑞士法郎3个月远期进行保值，以防止瑞士法郎上涨的损失，其成本也不过51.3美元（1∶1.95＝X∶100）。可见，在进口业务中做到汇价与货价均不吃亏，硬币对软币的远期汇率是核算软币加价可接受幅度的标准。

思　考　题

1. 试述远期外汇业务的概念。
2. 试述远期汇率与利息率的关系。
3. 试述电汇与信汇业务的不同点。
4. 试述电汇与票汇业务的不同点。
5. 试述外币期权业务的内涵与类型。
6. 试述掉期业务的运作机制及其对国际工程承包业务的现实意义。
7. 设法国巴黎市场外汇牌价为

	即期汇率	6个月远期
$/F.F	6.2400—6.2430	贴水 3.9—3.6 生丁❶

问：(1) 6个月美元远期的实际汇率是多少？

　　(2) 我国某建筑承包公司，给非洲某国家建造一园林建筑，每平方米造价2000法国法郎，现非洲某国业主要求我承包公司，以美元报价，根据上述即期汇率，每平方米应报多少美元？为什么？

　　(3) 某建筑设备出口公司，向非洲某承包商出口采掘机，原报价每台20000法国法郎，非洲承包商要求我出口公司改以美元报价，即期付款向每台采掘机应报多少美元，为什么？

　　(4) 如上述采掘机预计6个月后才能收款，那么，我建筑设备出口公司以美元报价，应做如何调整？为什么？

---

❶ 1法国法郎＝100生丁

第13章 外汇风险管理

西方国家实行浮动汇率制度以后，汇率波动频繁，变化无常，一种国际储备货币受各种因素的影响忽而急剧上升，忽而急剧下降，数月之内有时波动幅度达20％～30％，二三年之内波动幅度有时高达60％～70％。这大大加深了对外经贸企业的外汇风险，国际工程承包部门，外汇收付金额巨大，如果疏于采取必要的防止汇率波动风险的措施，则会对企业的经营成果带来严重的后果。在掌握外汇汇率基本理论知识的基础上，本章着重分析外汇风险的基本概念，防止外汇汇率波动风险的一般方法与基本方法，以便在国际工程投资与承包业务中加以运用，以减缓风险，增强企业的经济效益。

第1节 外汇风险的概念、种类和构成要素

一、外汇风险的概念和种类

一个组织、经济实体或个人的以外币计价的资产（债权、权益）与负债（债务、义务），因外汇汇率波动而引起其价值上涨或下降的可能，即为外汇风险（Foreign Exchange Exposure）。对具有外币资产与负债的关系人来讲，外汇风险可能具有两个结果：或是获得利益（Gain）；或是遭受损失（Loss）。

一个国际企业组织的全部活动，即在它的经营活动过程、结果、预期经营收益中，都存在着由于外汇汇率变化而引起的外汇风险。在经营活动中的风险为交易风险（Transaction Exposure）、在经营活动结果中的风险为会计风险（Accounting Exposure）、预期经营收益的风险为经济风险（Economic Exposure）。

（一）交易风险

由于外汇汇率波动而引起的应收资产与应付债务价值变化的风险即为交易风险。

交易风险的主要表现：①以即期或延期付款为支付条件的商品或劳务的进出口，在货物装运或劳务提供后，而货款或劳务费用尚未收支这一期间，外汇汇率变化所发生的风险；②以外币计价的国际信贷活动，在债权债务未清偿前所存在的风险；③待交割的远期外汇合同的一方，在该合同到期时，由于外汇汇率变化，交易的一方可能要拿出更多或较少货币去换取另一种货币的风险。

交易风险是国际企业的一种最主要的外汇风险，是本章研究的重点。

（二）会计风险

会计风险也称转换风险（Translation Exposure），主要指由于汇率变化而引起资产负债表中某些外汇项目金额变动的风险。会计风险受不同国家的会计制度与税收制度所制约，非本章研究的范围。

（三）经济风险

经济风险是指由于外汇汇率发生波动而引起国际企业未来收益变化的一种潜在的风险。收益变化的幅度主要取决于汇率变动对该企业的产品数量、价格与成本可能产生影响

的程度。潜在经济风险直接关系到企业在海外的经营效果或一家银行在国外的投资效益。经济风险是一种机率分析，是企业从整体上进行预测、规划和进行经济分析的一个具体过程。经济风险的分析很大程度上取决于公司的预测能力，预测的准确程度将直接影响该公司在融资、销售与生产方面的战略决策。

二、外汇风险的构成因素

一个国际企业在它的经营活动中所发生的外币收付，如应收帐款、应付帐款、货币资本的借入或贷出等，均须与本币进行折算，以便结清债权债务并考核其经营活动成果。本币是衡量一个企业经济效果的共同指标，从交易达成后到应收帐款的最后收进，应付帐款的最后付出，借贷本息的最后偿付均有一个期限。这个期限就是时间因素。在确定的时间内，外币与本币的折合比率可能发生变化，从而产生外汇风险。可见，凡是外汇风险一般包括 3 个因素：本币、外币与时间。

如果一个国际企业在某笔对外交易中未使用外币而使用本币计价收付，这笔交易就不存在外汇风险，因为它不牵涉外币与本币的折算问题，从而不存在汇率波动的风险。

一笔应收或应付外币帐款的时间结构对外汇风险的大小具有直接的影响。时间越长，则在此期间汇率波动的可能性就大，外汇风险相对较大；时间越短，在此期间汇率波动的可能性就小，外汇风险相对较小。

从时间结构越长，外币风险越大这个角度分析，外汇风险包括时间风险与价值风险两大部分。改变时间结构，如缩短一笔外币债权债务的收取或偿付时间，可减缓外汇风险，但不能消除价值风险，因本币与外币折算所存在汇率的波动风险仍然存在。

一个企业，90 天后有一笔外汇收入。这里，即存在着时间风险，又存在价值风险。现该企业借入一笔外汇贷款，其金额与未来的外汇收入相等，并将这笔贷款的偿付时间也规定在 90 天，即以 90 天后的外汇收入来偿还这笔外汇贷款。这样，把将来的时间风险转移到现在。从而消除了时间风险，但受汇率波动影响的价值风险仍然存在。如欲消除该价值风险尚须采取措施，即将外币借款卖成本币，然后以本币进行投资，借以获得一定的投资利润。这样，才能消除全部风险（参阅本章第 3 节）。

三、外汇风险构成因素之间的相互关系

假若一个国际企业有一笔未结算而敞着口的外汇收支，一定会同时呈现出本币、外币、时间三个要素。这三个要素关系复杂，构成不同的外汇风险形式，相应地要采取不同的消除外汇风险的方法。为便于分析各要素之间的相互关系，简化繁琐重要的文字解释，本章将借助符号与图示来说明外币资金的流出入情况与消除外汇风险的方法。

方块表示公司；箭头表示货币流动；单线箭头表示外币流动，双线箭头表示本币流动；虚线箭头表示另外一种外币流动；箭头朝向方块表示货币流入；箭头从方块移开表示货币流出；箭头上的天数表示若干天后将有货币流动。

1. 符号与图示举例

（1）单线箭头指向方块，则外币流入；其流入或来自售货、股息、银行借款或其它。

（2）单线箭头从方块移开，则外币流出，这是由于向供应商支付，偿还银行贷款与向国外投资所引起的支付。

（3）一种外币在 1 个月内流入，另一种外币在两个月内流出。

$$1 \text{ 个月} \quad\quad 2 \text{ 个月}$$

2．多头地位（Long Foreign Currency）与空头地位（Short foreign Currency）

一个企业在一定时期以后将有一笔外汇资金流入，该企业则处于多头地位；如有一笔外汇流出则处于空头地位。企业根据不同的地位，采取不同的消除外汇风险的方法，多头地位要先借外币，空头地位要先借本币来消除风险，它是运用外汇风险管理技术的基础。

$$4 \text{ 个月} \quad\quad\quad \text{多头地位}$$

$$2 \text{ 个月} \quad\quad\quad \text{空头地位}$$

3．以本币收付，无外汇风险

（1）

某公司向海外销售，买主以该公司所在国家的货币（本币）计价。这里没有外汇风险，因为本币与将流入的货币是相同的，不存在外币与本币的折算问题。

（2）

$$1 \text{ 个月}$$

某公司从国外进口货物或劳务，1 个月后需支付一定数量本币，由于不存在本币与外币折算问题，因而不存在任何风险。

4．流入的外币与流出的外币金额相同、时间相同、无外汇风险

$$3 \text{ 个月}$$

5．不同时间的相同外币，相同金额的流出入，只有时间风险，既不处于多头，也不处于空头地位

$$1 \text{ 个月} \quad\quad\quad 3 \text{ 个月}$$

6．一种外币流出，另一种外币流入，具有双重风险

$$2 \text{ 个月}$$

第 2 节　外汇风险管理的一般方法

一、防止外汇风险的主要途径与作用

任何可以完全或部分消除外汇风险的技术称为保值措施（Cover the Risk）或外汇风险的防止方法。具有外汇风险的国际企业结合每笔交易的特点与本身贸易财务条件，从以下 5 个方面，采取一定的方法来防止风险。这 5 个方面与其采取的方法是：

1. 做好货币选择，优化货币组合，正确确定进出口商品价格与购销原则

采取计划货币从优法，拖延收付法（Lagging），提前收付法（Leading）平衡法（Matching），组对法（Pairing），多种货币组合法（Portfolio Approach 或 Nesting），本币计价法和调整价格法来防止风险。

2. 利用保值措施，签订保值条款（Proviso Clause）

采取外汇保值法，综合货币单位（Composite Currency Unit）保值法，物价指数保值法和滑动价格（Slide Scale）保值法来防止风险。

3. 根据实际情况，选好结算方式

采取即期信用证法，远期信用证法，在具备一定前提下采用托收法来防止风险。

4. 利用外汇与借贷投资业务

采取即期合同法，远期合同法，货币期货合同法，期权合同法，择期合同法，掉期合同法，借贷法及投资法等来防止风险。

上述防止风险的方法有的可以减缓外汇风险及其潜在影响；有的可以完全消除外汇风险；有的要几种方法相互配合，综合使用才能消除全部风险。要达到消除全部外汇风险——即消除时间风险，又消除价值风险——一定要针对风险创造一个与其方向相反，金额相同，时间相同的货币流动。以下简要介绍各种防止外汇风险的方法，分析一些方法的本币与外币的运动过程、流向及保值的机制，探讨各种方法的保值作用及其意义。

二、做好货币选择，优化货币组合，防止外汇风险的原则和方法

（一）做好计价货币的选择

在出口贸易或国际工程承包业务中应选择硬币或具有上浮趋势的货币做为计价货币；在进口贸易或国际融资业务中应选择软币或具有下浮趋势的货币做为计价货币，以减缓外汇收支可能发生的价值波动损失。

如坚持上述原则在货价上仍蒙受损失，也可一半的进出口货值用硬币，一半用软币，使买卖双方互不吃亏，平等互利。在国际工程承包中，也可一部工程造价款以硬币计价，一部工程造价款用软币计价，如争取到这样条件，比全部工程都用软币计价吃亏较少。

当前，有些金额较大的进出口合同，采用四种货币计价，两种较硬货币，两种较软货币，使不同货币的急升急降风险，缓冲抵销。这样就可防止使用单一货币计价，因汇率的突然骤变，使买卖双方遭受重大损失。

（二）提前收付或拖延收付法

提前收付或拖延收付（迟收早付或迟付早收）法，即根据有关货币对其他货币汇率的变动情况，更改该货币收付日期的一种防止外汇风险的方法。

在提前支付货款的情况下，就一般情况而言，具有债权的公司可以得到一笔一定金额的折扣（Discount）。从这一意义上说，提前付出货款相同于投资；而提前收取货款类似于借款，根据对汇率波动情况预测的结果，选择适当的时机提前结汇，可以减轻因汇率剧烈变化所受到的损失。

拖延收付是指公司推迟收取货款或推迟支付货款。尽管拖延收付与提前收付是反方向的行为，但它们所起的作用却是一样的，都是为了改变外汇风险的时间结构。

提前收付与拖延收付的折扣率通常是通过进出口双方协商而定的。

（三）平衡法

"平衡法"指在同一时期内，创造一个与存在风险相同货币、相同金额、相同期限的资金反方向流动。例如。A 公司在 6 个月后有 100000 德国马克的应付货款，该公司应设法出口同等德国马克金额的货物，或者设法争取到 6 个月期同等马克金额的工程承包业务，使 6 个月后有一笔同等数额的马克应收货款，借以抵消 6 个月后的马克应付货款，从而消除外汇风险。

一般情况下，一个国际公司取得每笔交易的应收应付货币"完全平衡"（Perfect Matching）是难以实现的。只有一个公司的产品能向世界任何地方以任何货币计价售出；或从任何国家以任何货币计价购买；但这是不够现实的。一个国际公司采用平衡法，还有赖于公司领导下的采购、销售与财务部门的密切合作。在金额较大的，存在着一次性的外汇风险贸易尚可采用平衡法。

（四）组对法

某公司具有某种货币的外汇风险，它可创造一个与该种货币相联系的另一种货币的反方向流动来消除某种货币的外汇风险。另一种货币虽与某种货币流向相反，但金额相同，时间相同。平衡法与组对法的区别在于：作为组对的货币是第三国货币，它与具有外汇风险的货币反向流动。具有外汇风险的货币对本币升值或贬值时，作为组对的第三国货币也随之升值或贬值。可见，"组对法"的实现条件是：作为组对的两种货币，常常是由一些机构采取钉住政策而绑在一起的货币。例如某公司有一笔两个月内的荷兰盾收入，它以比利时法郎来组对，创造一笔有比利时法郎流出的业务。荷兰盾与比利时法郎在贸易领域中是紧密相联的，其汇率波动均受中央银行所控制。

组对法较平衡法灵活性大，易于采用。但却不能消除全部风险，而只能减缓货币风险的潜在影响，借助于"组对法"，有可能以组对货币（第三种外币）的得利来抵销某种具有风险外币的损失。但是，如果选用组对货币不当，也会产生两种货币都发生价值波动的双重风险。

（五）多种货币组合法

"多种货币组合法"亦称"一揽子货币计价法"，意指在进出口合同中使用两种以上的货币来计价，以消除外汇汇率波动的风险。当公司进口或出口货物时，假如其中一种货币发生升值或贬值，而其他货币的价值不变，则该货币价值的改变不会给公司带来很大的外汇风险，或者说风险因分散开来而减轻；若计价货币中几种货币升值，另外几种货币贬值，则升值的货币所带来的收益可以抵销贬值的货币所带来的损失，从而减轻外汇风险的程度或消除外汇风险。

（六）本币计价法

出口商向国外出口商品的计价货币一般有 3 种选择：①以出口商本国货币计价；②以进口国货币计价；③以该商品的贸易传统货币计价，如石油贸易均用美元。一国的进出口商品均以本币计价，可免除外币与本币价格比率之波动，减缓外汇风险。但这有赖于商品市场情况，如为买主市场，则易争取；如为卖主市场，则不易实现。

（七）调整价格法

如进口商坚持以其本国货币作为计价货币，出口商的外汇风险就会增加。为此，在卖方市场情况下，出口商可适当调高出口货价，以你补因使用对方货币可能蒙受的损失；如为买方市场，则货价不易提高。

同样，进口商如接受以出口商所在国的货币作为计价货币，则可压抵其销售价，以弥补接受对方货币所蒙受的风险。

调整价格并不等于没有风险，实际上外汇风险仍然存在，只不过调整价格可以减轻风险的程度而已。

三、采取保值措施，防止外汇风险的方法

如果在进出口贸易合同中，由于传统的商业习惯或其它原因，选用可能有下降趋势的软币计价，进出口商也可在贸易合同中订入保值条款，即债权金额以某种比较稳定的货币或综合货币单位保值，支付时按支付货币对保值货币的当时汇率加以调整。

（一）黄金保值条款❶

根据签订合同时计价货币的金平价对原货币进行支付。如计价货币贬值，则其支付金额应根据货币贬值的幅度进行调整。黄金保值条款，通行于固定汇率时期，现很少使用。

（二）外汇保值条款

外汇保值条款虽然都以硬币保值，以软币支付，但有3种类型，根据业务具体情况，选择一种使用。

这3种类型是：

（1）计价用硬币，支付用软币，支付时按计价货币与支付货币的现行牌价进行支付，以保证收入不致减少。

（2）计价与支付都用软币，但签订合同时明确该货币与另一硬币的比价，如支付时这一比价发生变化，则原货价按这一比价的变动幅度进行调整。

（3）确定一个软币与硬币的"商定汇率"，如支付时软币与硬币的比价超过"商定汇率"一定幅度时，才对原货价进行调整。

第三种类型是前二种类型的灵活运用，适于交往有素的客户之间，以推进与发展双方长期往来的经济合作关系。软币对硬币贬值幅度较小，如只有1.0%或1.5%，则货价不调整，以示给予对方的折让与照顾；如软币贬值幅度超过1%～1.5%时，才对原货价进行调整。

（三）综合货币单位保值条款

与外汇保值的性质、形式相同，但不是以硬币保值，而是以综合货币单位保值，如以特别提款权、欧洲货币单位来保值。由于这些综合货币单位由一定比重的硬币与软币搭配组成，故其价值较为稳定，以它保值，可以减缓风险。

（四）物价指数保值条款

即以某种商品的价格指数或消费物价指数来保值，进出口商品货价据价格指数的变动相应调整。

（五）滑动价格保值条款

有签订贸易合同时买卖商品的部分价格暂不确定，根据履行合同时市场价格或生产费用的变化，加以调整。在国际工程承包合同中，一部分工程造价以当地货币支付，这部分货币如经常贬值，就可争取订立滑动价格保值条款。

在签订贸易工程承包合同时买卖双方或业主与承包商应确定滑动公式的主要问题，如：

---

❶ 各种保值条款即可理解为保值（方）法，下同。

（1）滑动部分占货价的比例，不滑动部分（管理费用）所占比例；

（2）滑动价格的组成及比例：主要由原材料费和工资两大部分组成；

（3）材料价格指数和工资指数的依据与资料来源等等。

四、根据实际情况选用结算方式，防止外汇风险的原则和方法

"安全及时"是对外出口收汇应贯彻的一个原则。"安全"有两层涵意：一是出口收汇不致遭受汇价波动的损失；二是外汇收入不致遭到拒付。"及时"与"安全"的关系密不可分，及时收汇则汇率变动的时间风险会大大缩短，拒付的可能也受到限制。因此，要做到安全及时收汇，防止外汇收入不能收回的风险，还应根据业务实际，慎重考虑出口收汇的结算方式。

一般而言，即期 L/C 结算方式（法），最符合安全及时收汇的原则；远期 L/C 结算方式（法），收汇安全有保证，但不及时，因此汇率发生波动的概率就高，从而削弱了收汇的安全性。至于托收结算方式（法），由于商业信用代替了银行信用，安全性大大减弱。D/A方式安全及时性最差，自不待言，就是 D/P 方式，在贸易对手国家出口商品行情下跌，外汇管制加强的情况下，进口商往往不能按时付汇，收汇落空的风险也很大。所以，为达到安全及时收汇的目的，要根据业务实际情况，在了解对方资信的情况下，慎重而灵活地选择适当的结算方式（法）。

五、利用外汇与借贷投资业务，防止外汇风险的方法

（一）即期合同法（Spot Contract）

所谓即期合同法就是具有外汇债权或债务的公司与外汇银行签订出卖或购买外汇的即期合同来消除外汇风险。

例如，美国 A 公司在两天内要支付一笔金额为 100000 德国马克的货款给德国出口商，该公司可直接与其银行（如美洲银行）签订以美元购买 100000 德国马克的即期外汇买卖合同。两天后，美洲银行交割给 A 公司的这笔德国马克，则可用来支付给对方。如图所示：

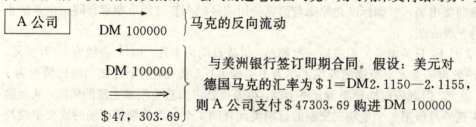

（注：单线代表德国马克，双线代表美元。）

由于 A 公司 $47, 303.69 购进了 DM100000，便实现了资金的反向流动，消除了两天内美元对马克汇率可能波动的风险。

如 A 公司两个月后有一笔外币债务，则它就不能单纯地以即期合同来消除其外汇风险。它可同美洲银行先签订一即期合同，待银行办理交割后，A 公司再以其所得的马克进行两个月的投资，赚取利息。两个月到期，A 公司收回其投资后，再用以偿还其债务。在有远期负债情况下，单以即期合同不能消除外汇风险，只有同时再利用借贷市场进行投资活动，才能达到消除风险的目的，要注意的是利用即期合同消除外汇风险，支付货款的日期和外汇买卖的交易，必须在同一时间点上。

（二）远期合同法（Forward Contract）

远期合同法就是具有外汇债权或债务的公司与银行签订出卖或购买远期外汇的合同以消除外汇风险。

例如，德国 B 公司在两个月以后，要支付给美国 A 公司一笔 ＄50000 的货款，该公司则可以直接通过远期外汇市场与其银行（如德国 B 银行）签订为期两个月以马克购进美元的远期合同。假如签订该合同时，美元对马克的远期汇率为：＄1＝DM2.1150—2.1155（德国外汇市场上）。两个月后，B 公司则可以 DM105775 购进 ＄50000，并将这笔美元支付给 A 公司。如图所示：

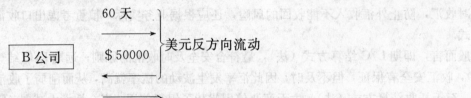

由于利用远期合同实现了美元的反方向流动，从而消除了这笔交易中的外汇风险。如果远期美元的汇率低于即期汇率，那么 B 公司就可从银行得到一定的升水利益；如果远期汇率高于即期汇率，B 公司就要向银行支付一定的贴水费用。公司支付贴水的金额，即为避免外汇风险的损失或成本；如得到升水，则为避免外汇风险而获得的一定盈利。

如有美元远期收入的德国出口商，则可与德国 B 银行签订卖出美元的远期外汇合同，其道理与上例相同。

具有债权或债务的公司与银行所达成的远期外汇交易本身同样具备外汇风险所包含的时间与本币、外币诸因素。利用远期合同法，通过合同的签订把时间结构从将来转移到现在，并在规定的时间内实现本币与外币的冲销，所以这种方法能够全部消除外汇风险，即消除时间风险与价值风险。

（三）货币期货合同法

在金融期货市场，根据标准化原则与清算公司或经纪人签订货币期货合同，也是防止外汇风险的一种方法。

例如，2 月 10 日英国某公司进口一批商品，付款日期为 4 月 10 日，金额为 15 万美元，2 月 10 日伦敦市场美元对英镑的即期汇率为 1 英镑：1.5 美元，6 个月交割的比价也为 1 英镑：1.5 美元。但调研机构预测美元将上浮，英国某公司为避免汇率上涨的风险，从金融期货市场买进 6 月份第 3 个星期三交割的远期美元合同 4 个（因为期货市场的成交单位与交割时间标准化，以英镑买美元期货的每一标准单位为 2.5 万英镑，某公司要买 4 个 2.5 万英镑，即 10 万英镑的美元，也即订立以 10 万英镑购买 15 万美元的期货合同），以便 6 月份第 3 个星期三到时，以 10 万英镑换得 15 万美元（1 美元：1.5 英镑）。

4 月 10 日某公司支付 15 万美元货款时，美元汇价果然上涨，美元对英镑比价为 1 英镑：1.45 美元。某公司此时为支付 15 万美元的货款，则需要付出 103488 英镑（150000÷1.45 ＝103488 英镑），比 2 月 10 日成交时的美元对英镑的比价，则要多付 3488 英镑，也即损失了 3488 英镑。

但是，由于某公司签有以英镑购买美元期货的合同，保证它能以 1 英镑：1.5 美元兑 15 万美元。它又以这 15 万美元按 4 月 10 日 1 英镑：1.45 美元的比价再换回英镑，可得 103488 英镑，减去原成本 10 万英镑，获利 3488 英镑，防止了外汇风险。

如有远期外汇收入的进口商，也可签订出卖货币期货合同，其道理与上例相同。

（四）期权合同法

签订期权合同也是防止外汇风险的一种方法。

例如，美国某公司从德国进口机器，3个月后需要支付货价1250万德国马克。美国外汇市场马克对美元的即期汇率为1美元：2.5德国马克，该美国公司为固定进口成本，防止外汇风险，以支付保险费5万美元为条件，花500万美元按1$：2.5DM的协定汇价，买进1250万德国马克欧式期权。3个月后无论出现下述哪一种情况，均能达到消除时间风险与价值风险的目的，这些情况是：

（1）德国马克对美元的汇价由原来的1$：2.5DM，因马克升值而为1$：2.3DM。在此情况下，如果美国某公司以前未签订期权合同，此时向德国支付1250万德国马克，需用543万美元（1250÷2.3＝543万美元），即要比原货价多支付43万美元。现因签订了期权合同，扣除5万美元保险费后，比不签订期权合同仍可减少38万美元的汇价损失。

（2）德国马克对美元的汇价由原来的1$：2.5DM，因马克贬值而为1$：2.6DM。这样美国公司可放弃期权合同的执行，在外汇市场按1$：2.6DM的汇价，直接购进1,250万德国马克，只花480万美元（1,250÷2.6＝480万美元），即使加上已支付的5万美元保险费的损失，比执行期权合同仍可节省15万美元。期权合同优越性在此表现明显，如果美国某公司与银行签订的是远期合同，虽然可以减少保险费的支付，但如果在合同到期日马克贬值，则不能放弃执行合同，仍按原合同规定的远期汇率实行交割。

（3）德国马克对美元的汇价仍维持1$：2.5DM的水平。在此情况下，该美国公司未因汇率波动而盈利或亏损，仅仅为避免外汇风险而付出5万美元的保险费，这是为固定进口成本，防止外汇风险，本应支出的费用。

如有远期外汇收入的进口商，也可与银行签订出卖远期外汇的期权合同，其道理与上例相同。

期权合同的保值防险作用，在对外贸易的投标（Bid）业务中尤其突出。

至于外汇择期合同的形式与性质，与远期外汇合同相似，只不过顾客有权在合同到期日前的任何一天，要求银行实行交割。同样是一种防险方法，在此不赘述。

（五）掉期合同法

签订买进或卖出即期外汇合同的同时，再签订卖出或买进远期外汇合同，同样是消除时间与价值风险的一种方法。

例如，我国某公司现筹得资金100万美元，在美国订购价值100万美元的机械设备，3个月后支付货款。当前国际金融市场汇价为1$：153日元，而3个月日元远期为1$：150日元。

为获取汇率差价的利益，又保证将来按时支付美元货款，防止汇价风险，该公司按1：153比价与银行签订以100万美元购买1.53亿日元的即期外汇合同；与此同时，还按日元对美元3个月远期1：150比价，出卖1.5亿日元，购回100万美元的远期合同。掉期合同的签订保证美元付款义务的按期完成不致遭到汇价损失，同时又能盈利300万日元（此案例未考虑手续费，以及100万美元的3个月存款利息的损失和1.53亿日元的3个月存款的利息收入）。

（六）借款法（Borrowing）

借款法是有远期外汇收入的企业通过向其银行借进一笔与其远期收入相同金额、相同期限、相同货币的贷款，以达到融通资金、防止外汇风险和改变外汇风险时间结构的一种方法。

例如：美国 A 公司半年后将从德国收回一笔 DM100000 的出口外汇收入，该公司为防止半年后马克汇率下跌的风险，则利用借款法向其银行举借相同数额（100000）、相同期限（半年）的德国马克借款；并将这笔马克作为现汇卖出，以补充其美元的流动资金。半年后再利用其从德国获得的马克收入，偿还其从银行取得的贷款。半年后，即使马克严重贬值，对 A 公司也无任何经济影响，因它用这笔马克，偿还其从银行取得的贷款，从而避免了汇率风险。该公司的净利息支出，即为防止外汇风险所花费的成本，兹图示借款法如下：

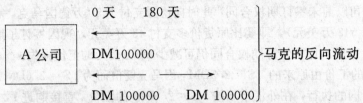

借款法的采用还可改变外汇风险的时间结构，缩短了外汇风险存在的时间：将 A 公司长达半年之久的风险，缩短到该公司向德国出口后到从银行取得借款前这一短暂时间。时间结构的改变，减缓了风险的严重程度。

借款以后，随之换成本币，则也消除了外币对本币价值变化的风险，如只借款而不变卖成本币，则只消除了时间风险，而仍存在着外币对本币价值变化的风险。

（七）投资法（Investing）

公司将一笔资金（一般为闲置资金）投放于某一市场，一定时期后连同利息（或利润）收回这笔资金的经济过程称为投资。资金投放的典型市场为短期货币市场，投资的对象为规定到期日的银行定期存款、存单、银行承兑票据以及国库券和商业票据等。对公司来说，投资意味着现时有一笔资金流出，而未来有一笔反方向的该笔资金外加利息的流进。在存在外汇风险的情况下，投资的作用象借款一样，主要是为改变外汇风险的时间结构。

例如，B 公司在 3 个月后有一笔 $50000 的应付帐款，该公司可将一笔同等金额的美元（期限为 3 个月）投放在货币市场上（暂不考虑利息因素）。以使未来的外汇风险转至现时。

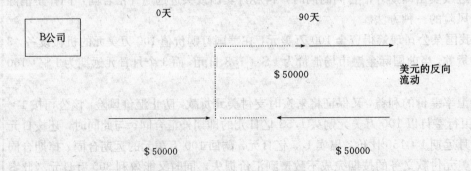

投资法与借款法虽然相似，都能改变外汇风险的时间结构，但具体根据情况不同，投资法是将未来的支付转移到现在，借款法是将来的收入转移到现在。

综上所述，可以看出，一些防止外汇风险的方法是在风险已经存在后采取的；一些是在风险发生前采取的。此外，防止外汇风险的方法与技术有些只可消除时间风险，有些只可消除货币风险，有些则二者均可消除。只有即期合同法、远期合同法和平衡法、货币期货合同法、期权合同法、择期合同法、掉期合同法等能够独立地用于外汇保值；提前收付法、拖延收付法、借款法、投资法必须同即期外汇交易相结合才能全部消除外汇风险，达到外汇保值的作用。现将各种防止外汇风险方法的效果，摘要见表13-1，以便掌握区分。

表 13-1

消　除			减少风险的影响	避免风险环境
时间风险	时间风险与 货币风险	货币风险		
提前收付法 拖延收付法 借款法 投资法	远欺合同法 即期合同法❶ 平衡法 货币期货合同法 期权合同法 择期合同法 掉期合同法	即期合同法❷	选好计价货币 多种货币组合法 组对法 调整价格法 保值法 即期 L/C 结算法 远期 L/C 结算法	本币计价法

第 3 节　外汇风险管理的基本方法

　　上一节所讲的防止外汇风险的方法，除运用外汇市场与货币市场有关业务外，并从贸易或工程承包合同的签订，计价货币的选择、贸易策略的确定上来考虑减缓或消除货币风险。本节则集中阐述利用外汇、货币市场业务以消除外汇风险的方法。如前所述，有的方法，如远期合同法，既可消除时间风险，又可消除货币风险；而有些方法，如提前收付法，则必须与其它方法相互配合，综合利用，才能消除全部风险。这种综合利用的防险方法有：借款—即期合同—投资法（Borrow-Spot-Invest，简称 BSI 法）和提前收付—即期合同—投资法（Lead-Spot-Invest，简称 LSI 法）。远期合同法、BSI 法与 LSI 法，一般称为外汇风险管理的 3 种基本方法。现将这 3 种基本方法在应收与应付外汇帐款中的具体运用及其消除时间风险与货币风险的机制过程分析如下：

一、三种基本防止外汇风险方法在应收外汇帐款中具体运用

（一）远期合同法

　　借助于远期合同，创造与外币流入相对应的外币流出，就可消除外汇风险。

　　例如：德国 B 公司出口一批商品，3 个月后从美国某公司获得 ＄50000 的货款。为防止 3 个月后美元汇价的波动风险，B 公司可与该国外汇银行签订出卖 ＄50000 的 3 个月远期合同。假定签订远期合同时美元对马克的远期汇率为 ＄1.0000＝DM2.1160—2.1165，3 个月后，B 公司履行远期合同，与银行进行交割，将收进的 ＄50000 售予外汇银行，获得本币

---

❶ 指对于两天内需要结清的外币债权债务而言。
❷ 指对于超过两天的外币债权债务而言。

DM105800。

兹将远期合同法的机制过程图示如下：

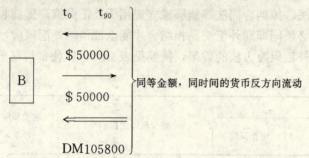

图象显示，在办汇日（Spot Date）签订远期合同，把将要收进的外币，伴之以同等金额，相同时间的相同外币的流出。这样就消除了时间风险与货币风险，最后得到本币的流入。

（二）BSI 法

借款—即期合同—投资法，即 BSI 法也可以完全消除外汇风险。在有应收外汇帐款的情况下，为防止应收外币的汇价波动，首先借入与应收外汇相同数额的外币，将外汇风险的时间结构转变到现在办汇日（Spot Date）。借款后时间风险消除，但货币风险仍然存在，此风险则可通过即期合同法予以消除。即将借入外币，卖予银行换回本币，外币与本币价值波动风险不复存在，消除风险虽有一定费用支出，但若将借外币后通过即期合同法卖得的本币存入银行或进行投资，以其赚得的投资收入，抵冲一部分采取防险措施的费用支出。

例如，德国 B 公司在 90 天后有一笔 $50000 的应收帐款。为防止美元对马克汇价波动的风险，B 公司可向美洲银行或德国银行借入相同金额的美元（$50000）（暂不考虑利息因素），借款期限也为 90 天，从而改变外汇风险的时间结构。B 公司借得这笔贷款后，立即与某一银行签定即期外汇合同，按 $1＝DM2.1140 汇率，将该 $50000 的贷款卖为马克，共得 DM105700。随之 B 公司又将 DM105700 投放于德国货币市场（也暂不考虑利息因素），投资期也为 90 天。90 天后，B 公司以 $50000 应收帐款还给美洲银行，便可消除这笔应收帐款的外汇风险。

以图表示是：

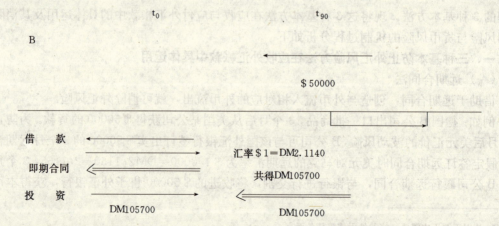

图象显示看出：在 t_0，也即采取防止风险方法的当天（或叫办汇日），通过借款、即期合同、投资 3 种方法的综合运用，外币与本币的流出与流入都相互抵销了，90 天后（t_{90}）国外进口商付给 B 公司的外币帐款，B 公司正好用以偿还其从银行的借款；剩下一笔本币的流入，外汇风险全部抵销。

（三）LSI 法

提前收付—即期合同—投资法，即 LSI 法，是具有应收外汇帐款的公司，征得债务方的同意，请其提前支付货款，并给其一定折扣。应收外币帐款收讫后，时间风险消除。以后再通过即期合同，换成本币从而消除货币风险。为取得一定的利益，将换回的本币再进行投资。LSI 法与 BSI 法的全过程基本相似，只不过将第一步从银行借款对其支付利息，改变为请债务方提前支付，给其一定折扣而已。

例如，德国 B 公司在 90 天后从美国公司有一笔 ＄50000 的应收货款，为防止汇价波动，B 公司征得美国公司的同意，在给其一定折扣的情况下，要求其在 2 天内付清这笔货款（暂不考虑折扣具体数额）。B 公司取得这笔 ＄50000 货款后，立即通过即期合同换成本币马克，并投资于德国货币市场。由于提前收款，消除时间风险，由于换成本币德国马克，又消除了货币风险。

该过程的图示是：

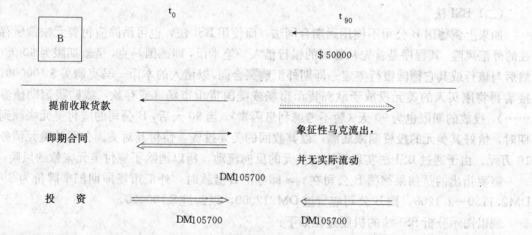

图象显示，在办汇日，也即 t_{90} 有一笔提前支付的外币流入，将该外币通过即期合同卖成本币，以本币进行投资，在办汇日的当天，外币及本币流出入均彼此抵消，在将来，即 t_{90} 时，不再有真正的外币流动，仅有一笔回收投资的本币收入。

综上分析，可以看出，在应收外币帐款业务中所采取的 3 种防止外汇风险的基本方法—远期合同法、BSI 法和 LSI 法的机制极为相似，均能消除从现在到将来应收外币与本币价值之间下跌的风险；3 种方式均能消除将来时期的外币流入，剩下来的只有本币流入。

二、三种基本防止外汇风险方法在应付外汇帐款中的具体运用

在具有应付外汇帐款的情况下，债务人同样可以运用远期外汇法、BSI 法、LSI 法来消除外汇风险，其消除时间风险与货币风险的机制与在应收外汇帐款中大同小异。兹以案例分析于下：

（一）远期合同法

德国 B 公司从美国进口 ＄100000 的电机产品，支付条件为 90 天远期信用证。B 公司为防止 90 天后美元汇价上涨，遭受损失，它与德国某银行签定购买 90 天远期 ＄100000 的外汇合同，3 个月远期汇率为 ＄/DM2.1155—2.1205。当 3 个月美元远期合同到期交割时，B 公司付出 DM212050 买进 ＄100000，向美国公司支付。

现以图示分析远期合同法的机制过程如下：

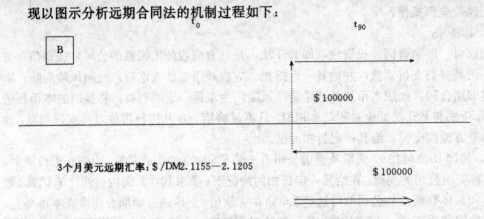

如上图所示，由于 90 天后要付出美元，即有一笔美元流出，但通过远期合同的签订，90 天后有一笔美元流入，从而抵销了外汇风险。

（二）BSI 法

如果上例德国 B 公司不使用远期合同法，而使用 BSI 法，也可消除应付美元帐款所存在的外汇风险。其程序是首先从德国的银行借入一笔本币，即德国马克，借款期限为 90 天；然后与该行或其它德国银行签定一即期外汇购买合同，以借入的本币—马克购买 ＄100000；接着再将刚买入的美元投放于欧洲货币市场或美国货币市场（或存款，或购买短期债券……），投放的期限也为 90 天（暂不考虑利息因素）。当 90 天后，B 公司的应付美元帐款到期时，恰好其美元的投资期限届满，以其收回的美元投资，偿付其对美国公司的美元债务 10 万元。由于通过 BSI 法实现了应付美元的反向流动，所以消除了应付美元帐款的风险。

需要指出的是如果德国 B 公司在 t_0，即办汇日借款时，外汇市场即期汇率牌价为 ＄/DM2.1150—2.1205，则 B 公司应贷进 DM212050，以购进 ＄100000。

现以图示分析 BSI 法的机制过程如下：

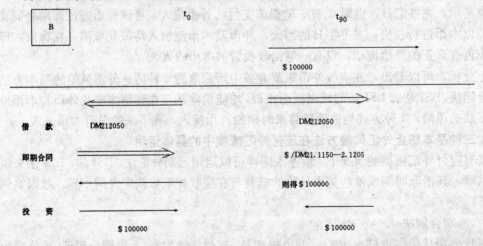

216

通过图示可以看出，运用 BSI 法消除应付外币帐款所借入的是本币，而不是外币；在消除应收帐款中则借入外币；进行投资所用的货币是外币，而不是本币（在消除应收帐款中投资的货币是本币）。同时还可以看出通过 BSI 法使货币的流出入完全抵消，消除了全部外汇风险；最后只剩下一笔本币的支出，即以马克向贷款银行偿还借款。

在采取 BSI 法防止应付帐款风险时，如 B 公司流动资金充裕，不一定非先从银行借款不可，它可利用本身的流动资金、公积金，也可出卖本企业保存的国库券等来购买外汇。这样可能比从银行借款的成本低，企业利用自有流动资产购买外汇的成本，即该流动资产所带给它的利息收入。

（三）LSI 法

上述运用远期合同法消除应付外汇帐款的德国 B 公司，也可利用 LSI 法消除外汇风险。利用 LSI 法的程序是先借进一笔金额为 DM221050 的本币贷款；其次通过与德国银行签订即期合同，以借款 DM221050 购买 ＄100000；最后，以买得的美元提前支付美国公司（暂不考虑折扣的数额）。

从本案例的程序看出，德国 B 公司消除外汇风险的步骤是先借款（Borrow），再与银行签订即期合同（Spot），最后再提前支付（Lead），这个程序应简化为 Borrow-Spot-Lead，但国际传统习惯均不叫 BSI，而叫 LSI。

现以图示分析 LSI 法的机制过程如下：

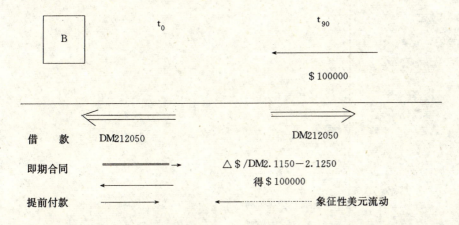

通过图示可以看出，经过借本币、以本币换外币，再以外币提前偿付，全部风险消除，将来只有一笔本币流出，借款到期时用本币偿还借款。同时看出，BSI 与 LSI 在消除应付帐款的外汇风险时的机制作用是相同的。只不过 BSI 最后一步是投资，获得利息；LSI 最后一步是提前付款，从债权人处获得一定的折扣。

思 考 题

1. 出口商在什么情况下采取提前结汇法？什么情况下采取推迟结汇法？
2. 进口商在什么情况下采取提前结汇法？什么情况下采取推迟结汇法？
3. 仅就消除外汇风险本身，不考虑成本负担，说明远期合同法，BSI 法和 LSI 法的优缺点。
4. 减缓或消除外汇风险方法中的本币计价法与平衡法的局限性与缺点。
5. 某跨国公司的母公司在美国，一个子公司在英国，一个子公司在德国，如预测德国马克对美元将上浮，英镑对美元将下浮，为消除外汇风险，跨国公司之间在进口与出口业务中，将如何运用提前结汇（leads）和推迟结汇（lags）的，请填表：

	英　国	美　国	德　国
英镑计价 （对英国收付）	（不填）	进口： 出口：	进口： 出口：
美元计价 （对美国收付）	进口： 出口：	（不填）	进口： 出口：
马克计价 （对德国收付）	进口： 出口：	进口： 出口：	（不填）

6. 试述在外币应收帐款与应付帐款中，BSI 法的运作机制。

参 考 文 献

1　刘舒年主编. 国际金融（修订本）. 北京：对外经济贸易大学出版社，1997

2　刘舒年主编. 国际信贷. 成都：西南财经大学出版社，1993

3　沈达明，冯大同编. 国际资金融通的法律与实务. 北京：对外贸易教育出版社，1985

4　王澹如，沈泽群. 资本主义银行业务与经营. 北京：中国金融出版社，1987

5　董世忠主编. 国际金融法. 北京：法律出版社，1989

6　中国投资银行. 工业贷款评估手册. 北京：中国财政经济出版社，1990

7　对外经济贸易部. 外国政府贷款工作手册. 北京：1988 年

8　中国银行总行信贷二部. 出口信贷业务资料选编. 北京：1989

9　中国投资银行编著. 亚洲开发银行贷款与管理. 北京：中国财政经济出版社，1989

10　中国银行国际金融研究室. 国际货币基金组织和世界银行. 中国财政经济出版社，1978

11　张志平著. 金融市场实务与理论研究. 北京：中国金融出版社，1991

12　李裕民主编. 国际债券发行理论与实践. 北京：中国金融出版社，1991

13　魏玉树，刘五一等编著. 融资租赁业务讲座. 北京：中国金融出版社，1989

14　谢成德编著. 国际金融实务. 北京：中国金融出版社，1990

15　陈彪如. 国际金融概论. 上海：华东师范大学出版社. 1988

16　（英）A. D. F 普赖斯. 国际工程融资. 赵体清、王受文译. 北京：水利电力出版社，1994

17　储祥银，章昌裕主编. 国际融资. 北京：对外经济贸易大学出版社，1996

18　王谊，张青松等编著. 出口信贷业务指南. 北京：中国金融出版社，1992

19　Gunter Dufey, Ian H. Giddy, The International Money Market. New Jersey：Hall Ine Englewood Cliffs，1989

20　William H. Baughn, Donald R. Mandick. The International Banking Handbook. Llinos：Dow Jones-Irwin，Homewood，1989

21　D. P. Whiting, Finance of International Trade and Foreign Exchange, England：Macdonald and Evens Limited ，1989

22　Raymond G. F. Coninex, Foreign Exchange Dealers Hand Book. Illions：Dow Jone Irwin. Home Wood，1991

23　J. P. Molland. International Financial Management. u. k：Basil Blackwell Ltd，1986

24　Merrilly Lynch and Co Ine. Project Financing. N. Y：1986

25　Daniel R. Kane. Principles of International Finance London：Croom HelmLtd，1992

26　David F. Lomax and P. T. Gutmann. The Euromarket and Inter national Policieo. London：The Maemillau Press Ltd，1991

27　Jackie Whitley. Foreign Exchange. New York：Stockton Press，1992

28　Holly ulbrich. International Trade and Finance. New Jersey：Prentice-Hall Ine，1983

跋

中国国际经济合作学会会长　王西陶

　　"国际工程管理教学丛书"是适用于大学的教科书，也适用于在职干部的继续教育。今年出版一部分，争取1997年出齐。它的出版和使用，能适应当今世界和平与发展的大趋势，能迎接21世纪我国对外工程咨询、承包和劳务合作事业大发展。

　　国际工程事业是比较能发挥我国优势的产业，也是改革开放后我国在国际经济活动中新崛起的重要产业，定会随着改革开放的不断扩大，在新世纪获得更大发展。同时，这套丛书不仅对国际工程咨询和承包有重要意义，对我国援外工程项目的实施，以及外国在华投资工程与贷款工程的实施，均有实际意义。期望已久的、我国各大学培养的外向性复合型人才将于本世纪末开始诞生，将会更加得力地参与国际经济合作与竞争。

　　我们所说的外向性复合型人才是：具有建设项目工程技术理论基础、掌握现代化管理手段，精通一门外语，掌握与国际工程有关的法律、合同与经营策略，能满足国际工程管理多方面需要的人才。当然首先必须是热爱祖国、热爱社会主义、勇于献身于国际经济建设的人才，才能真正发挥作用。

　　这套丛书是由有关部委的单位、中国国际经济合作学会、中国对外承包商会、有关高校和一些对外公司组成的国际工程管理教学丛书编写委员会组织编写的。初定出版20分册。编委会组织了国内有经验的专家和知名学者担任各分册的主编，曾召开过多次会议，讨论和审定各主编拟定的编写大纲，力求既能将各位专家学者多年来在创造性劳动中的研究成果纳入丛书，又能使这套丛书系统、完整、准确、实用。同时也邀请国外学者参与丛书的编著，这些均会给国际工程管理专业的建设打下良好的基础。以前，我们也曾编撰过一些教材与专著，在当时均起了很好的作用，有些作品在今后长时期内仍会发挥好的作用。所不同的是：这套丛书论述得更加详尽，内容更加充实，问题探讨得更加深入，又补充了过去从未论述过的一些内容，填补了空白，大大提高了可操作性，对实际工作定会大有好处。

　　最后，我代表编委会感谢国家教委、外经贸部、建设部等各级领导的支持与帮助。感谢中国水利电力对外公司、中国建筑工程总公司、中国国际工程咨询公司、中国土木工程公司、中国公路桥梁建设总公司、中国建筑业协会工程项目管理专业委员会、中国建筑工业出版社等单位，在这套丛书编辑出版过程中给我们大力协助并予以资助。还要感谢各分册主编以及参与编书的专家教授们的辛勤劳动，以及以何伯森教授为首的编委会秘书组作了大量的、有益的组织联络工作。

　　这套丛书，鉴于我们是初次组织编写，经验不足，会有许多缺点与不妥之处，希望批评指正，以便再版时修正。

1996年7月30日